화학공정 실무자를 위한

전공실무용어

박진도 · 박정환

도서출판 동화기술

머리말

우리나라의 화학공학 교육이 시작된 지가 60여년이 지나왔으며, 그 동안 화학공업은 다른 산업발달과 더불어 눈부시게 발전하였다. 특히 전문대학을 졸업한 화공기술자는 산업계에서 많은 경험을 쌓아오면서 지금까지 화학공업발전을 위하여 많은 공헌을 하여 왔다. 하지만 화학공업에 종사하는 기술자들이 전문용어에 대하여 부적절하게 사용하는 경향이 있어 이에 대한 체계적인 영어 용어집의 정리가 필요하였다.

본 교재는 화학공정 실무자 또는 화학제품을 제조하는 업체에 취업을 준비하는 학생이 원활한 장치운전을 위해 기본적으로 알아야 할 전공용어를 수록하였다. 특히 화학공정 근무자의 커뮤니케이션은 전공용어를 사용하므로 반드시 숙지하여야 할 것이다. 이 책은 공정용어의 입문서로서 필수적인 내용만 수록하였고, 다른 용어집에 비하여 초보자들의 이해를 돕기 위해 각 용어의 설명과 그림 및 사진 등을 삽입하였다.

본 교재를 통하여 산업 현장에 첫발을 내딛는 학생들이 보다 빠르게 실무에 적응을 할 수 있기를 바라면서 교재를 출간하였다.

차 례

Absorbent

흡수제. 액체의 정제와 기체의 회수 등에 사용되는 흡수성이 강한 물질. 혼합물 중 어떤 성분을 제거할 때 사용하는 것(예 : ~에서 ~를 흡수하는데 사용되는 Silica gel (황산과 규산나트륨의 반응에 의해 만들어지는 튼튼한 그물조직의 규산입자로, 표면적이 매우 넓어 물이나 알코올 등을 흡수하는 능력이 매우 뛰어나고 인체에 무해하기 때문에 제습제로 많이 사용된다.), ~에서 ~를 흡수하는데 사용되는 Activated Alumina 등).

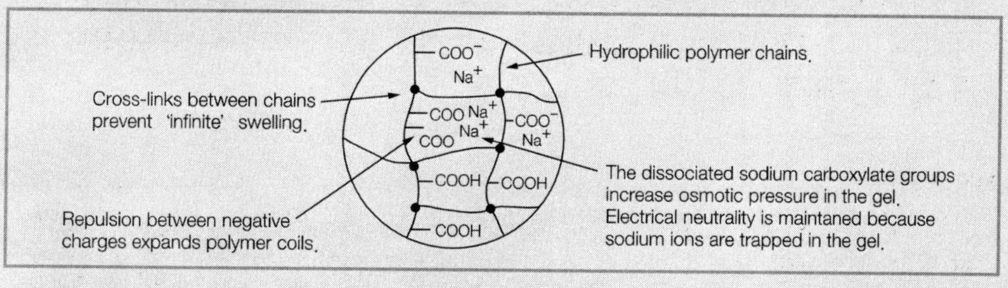

Absorption

흡수.

(1) 화학 : 액체, 고체가 기체를 빨아들여서 용해하는 현상(예 : 흡수탑에서 Kerosene 이나 Naphtha에 가스가 흡수되는 현상).

(2) 물리 : 빛의 흡수, 양자화 된 상태에서 고에너지 상태로 옮김.

(3) 생물 : 점막이나 피부를 통해서 가스나 용해물질을 체내로 빨아들이는 일.

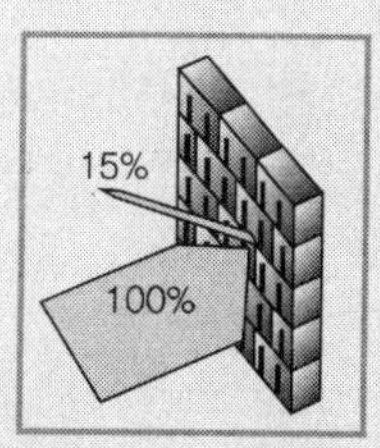

Accumulator

축적조. 가스나 액체 유분을 임시 저장하기 위한 용기, 어떤 정유공정에서는 계속적인 공급을 위해 충분한 양을 모으는 데 사용.

Accuracy

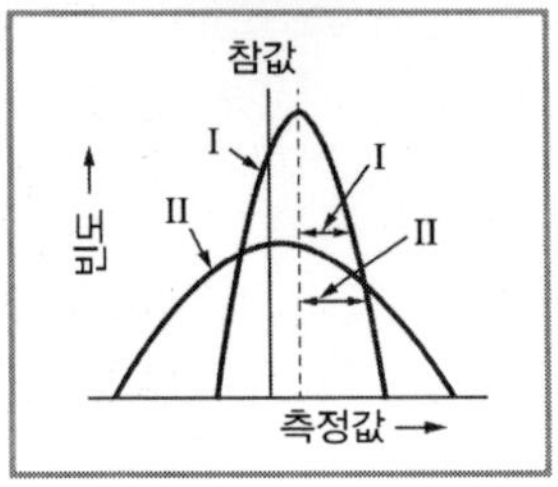

정확도. 참값에 대하여 특별한 절차로써 얻어지는 값의 일치도, 한편, 측정 또는 이론적 추정, 근사계산 등에 의해 얻어진 값과 참값과의 차를 오차라고 함.

Acid

산, 반응할 수 있는 H^+이온을 갖고 있는 화합물로서 염기를 중화시키는 능력을 가지고 있음.

Acidity

산도. 염기의 1분자 중에 포함되어 있는 수산기의 수를 염기의 산도라 하며, 염기가 산과 중화반응을 할 때의 정도를 나타낸다.

염기 NaOH, KOH에서는 산도 1, $Ca(OH)_2$, $Zn(OH)_2$에서는 산도 2, $Al(OH)_3$에서는 3이다. 산도 1, 2, 3의 염기를 각각 1산 염기, 2산 염기, 3산 염기로 부른다. 산도는 산성도의 뜻으로 사용될 때가 있다.

Aco Valve

자동차단 밸브. 가열로의 연료유 또는 연료가스 라인에 설치되어 있고, 도입물이 설계치 이하로 흐를 때 자동으로 닫힌다.

Activated Alumina

활성알루미나. 비결정성인 알루미나이며 흡착능력이 큰 것. 기체나 액체 속에서 습기 또는 유증기 등을 흡착 제거하는 역할을 한다. 포화되면 180∼320℃로 가열하여 흡착물질을 방출시키고 다시 활성화된다. 크로마토그래피 등에 쓰이는 것은 체로 알맞게 거르고 물로 씻은 다음, 탄산가스 기류 속에서 200∼230℃로 2∼3시간 가열하여 만든다.

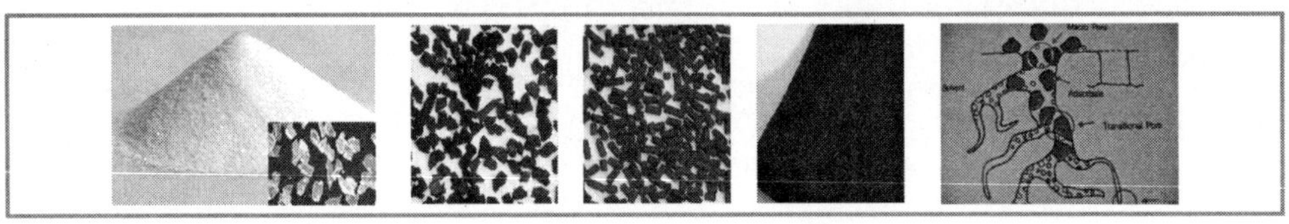

Activated Carbon Filter

활성탄 여과기. 구조, 기능이 Pressure Filter와 유사하며, Filter 내부에 활성탄만 채워져 있으며 공업용수 중의 유기물을 제거하는데 사용한다.

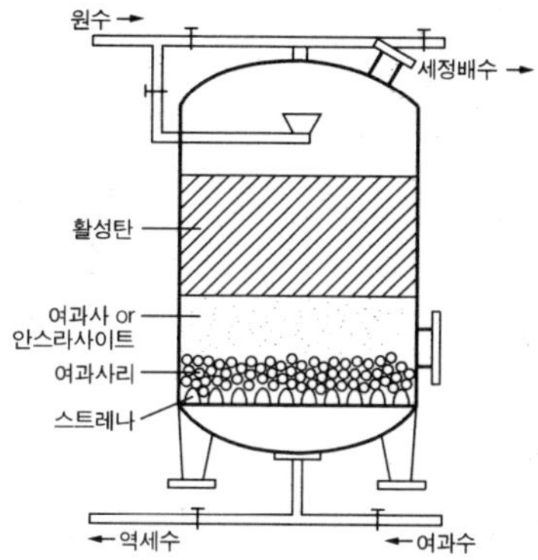

Actuator

조작부. 공기압의 신호를 받아 기계적 변위로 변환하여 Valve를 open/close할 때 사용함.

Additive

첨가제. 석유제품의 특성을 개질하거나 성능을 향상시키기 위해 사용되는 물질. 주로 화학적 제품이 사용된다.

Addition

부가반응. 불포화화합물의 분자에 다른 종류의 분자가 그대로 또는 분해상태로 결합하여 다른 종류의 분자를 만드는 반응이며 보통 다중결합의 양측에 결합하는 것을 말한다. 이것은 불포화화합물에 한하지 않고 대체로 두 종류의 분자가 결합하여 단일분자를 만드는 것을 말하는 경우도 있다.

Adsorbent

흡착제. 흡수제와 유사한 용어.

Adsorption

흡착. 기상 또는 액상의 물질이 그와 접촉하는 다른 상과의 계면에서 상의 내부와 다른 농도를 유지하며 평형에 이르는 현상. 쉽게 표현하면 숯에 의한 탈취나 음료수의 여과 등은 흡착현상의 응용이다.

Advanced control system

주어진 운전조건(온도, 압력, 액위(level) 등)을 정확히 유지하도록 고도의 수학계산을 공정 computer에서 수행하는 고등제어 적용수준으로서 분산제어(DCS ; distributed control system)에 운전 target을 지시함.

After cooler

후냉각기. 앞에서 행하여진 열교환에 이어 보통 물을 이용하여 Oil stream이 냉각되도록 하는 Liquid(유체 : 액체) 열교환기.

Agglomerate[美 əglɑː məreɪt]

여러 개의 고체입자가 용해되어 한 덩어리로 된 것을 말하며, Flake나 Pellet수지에서 형성될 수 있다.

Air compressor

공기압축기. 공기를 압축하는 기계, 실린더 내에서 piston의 왕복운동으로 작동한다. 흡입 valve가 열리면 공기가 실린더 안으로 들어와 piston에 의해 압축되며, 압축된 공기는 다른 valve를 통해 토출된다.

왕복압축기

터보압축기

Air cooled exchanger

탑정제품을 Fan에 의해 공기로 냉각·응축시키는 장치.

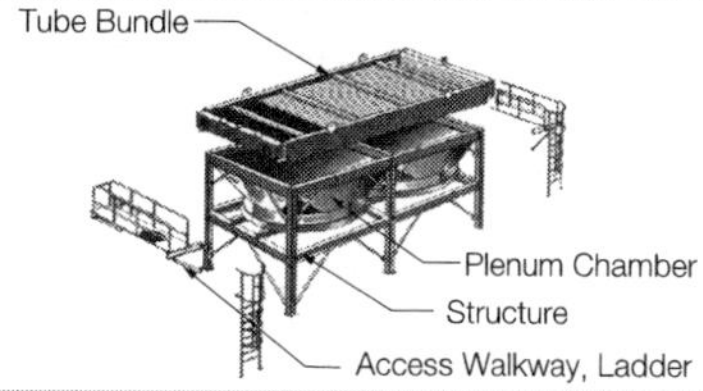

Activated Alumina

Air Dryer

건조기. plant air(작업용 압축공기)의 수분, 불순물을 제거하여 건도 및 순도가 더욱 높은 instrument air(계기용 공기)를 만드는 장치. 건조제로서는 Heatless dryer에는 Activated Alumina, Heating Dryer에서는 Silica Gel이 사용된다. Air Dryer는 탄화수소 유분 중의 수분을 제거하는 데에도 사용된다.

Air Eliminator

유량계를 통과한 유량 측정 시 유체에 공기나 다른 가스가 함유되었을 때 정밀한 측정치를 얻을 수 없기 때문에 유체에 함유된 공기나 가스를 제거하는 장치.

Air Eliminator : LC Type

Air Eliminator : 사람

Type 유량계 : LC Type

Air Foam System

탱크 상단에 설치되어 있는 소화설비, 탱크 화재 시 발포성 액상물질이 물과 함께 혼합되어 탱크 표면을 덮음으로써 공기를 차단하여 소화하는 시설.

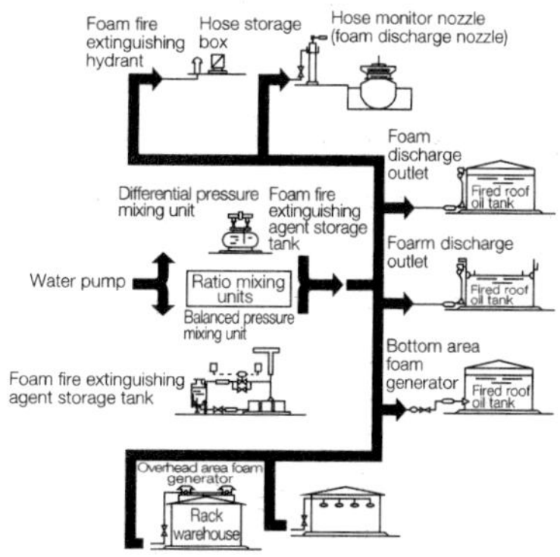

Air Free

Vessel이나 pipe에 탄화수소를 채우기 전에 공기를 제거하는 것.

Air release valve

기체를 배출시키는 밸브.

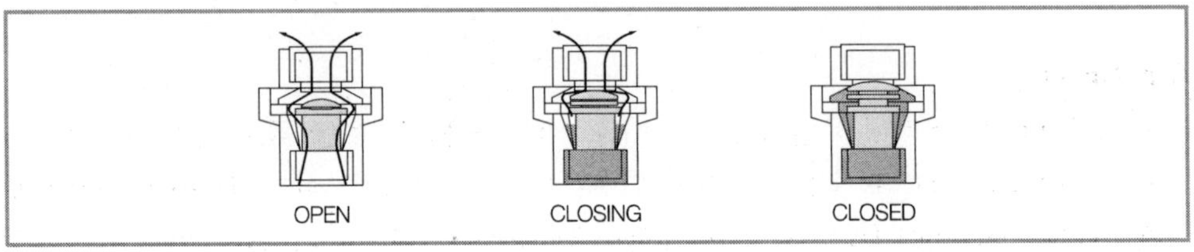

Air operating valve

압축공기를 이용하여 동작시키는 valve.

Air Preheater

공기예열기. 연소가스의 여열을 이용하여 연소용 공기를 예열하는 장치로서 폐가스에 의한 열손실을 줄여 보일러의 열효율을 높일 뿐만 아니라 연소효율 개선에도 좋은 역할을 한다.

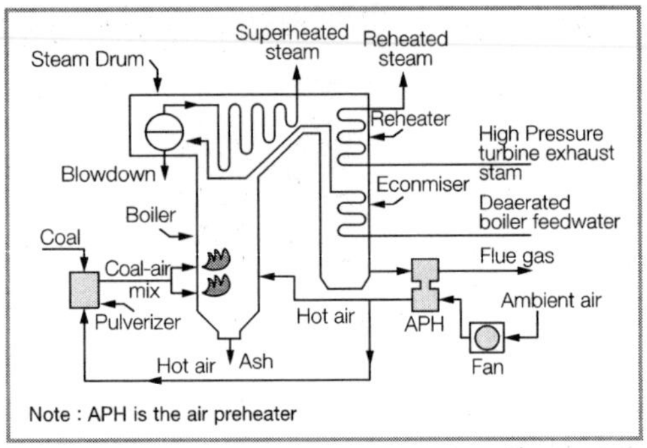

Air Resister

공기조절장치. 분무기로 노 내에 분사된 연료에 연소용 공기를 공급하여 확산, 연소를 유효하게 하고, 확실한 착화와 화염의 안정을 도모하기 위해 공기흐름을 적절히 조절하는 장치. 질소산화물의 생성을 감소시킴.

Air set or Air Regulator

일정한 공기압과 불순물을 제거한 공기를 Control valve에 공급하여 주는 장치.

Alcohol

에틸알코올을 알코올이라고도 한다. 쇄상 또는 지환상 탄화수소의 수소원자를 수산기 OH로 치환한 히드록시화합물(페놀은 제외)을 총칭한다.

Alignment

중심 맞추기. 펌프와 모터 등 2대 이상의 회전기계를 조합(연결)할 때 진동이 없도록 회전 중심선을 일치시키는 것.

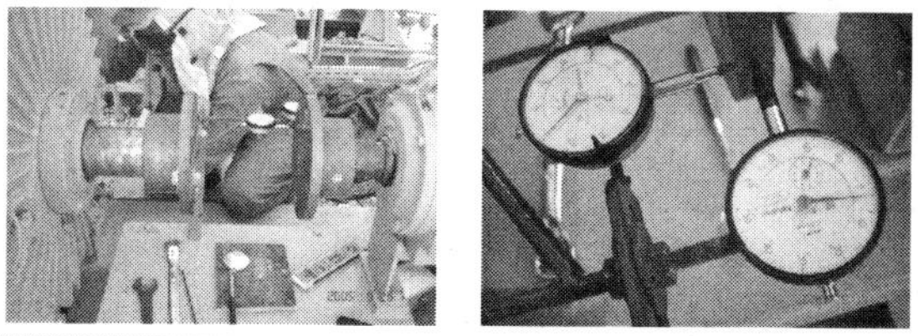

Alkali

알칼리. 산을 중화시킬 수 있는 화합물.

예) NaOH, Caustic. 수용액의 pH를 9.0보다 높게 하고 있는 물질의 농도를 P알칼리도, 수용액의 pH를 4.8보다 높게 하고 있는 물질의 농도를 M알칼리도라고 한다.

Alkyl

파라핀 탄화수소에서 수소 1원자를 뺀 나머지의 원자단, 즉 일반식 C_nH_{2n+1}로 나타내는 1가의 기(functional group)를 말한다. methyl, ethyl, propyl, butyl, pentyl, hexyl 등이 있다. 알킬은 부호를 R로 표현한다. 이를테면 알킬벤젠의 일반식이 C_6H_5R로 표시된다.

Alkylation

알킬화. 유기화합물의 수소원자를 알킬기로 치환하는 일. 올레핀 탄화수소 등의 2중 결합에 포화탄화수소를 부가시켜서 알킬기가 도입되는 반응도 알킬화라고 한다.

All level sample

탱크 bottom 3 ft 지점부터 표면까지를 통해 채취하는 전층 시료.

Alteration

Sometimes, the structures of molecules in one fraction are rearranged to produce another. Commonly, this is done using a process called alkylation. In alkylation, low molecular weight compounds, such as propylene and butylene, are mixed in the presence of a catalyst such as hydrofluoric acid or sulfuric acid (a by-product from removing impurities from many oil products). The products of alkylation are high octane hydrocarbons, which are used in gasoline blends to reduce knocking.

Now that we have seen how various fractions are changed, we will discuss the how the fractions are treated and blended to make commercial products.

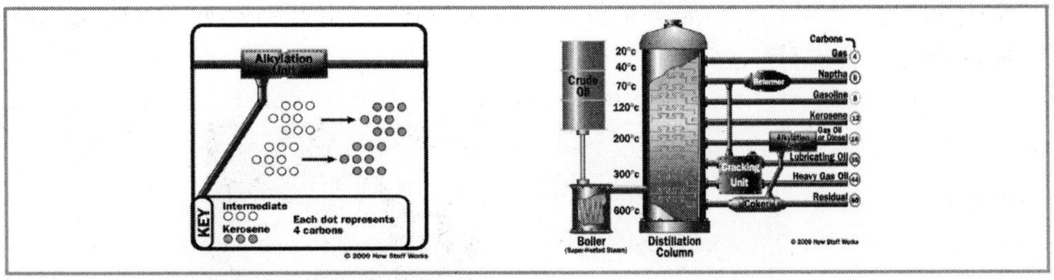

American Society For Testing & Material

ASTM 미국 시험·재료 협회

Ammeter

전류 측정계. 전류단위는 암페어(Amperes). 전류의 측정 단위인 ampere(A, 암페어)의 am과 측정 기구를 뜻하는 meter(미터)를 합성하여 암미터라고도 한다. 원통형의 철심에 감아 놓은 코일을 자기장 속에 두고 전류를 흘리면, 코일은 전류와 수직한 방향으로 전류의 세기에 비례하는 힘을 받는다. 이 힘에 의해 코일이 회전하고 회전축에 달아 놓은 용수철의 탄성력과 코일이 자기장으로부터 받는 힘이 같아지면 멈춘다. 회전각은 전류의 세기에 비례하므로 코일에 연결된 바늘이 가리키는 눈금을 읽으면 전류의 세기를 알 수 있다.

Ammonia

NH_3. 상온에서는 무색, 특유의 자극적 냄새가 있는 기체, 용해상태에서 강한 알칼리성을 띄며, 대부분 산을 중화할 수 있다. 고압 하에서 쉽게 액화되므로 냉동가스로 사용된다.

Amorphous State

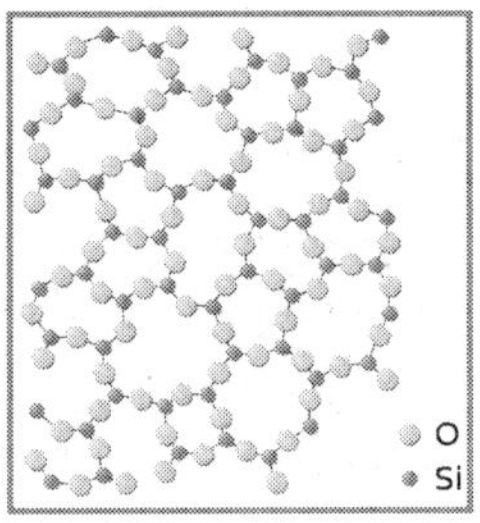

무정형상태. 원자(또는 분자)가 결정과 같이 규칙이 있는 공간격자를 만들지 않고, 집합하여 생기는 고체물질의 상태를 말한다. 구조론 적으로는 점도가 대단히 큰 액체라고 볼 때도 있다. 용해, 응고가 일정한 온도, 압력 하에서 일어나지 않으므로 그 변화는 연속적이다. 고무, 유리 상태의 고체 등은 무정형 상태이다.

Analog Control

제어를 지시할 때 사용되는 신호의 크기나 시간적 장단이 전류나 시간 등과 같이 연속적으로 변화되는 양으로 제어하는 방식.

Analyzer

분석. 물질의 화학적 물성을 구하는 기기. 정성분석과 정량분석으로 대별된다.

Anchor

닻. 해상에 정박 중인 선박을 고정하기 위한 장치. 또는 시설물을 바닥이나 벽에 고정할 때 사용하는 것을 Anchor bolt라고도 한다.

Angle valve

stop valve의 일종으로 유체의 흐름을 직각으로 바꾸는 valve.

Annealing

성형된 물질 내부에 남아있는 응력을 경감시키고, 그 외의 다른 물리적 성질을 개선시키기 위해 일정한 온도에서 일정한 시간동안 가열하고, 일정한 속도로 냉각시키는 공정을 말한다.

ANSI

American National Standard Institute.

Anti foaming Agent

소포제. 공기방울을 파괴하여 거품이 생기는 것을 방지하는 첨가제.

Anti Oxidant

산화방지제. 자동산화물질에 대하여 산소의 작용(산화)을 방지하는 성질을 갖는 물질. 이에 속하는 물질은 많은데 특히 페놀류, 아민류 및 히드록실아민류는 현저하게 이 성질을 지니고 있다.

Anti Rust Agent

항부식제. 수분이나 산에 의해 생기는 부식을 방지하는 첨가제. 연료유 및 윤활유에 사용한다.

Anti Static Agent

물질의 표면에 작은 먼지나 오물이 달라붙도록 유도하는 정전기의 축적을 감소시키기 위한 첨가제.

Anti Wear Agent

마모방지제. 금속표면에 화학적 보호막을 형성하여 금속의 접촉부분의 마모를 최소화한다.

API

American Petroleum Institute.

API Gravity

A measure of the "lightness" or "heaviness" of a product. An API gravity of 10° means that a product is exactly the same weight as water. Products that are heavier than water have an API gravity less than 10°. Petroleum products that are lighter than water have an API gravity that is greater than 10°.

유류의 비중을 측정하기 위한 미국석유협회의 자의적인 척도.

$$\text{API 비중} = \frac{141.5}{Specific\ Gravity} - 131.5$$

API Separator

유수분리시설. 물과 기름의 비중차를 이용하여 이를 분리하는 시설.

An API oil-water separator is a device designed to separate gross amounts of oil and suspended solids from the wastewater effluents of oil refineries, petrochemical plants, chemical plants, natural gas processing plants and other industrial sources. The name is derived from the fact that such separators are designed according to standards published by the American Petroleum Institute (API).

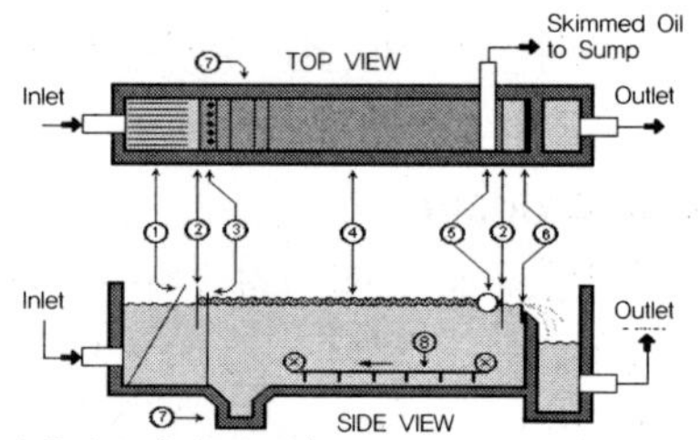

1. Trash trap(inclined rods)
2. Oil retention baffles
3. Flow distributors(vertical rods)
4. Oil layer
5. Slotted pipe skimmer
6. Adjustable overflow weir
7. Sldge sump
8. Chain and flight scraper

Aromatic compound

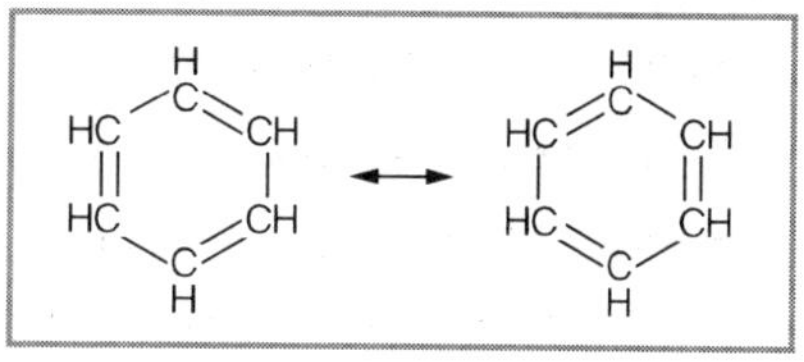

방향족 화합물. 벤젠핵을 갖는 고리모양의 탄화수소물로서 벤젠, 나프탈렌, 안트라센 등의 방향족 탄화수소와 그 유도체를 포괄하는 유기화합물의 한 무리를 말하며, 어느 것이나 방향족성을 나타낸다.

Arrester

피뢰기. 전기기를 이상전압(번개, 서어징, 개폐서어징)으로부터 보호하는 장치.

Asphalt

아스팔트. 고체 또는 반고체인 역청질의 혼합물로서 천연으로 산출하는 것을 천연 아스팔트, 석유로부터 얻어지는 것을 석유아스팔트라 한다. 주성분은 복잡한 탄화수소이며 일반적으로 황, 질소, 산소 등을 포함하고 있다. 석유아스팔트는 Straight Asphalt와 Blown Asphalt로 구분할 수 있는데 아스팔트기 원유를 상압 및 감압증류할 때 증류탑 밑에 남은 것을 Straight Asphalt라 한다. 이 Straight Asphalt를 다시 가열하고, 공기를 불어넣어 산화 중합시킨 것을 Blown Asphalt라 한다. Straight Asphalt는 신도나 점착력이 뛰어나 도로포장용으로 많이 사용되며, Blown Asphalt는 연화온도가 높고 탄성이 커서 방수용, 루핑용, 전기절연용으로 많이 사용된다.

Atmospheric Pressure

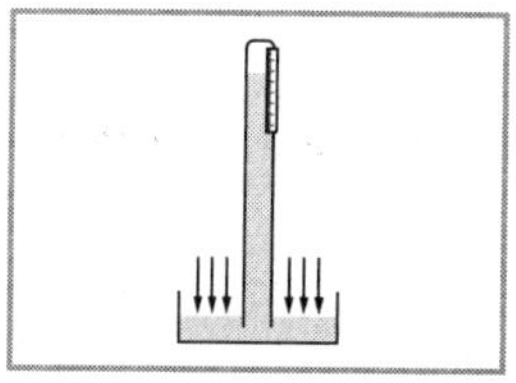

대기압. 대기의 압력을 말한다. Bar(기상학에서는 밀리바아, 기호는 mb), 수은주 밀리미터(기호는 mmHg) 등의 압력의 단위로 표시되지만 표준기압은 1013.25 mb를 1기압(기호는 atm)이라 부르며 압력의 단위로 사용되는 경우도 많다. 1기압은 해면에서의 14.7 psia와 같다.

Atom

원자. 물질의 구성요소. 화학결합의 능력이 있는 원소의 가장 작은 단위.

Atomic Absorption Spectrophotometer

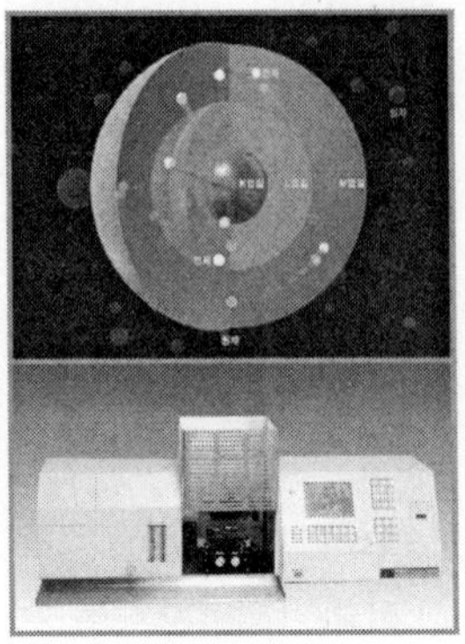

원자흡수분광광도계. 용수 중의 금속함량을 측정하는 기기. Flame Method로 수지 중의 촉매잔사 등 Metal 함량 및 공정 Scale의 Metal 성분을 측정하고, Cold Vapor Generator를 사용하여 Non flame Method로 Mercury를 측정하는데 사용하는 장비.

Atomizing Steam

Fuel oil이 잘 연소되도록 분무시켜 주는 Steam.

Atmospheric Tower

상압증류탑. 대기압 가까이 혹은 대기압 하에서 운전되는 증류탑

The large boiling point range that is characteristic of crude oil can be used to our advantage in the process of **distillation**. Distillation is the operation of purifying a mixture by virtue of the difference in boiling points of the components that comprise that mixture.

As discussed in the section dealing with petroleum characterization, petroleum may be grouped into fractions that have been given names such as gasoline, kerosene, gas oil, etc.. The purpose of **distillation** is to recover these fractions. In a refinery, distillation of the crude is carried out in two steps : *atmospheric distillation* followed by vacuum **distillation**. The difference between the two processes is the difference in the pressure inside the columns.

Automatic Transfer Switch

자동전환스위치. 중요장치에 공급되는 전원에 이상이 발생했을 때 다른 전원으로 자동으로 넘어가 계속적으로 전원이 공급될 수 있게 하는 장치.

Azeotropic distillation

공비증류. 공비혼합물이 생기는 경우 첨가하는 물질이 한 성분과 공비혼합물을 만들어 고비점성분을 분리시키고 다시 이 새로운 공비혼합물을 분리시키는 조작을 공비증류라고 한다. 이때 첨가된 물질을 공비제(entrainer)라고 한다. 그 대표적인 예가 벤젠첨가에 의한 알코올의 탈수증류이다. 벤젠은 물과 친화력이 극소로서 거의 용해하지 않으며 알코올과의 친화력은 상당히 크므로 함수알코올에 벤젠을 가하면 알코올의 증기압이 상당히 감소하여 증기 속에는 수증기의 함량이 증가한다. 그러므로 이것을 증류하면 수분은 휘발하고 알코올이 남게 된다.

Back current

역류. 배류.

Backfire

역화.

(1) 내연 기관에 있어서 기통 속에서 연소할 혼합 가스가 점화 시기 등이 일정하지 않기 때문에 기통에서 흡기관, 기화기 등에 화염을 거꾸로 올려 보내는 현상.

(2) 화염이 역행하는 것. 가스용접에서는 흡관의 화구가 막히거나 과열되면 불꽃이 화구에서 아세틸렌호스로 역행하는 수가 있음. 노에서는 버너부에서 역행하는 현상을 말함.

Backflow

역류.

Back flushing

역류세척.

Back out

어떤 Unit 나 Unit Section의 Process Stream을 단절시킴. 예를 들어 Shut Down 중일 때, Feed의 단절을 "Back Out the Feed"라 함.

Back Pressure

배압.

(1) 유압, 공기압, 증기압 등 압력작용측과 반대측의 배출로, 또는 면에 걸리는 압력.
(2) 열기관에서 일을 끝낸 작업유체가 작업부로부터 배출될 때의 압력

Back Pressure Valve

배압밸브. 설치된 장치에서 일정한 압력을 유지하도록 설계된 자동 밸브.

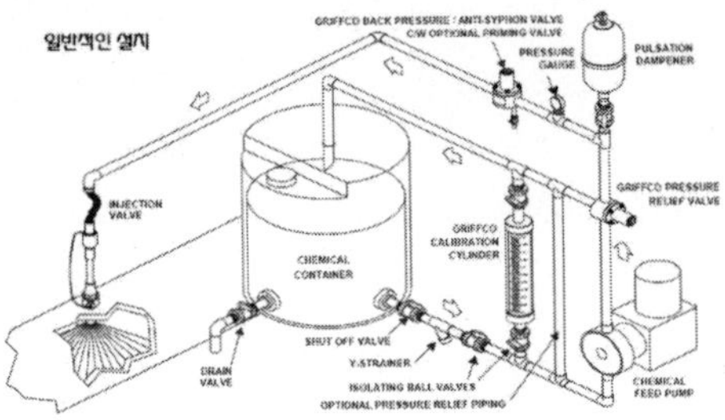

Baffle

열교환기와 용기 내에 설치되어 있는 유체흐름의 방향전환, 분리 등을 위한 일종의 방해판이다.

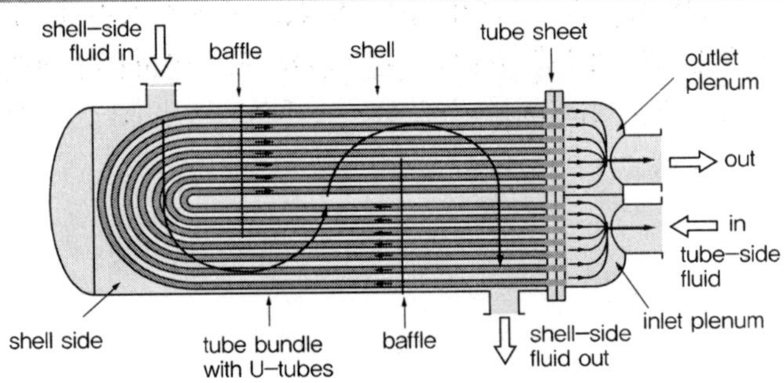

Bag Filter

사이클론 집진기로써는 포집(捕集)할 수 없는, 가스에 혼합된 작은 먼지가루를 포대 등에 투과시킴으로써 포집하는 장치.

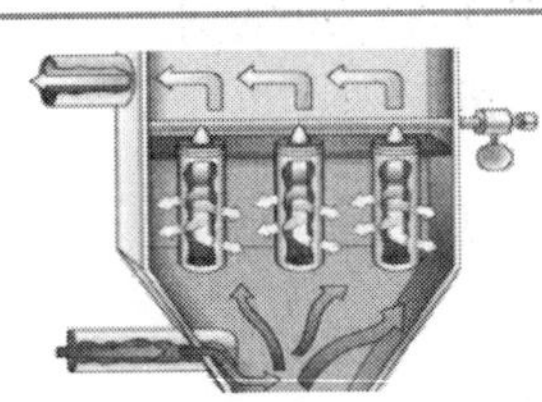

Ball check valve

간단한 유체의 역류를 막기 위한 ball형태의 체크밸브.

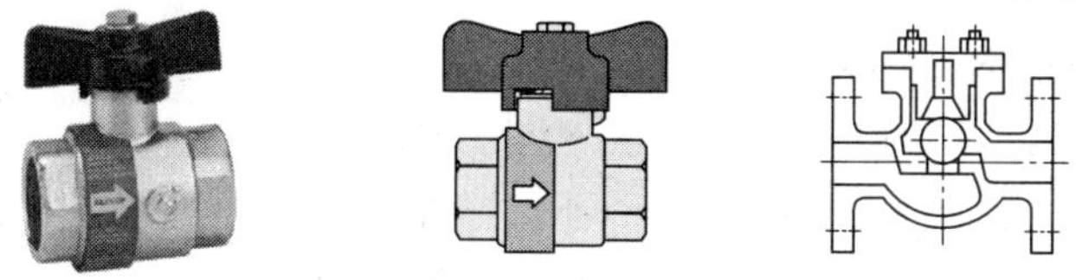

Ballast Water

화물을 적재하지 않은 선박의 균형유지를 위하여 싣는 물.

Ball mill

볼밀. 수평축의 주위를 회전하는 원통관에 분쇄원료와 강구 또는 자제볼 등을 넣고 회전시킴으로서 분쇄원료를 강한 충격작용과 마쇄작용으로 분쇄하는 것으로 안료, 약품, 금강사 등의 분쇄에 많이 사용된다. 볼밀의 최대 회전수는 원심력과 구심력이 같아지는 속도.

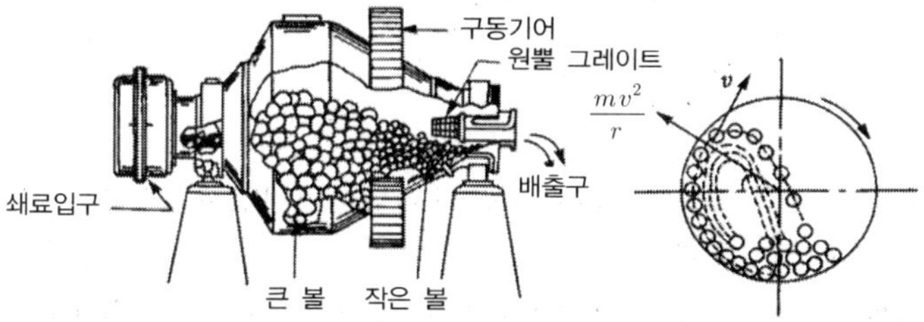

(a) 원추형 볼밀 (b) 분쇄상태

Ball Valve

유량의 흐름을 조절하는 것.

FLANGE D END S ONE-PIESE SCREW D END S ONE-PIESE SCREW D END S

Barometer

기압계. 대기압 측정기구.

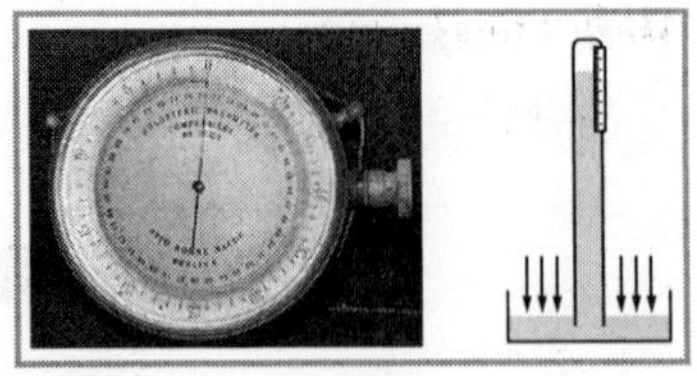

Barometric leg condenser

대기각 응축기. 진공에서 액체(물)를 꺼내는 장치인 대기각을 이용한 응축기(복수기). 하부에 대기에 접한 물탱크를 놓고, 10 m 정도의 관(管)을 수직으로 세운 다음 물을 가득 채우면, 관의 상부에 토리첼리의 진공이 생긴다. 이 진공 사이에 응축기를 사용하여, 응축된 액체는 연직관을 통해서 하부로부터 꺼내고 비응축기체는 상부로부터 진공펌프를 이용해서 꺼낸다.

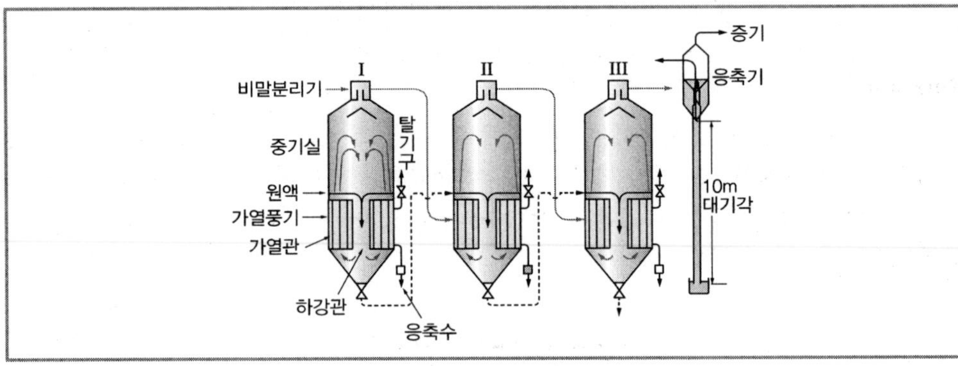

Barrel(바렐)

석유 공업에서 사용하는 액체 부피측정 단위로서 1바렐은 42 U.S 갤런을 말한다.

(1 Barrel = 42 gal(미) = 159 L)

A unit of volume equal to 42 U.S. gallons or 9,702.0 cubic inches.

Base(염기)

화학물질의 분류의 하나이며, 그 정의는 역사적으로 변해왔다. 현대화학의 입장에서는 염기를 양성자수용체, 또는 전자공여체로 하는 정의가 일반적으로 인정되고 있다. 이 정의에 따르면, 이를테면,

$$NH_3 + H_2O \rightarrow NH_4 + OH^-$$

$$CH_3NH_2 + NH_3 \rightarrow CH_3NH_3 + NH_2^-$$

에 있어서 NH_3, CH_3NH_2는 염기, NH_4^+, $CH_3NH_3^+$는 그들의 공액산이며, 또 H_2O와 NH_3는 산, OH^-, NH_2^-는 그들의 공액염기이다. 이와 같은 전리평형 (電離平衡)의 전리상수의 값에 따라 염기의 강약이 비교된다.

Base Stock

기초 원료라는 뜻.

Basic(염기성)

염기의 성질을 갖는다는 뜻의 형용어이며, 원래는 산의 작용을 중화하고, 또 산과 작용하여 염과 물만을 만드는 성질을 뜻한다. 보통, 알칼리성이라는 말과 구별 없이 사용된다.

수용액에서는 그 수소이온의 농도를 나타내는 수소지수가 PH > 7인 경우를 염기성이라 정의한다. 또, 일반화된 염기의 정의에 대응하며 양성자 수용성, 전자공여성 등 일반적으로 전기적 양성인 성질을 말한다.

Basicity(염기도)

산의 1분자 중에 들어있는 수소원자 중에서 금속 원자 또는 양성기(陽性基) 로 치환할 수 있는 수소원자의 수를 그 산의 염기도라 하며, 산이 염기와 중화반응을 할 때의 정도를 나타낸다.

HCl, HNO_3 에서는 염기도 1, H_2SO_4, $H_2C_2O_4$ 에서는 염기도 2, H_3PO_4에서는 염기도 3, $H_4P_2O_7$에서는 염기도 4이다. 염기도 1,2,3인 산을 각각 1염기산, 2염기산, 3염기산이라 하며, 염기도 그 이상인 것을 다염기산이라 총칭한다. 염기도는 산성도의 반대의 뜻, 즉 염기도의 뜻으로 사용될 때도 있다.

Base Oil

완제품을 생산하기 위한 기초유.

Batch Blending

비중이 무거운 제품부터 순서대로 배합하는 방법.

Batch Change

송유관 내에서 기름이 한 유종에서 다른 유종으로 변경되는 것을 말한다.

Batch controller

기본적으로 flow meter와 2-stage valve와 같이 연결되어 최초에 정해놓은 일정 유량이 흐르도록 자동제어하고 동시에 출하량을 원거리에서 계측하는 소형 마이크로프로세서로서 로딩암 각각에 설치된 자동출하 조절기를 말한다.

Batch System

전산처리 될 일이 일정량만큼 모아진 뒤, 혹은 일정 시간이 경과된 뒤, 한꺼번에 입력시켜 작업을 수행하게 하는 전산 시스템.

Battery Limits

한 공정에 할당된 영역의 한계.

Baume Gravity

보메비중. 비중측정의 한 단위. 액체비중계의 일종으로 유리나 금속으로 만든 관(管)의 아랫부분을 볼록하게 만들고, 그 밑에 수은 또는 납조각를 넣어 액체 속에서 직립하게 하여 자체무게와 부력이 균형을 이룰 때 액면에 접하는 눈금으로 비중을 측정한다. 일반적으로 가성소다와 산에 사용된다.

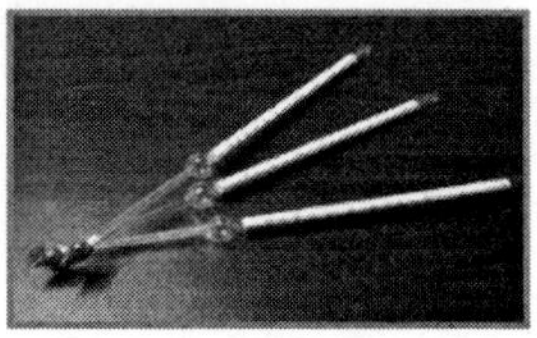

$$\textbf{Baume Gravity} = \frac{140}{\textit{Specific Gravity}} - 130$$

B-B Raffinate

Butadinene Extraction Unit에서 1,3-Butadiene을 추출하고 난 나머지 성분으로서, C4-Hydrogenation Unit의 원료로 사용됨.

Bearing Oil

각종 기계의 베어링부의 윤활에 사용되는 오일(축수유).

Benzene

C_6H_6 벤조올이라고도 한다. 벤젠의 6개의 탄소골격은 방향족 화합물의 기본이 되는 것이며, 벤젠핵이라고 한다. 무색의 액체, 특유한 향기, 타기 쉽고 유해 용매로서 또 방향족 화합물의 원료로 쓰인다.

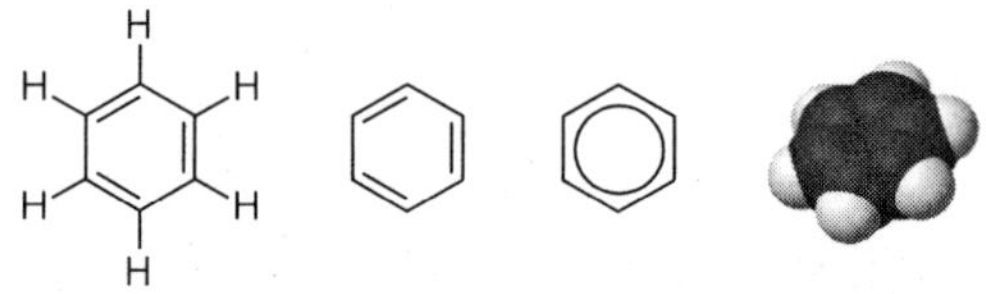

Berth

선박계류위치.

B.F.W

Boiler Feed Water의 약어.

B. I

Bromine Index. $mgBr_2$ /100 g, 시료 100 g 중에 포함된 이중결합과 반응한 브롬의 무게 (mg).

Bilge

선박의 윤활유 혹은 연료유 등이 누유되어 선박에 누적되어 있다가 청소 시 씻겨 나온 물.

Bilge Water

배 밑에 괸 더러운 물.

Biological Oxygen Demand

생물학적산소요구량. 폐기된 오염물질을 미생물이 산화하는 경우에 소비하는 산소량으로 표시한다. 통상 5일간 소비된 용존 산소량이 채용되어 오염도의 유력한 판정지표로 쓰이고 있다.

Biopolymers

생체고분자. 생체를 구성하고 있는 고분자물질의 총칭, 단백질, 핵산(DNA 및 RNA), 다당류(녹말, 셀룰로오스) 등이 포함된다. 합성고분자와 비교하면 반드시 아이소탁틱 폴리머이며, 또 다당류를 빼면 고분자전해질로서의 성질을 겸한 것에 생체고분자의 특징이 있다.

Bio-Reactor

폐수 중의 유기물과 활성오니 (미생물) 와 산소를 혼합, 활성오니에 의한 흡착 산화작용을 이용하여 유기물을 폐수로부터 제거하는 시설.

Bill of Lading (B/L)

선화증권상에 기록된 물량

Blade

날, 깃.

Blanket Gas

유황분이 없는 제품이 아황산가스에 오염된 공기와 접촉되는 것을 차단시키는 가스. H_2S가 함유되어 있지 않은 Sweet Gas를 사용한다.

Blank Off

유체차단. 유체의 흐름을 정지 또는 방해하기 위해 Pipe Flanges 사이에 금속판을 놓는 것. 조업중지 혹은 용기 내 작업, 용접 시 안전도모.

Blank Test

공시험, 바탕시험, 대조시험. 문제로 하는 조건의 효과를 조사하기 위하여 그 이외의 조건을 아주 동일하게 하여 문제의 조건을 가한 경우와 가하지 않은 경우를 비교하여 시도하는 실험.

Blast pipe

분사관.

Blast pressure

분사 압력. 통상 송풍하는 공기는 대상의 실내보다 높은 압력으로 보내지는데, 그 공기의 압력.

Blender

제품배합을 자동으로 수행, 조절하는 장치.

Blending

배합. 제품규격에 맞도록 한 종류 또는 그 이상의 물질을 혼합하는 것.

Blending Stock

혼합원료.

Blend Polymer

2종 또는 그 이상의 고분자를 물리적으로 혼합하여 개개의 고분자의 장·단점을 서로 보완, 상승시켜 그 효과를 발현한 고분자.

Blind

맹판. 얇은 금속 Plate로 Design되었으며, Flange사이에 넣어 어떤 Equipment나 Piping과 다른 Equipment 사이를 단절시키기 위한 도구.

BLEVE (Boiling Liquid Expanding Vapor Explosion)

가연성 액화가스 및 인화성 액체 저장탱크 주위에서 화재가 발생하였을 때, 저장탱크 벽면이 장시간 화염에 노출하게 되면 탱크 벽면은 물론 탱크 내부의 온도가 증가하게 된다. 이 때 액 표면에서 증발된 증기압(vapor pressure)의 상승과 탱크 내 증기 부분의 온도 증가에 의한 재질의 강도 저하로 인하여 탱크의 어느 일부분이 팽출·파손하게 된다.

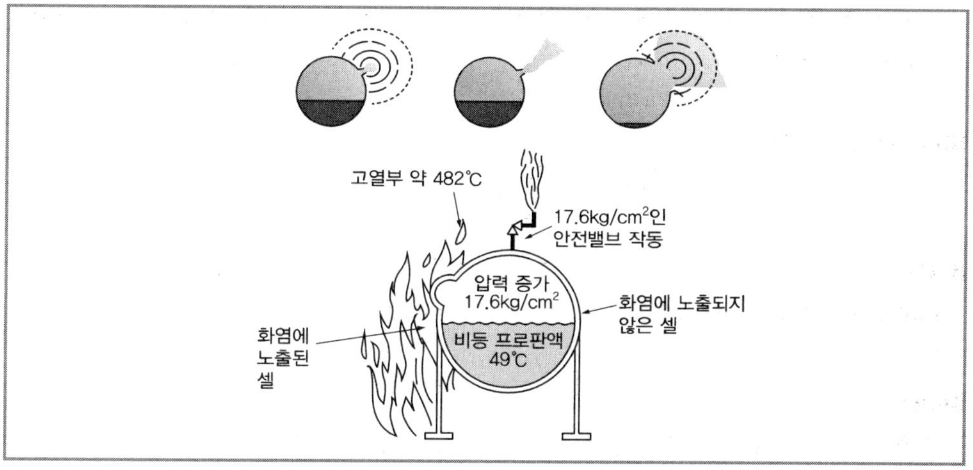

Block Copolymer(블록공중합체)

공중합체의 하나, 중합도가 낮은 2종의 단일중합체(예를 들면, A 중합체와 B중합체)를 적당히 결합하여 고분자화 한 중합체를 말한다. 한 예로 중합체는 −(AA∼A)−(BB∼BB)− −(AA∼A)−(B∼B)− 같은 형의 구조를 갖고 있다.

Bloom(다색성)

여러 조명조건에 따라 다른 색상을 나타내는 오일의 성질.

Blow Down

설비의 내부 바닥부분에 축적된 불필요한 성분을 제거하기 위하여 일정량의 유체를 흘려보내는 것.

Blower

송풍기, Fan보다 토출압력이 높고 1～1.5 kg/cm^2 정도의 것을 말한다. 날개차 또는 로터의 회전운동에 의해서 기체를 압송하고 그 압력비가 1.1 이상 2.0 미만 또는 1,000 mmAq～1 kgf/cm^{2}의 토출압력을 낸다.

Blowing Agent (발포제)

천연, 합성고무 혹은 폴리염화비닐, 폴리에틸렌, 폴리프로필렌, ABS 수지 등과 같은 플라스틱에 배합하여 스펀지 제품을 제조하기 위하여 첨가하는 약품.

Blow Off

공정에 Gas를 Control하면서 태워 내보내는 것을 말한다. 이것은 불필요한 물질이나 불순물을 제거하기 위해 행해진다.

Blow Out (분출)

가스 증기가 갑자기 격렬하게 튀어 나오는 것.

BOD

Biological Oxygen Demand.

Boiler

밀폐된 강판제 용기 내에서 물을 가열하여 증기를 발생시키는 장치.

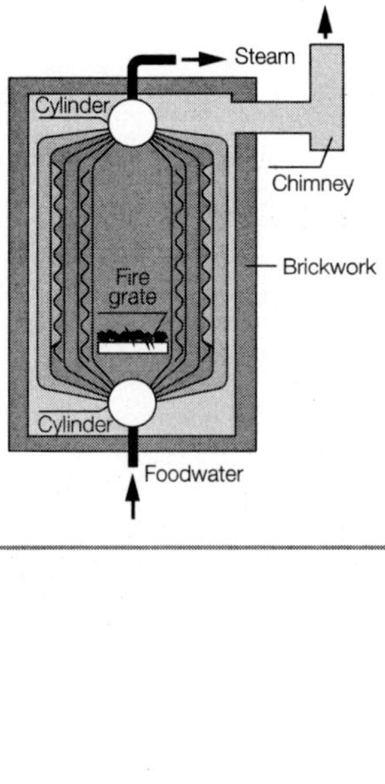

Boiler Feed Water

Steam을 생산하기 위해 Boiler에 넣어주는 물. 불순물이 거의 없는 순수한 물이다.

Boiler Water

보일러용 물. 둥근 보일러에서는 대체로 경도 3 이하의 물을 이용.

Boiling Point

비등점. 액체의 비등이 행하여질 때의 온도를 말하며, 끓는점이라고도 한다. 즉, 일정 압력 하에서의 포화증기와 그 액상이 평형으로 공존할 수 있는 온도이다.

※ 비등(Ebullition, Boiling) : 일정한 압력 하에서 액체가 어떤 일정 온도에 도달하면 액체 표면에서의 증발 외에 액체 내부에서도 기화가 시작된다. 이 액체 내부에서 일어나는 기화현상을 비등이라 한다. 또 비등이 행하여지는 온도를 비등점이라 한다.

Boiling point rising

비점상승도. 일정한 온도에서 순수한 액체에 용질을 첨가하면 그 용액의 증기압은 순수한 액체의 증기압보다 낮아진다. 따라서 용액의 비점은 순용매의 비점보다 높아지게 되며 이것을 비점상승이라 한다.

Boiling Range

The range of temperatures from a sample's initial boiling point to its end boiling point. A boiling range test identifies both light and heavy hydrocarbons over a product's entire boiling range.

비점범위. 상압 하에서 표준 실험기구로써 기름을 증류할 때, 초유점과 종유점간의 온도 범위.

Bonding Cable

불량 도체를 전기적으로 연결하여 양 도체간의 전위차를 없애는 도선.

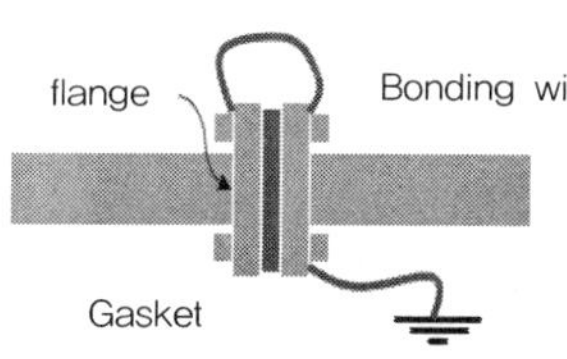

Booster Compressor

가압압축기.

Booster Pump

가압 Pump. 송유관로의 도중에 주로 설치된다.

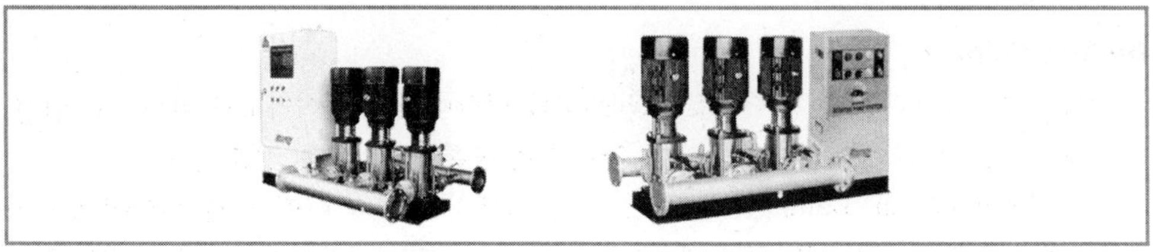

Boot Leg

Liquid를 저장하는 Drum이나 Vessel의 Bottom 부분에 붙은 작은 Vertical Pot로서 대개 Hydrocarbon으로부터 Water를 분리하는데 쓰인다.

Bottled In

어떤 Vessel이나 Drum의 Inlet이나 Outlet Valve를 모두 Block시켜 Vessel이나 Drum안의 Liquid나 Vapor가 외부의 Equipment들로부터 완전히 차단된 상태.

Bottle Neck

공정운전에 장애가 되는 장치나 그 일부분, 또는 그 한계점이나 문제점.

Bottom

밑 부분, Tower나 Vessel의 바닥부위.

Bottom Sediment and Water (B.S & W)

저장탱크의 바닥에 모여진 무거운 물질. 즉 기름, 수분 및 이질적인 물질로 이루어진 혼합물.

Boundary Lubrication

경계윤활. 후막윤활상태에서 하중이 증가하거나, 유온이 상승하여 금속 접촉면의 엷은 격막 상에서 마찰이 일어나는 상태.

Break Down Maintenance

설비의 고장으로 인하여 사전 계획 없이 사후에 하는 수리작업.

Breaker

전기회로의 과부하, 단락에 의한 과전류에서 전기회로를 보호하기 위한 차단기.

Breaker Plate

Extruder의 앞 끝이나 Injection기계의 노즐 끝에 설치된 다공의 금속판으로서, 물질이 Die쪽으로 흘러가는 것을 막아주기 위해 스크린 등으로 보강되며 수지의 흐름에 수직으로 설치된다.

Breather Valve

탱크 등 저장용기의 지붕에 설치된 안전장치로서 탱크내의 재고 증가 시 기체를 Vent 시키고, 감소 시 공기를 흡입하여 탱크 내 압력을 일정하게 유지시키는 역할을 한다.

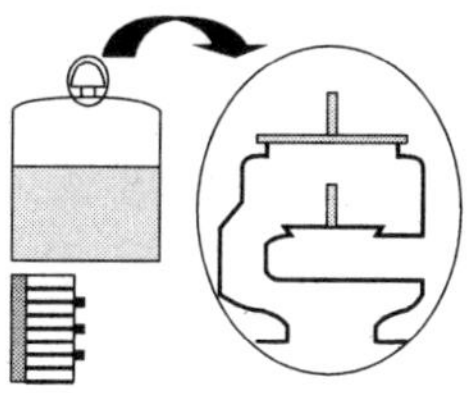

Breeching

Stack이나 연통으로 배기가스를 통과시키는 가열로에 있어서 철판 혹은 내연화 벽돌로 구축되어진 부분.

Bridge

Process 나 저장용기의 한편에서 다른 편까지 고체입자가 Pack을 형성하여 Hopper로부터 수지의 흐름을 방해하는 현상을 말한다.

예를 들면, Purge Bin의 Cone 부위의 좁은 부분에 Flake Pack이 형성되어 자주 Flow를 방해하므로 여기에 Blaster를 설치 N_2 Injection으로 Bridge를 제거한다.

Bridge Wall

교벽. 가열로의 화실을 갈라 연소기에서 발생한 복사열을 흡수한 다음, 반사시켜 열효율을 높이는 분리벽.

Bright Stock

투명 또는 붉은색을 띠는 매우 점도가 높은 오일로서, 윤활유 배합에 사용된다.

Brine Water

정제공정의 탈염장치에서 유출되는 소금물.

British Thermal Unit (B.T.U)

영국열량단위. 물 1 Lb를 1°F 상승시키는데 필요한 열량. 1.8 BTU/Lb = 1 cal/Gr.

Brittleness

수지가 부러지고 깨지고, 부수어지기 쉬운 성질을 말한다. 이 성질은 Molding시 수지의 변질 때문에 일어나며, 기계적 강도의 최저 한도치로서 설계되는 부분에는 특히 유의해야 한다.

Bromine Index

브롬지수. 규정된 시험 조건하에서 시료 100 gr과 반응하는 브롬의 mg 수. 탄화수소의 불포화도를 측정한다.

Bromine Number

= Bromine Index

Bructile

깨지는 성질(Brittle)과 늘어나는 성질(Ductile)의 복합어로 깨지는 형태를 묘사하는 말.

BTX

Benzene, Toluene, xylene.

BTU(British Thermal unit)

열량을 나타내는 단위의 하나로 1 BTU = 252 cal

Bubble Cap

증류탑 내 Bubble Tray에서 구멍 윗부분을 덮고 있는 금속 Cap. 밀어 올라오는 가스가 이 Cap의 구멍이나 톱니 같은 틈 사이를 통과하여 Bubble Tray에 있는 액체와 접촉하게 되어 있다.

Bubble Tower

(1) 증류탑에서 Bubble Tray가 설치되어 있는 수직 원통형의 탑. 이 탑의 목적은 Feed Stock을 보다 더 비점범위가 좁은 즉 더욱 순수한 유분으로 분리하는 데 있다.

(2) 흡수탑에서 기체를 하강하는 액체 속으로 상승 공급하는 방식이며, 탑의 압력손실이 커서 동력소모량이 큰 것이 단점. 기포를 작게 만들어 분산시키면 접촉 면적이 커져서 흡수속도를 크게 할 수 있다. 기포생성 시 흡수속도 상승. 다량의 기체흡수에는 대형화된 플레이트탑(포종탑, 다공판탑)이 접촉 면적이 크고 건설비가 싼 이점에서 많이 사용된다.

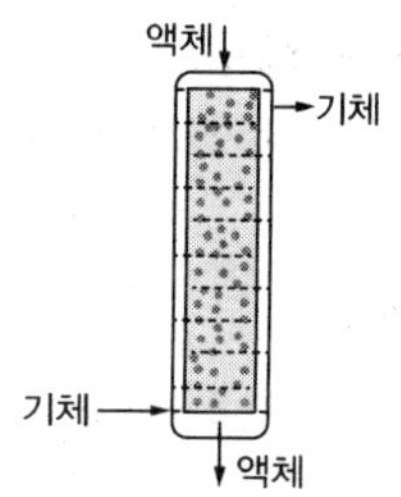

Bubble Tray

증류탑 내에 수평으로 설치된 판으로 Bubble Cap과 Riser가 설치되어 있다.

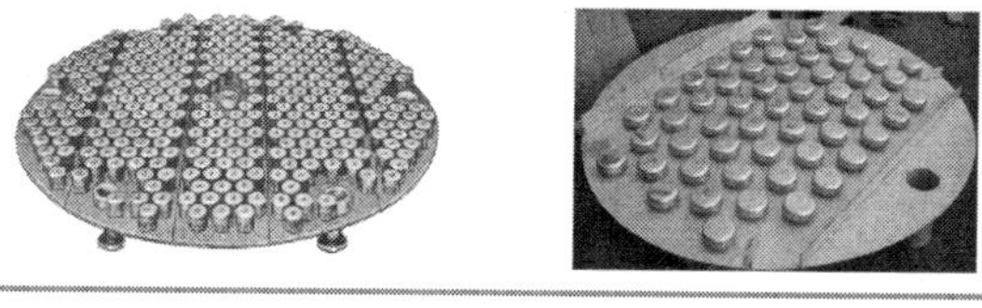

Buffer Oil

장거리 송유관으로 송유되는 제품을 분리시키기 위해 제품과 제품사이에 넣는 기름.

Buffer Gas
원심압축기 등에서 취급하는 기체가 축을 따라 외부로 누설되는 것을 방지하기 위하여 축의 Seal에 공급되는 깨끗한 가스.

Bulk Density
벌크밀도. Polypropylene 의 Pellets나 Flake 등과 같은 입자 물질의 체적당 무게를 말하며, LB/Ft^3 또는 g/cm^3 등으로 표현한다.

Bunker-A
Blending 제품으로 기초 원료로는 Reduced Crude, Raw LGO (HGO), Cutting Oil.

Bunker-C
Blending 제품으로 기초 원료로는 Reduced Crude, HGO, Cutting Oil, LGO(경우에 따라).

Bunkering
선박의 항해나 선박 내 기계장치의 운전에 필요한 연료유를 해상에서 급유하는 것.

Buoy
부두에 접안이 불가능한 대형 유조선으로부터 유류를 양하하기 위해 바다위에 설치된 유류하역 시설.

Burner Dripping
불충분한 예열이나 부적합한 연료분사 또는 Burner Tip의 막힘으로 기름이 떨어지는 상태.

Burner Tie
Furnace 벽에 설치한 Burner Throat를 구성하는 내화재료이며 착화와 화염의 안정에 큰 역할을 한다.

Burning Test
연소성 시험.

Burp
Bridge를 제거하는 행위를 말한다. 일반적으로 Process나 저장용기의 Bridge가 생긴 곳 밑으로 Gas를 주입하여 Bridge를 없앤다.

Bus-Tie Breaker

공장의 Essential Power와 Non-Essential Power를 연결하는 것.

Bus-Tie Power

Essential Power의 여유정도를 나타내는 말로서, 현재 발전되는 전력 중 Non-Essential Power 계통으로 공급되는 전력량.

Butadiene

보통 1,3 Butadien CH_2=CHCH=CH_2를 말한다. 디올레핀 탄화수소(디엔)의 가장 간단한 것으로 공액 2중 결합을 갖는다. 무색무취의 가연성 기체로서, 알루미나, 산화크롬 등의 촉매로 n-부탄, n-부틸렌을 탈수소 하거나, 또는 석유유분의 열분해 가스(주로 에틸렌 제조용)에서 분리하여 얻는다. 스티렌부타디엔 고무 등 여러 가지 합성 고무의 원료로서 사용된다.

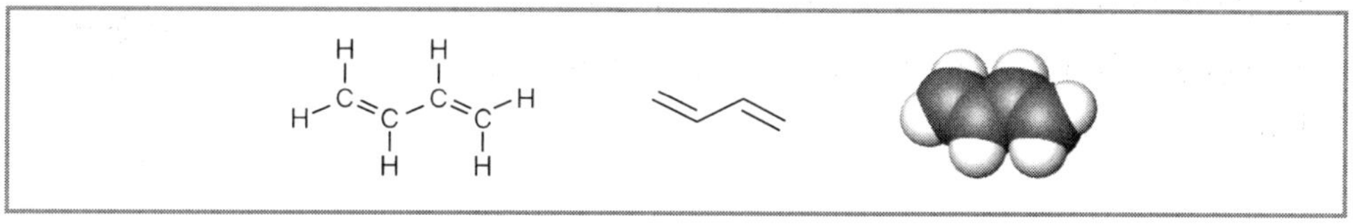

Butane

C_4H_{10}. 파라핀족 탄화수소에 속하고, 천연 석유 속에 함유되어 있으며, 노말부탄(n-부탄)과 이소부탄 등 두 가지 이성체가 있다.

※ n-부탄 : $CH_3CH_2CH_2CH_3$

※ 이소부탄 : $(CH_3)_3CH$

Butene = Butylene

Butene Resins

Ethylene Monomer와 Butene-1 Comonomer가 중합되어 생산된 Polyethylene.

Butt List

Construction 이나 Maintenance 작업 시 완성된 일과 수행예정인 일을 구분하여 나타낸 List. 일명 "Punch List"라고도 한다.

Butylene

C_4H_8. 부텐(Butene)이라고도 한다. 올레핀탄화수소에 속한다. 석유분해가스의 C4성분

중에 함유되며, 아래와 같은 3종의 구조이성체가 있다.
※ n-부틸렌 : (1) $CH_3CH_2CH=CH_2$ (2) $CH_3CH=CHCH_3$
※ 이소부텐 : $(CH_3)_2C=CH_2$
이소부틸렌을 소량의 디올레핀과 공중합 시킨 것을 부틸고무라 한다.

By The Head

선미보다 선수가 물속에 깊이 잠긴 상태의 Draft.

By The Stern

선수보다 선미가 물속에 깊이 잠긴 상태의 Draft.

By-pass Line

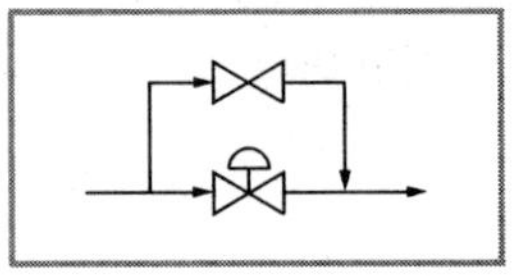

우회배관. 주된 유로(Main Line)에서 갈라져서 주된 유로와 병행하다가 다시 주된 유로로 연결되는 분기 유로로서 압력 및 흐름을 조절하거나 자동 밸브 고장 시 유로를 변경, 조절하는 Line.

By-Products

부산물. 한 공정에서 주생산품을 만드는 과정에서 어쩔 수 없이 발생되는 부산물.

A by-product is a secondary or incidental product deriving from a manufacturing process, a chemical reaction or a biochemical pathway, and is not the primary product or service being produced. A by-product can be useful and marketable, or it can be considered waste.

- asphalt – from the refining of crude oil
- fly ash – from the combustion of coal
- slag – from ore refining
- gypsum – from Flue gas desulfurization
- ash and smoke – from the combustion of fuel
- mineral oil – from refining crude oil to produce gasoline
- salt – from desalination
- Molybdenum-from copper extraction

Cable

섬유나 철사로 만든 둘레 약 2.54 cm 이상의 굵은 밧줄. 지하전선, 가공선, 해저전선 등의 가설에 이용되는 것. 다수의 전선을 한 묶음으로 해서 이에 적당한 보호 장치를 설치하고 있다.

Calibration

교정. 실험에 앞서 적당한 기준량을 써서 측정기에 있는 눈금의 보정(補正)을 결정하는 것. 검정(檢定)이라고도 한다.

Capacity

용량. 능력. 보통 작업 기계, 원동기, 펌프 등이 해낼 수 있는 능력을 뜻한다.

Carbon Black

탄화수소의 열분해 및 불완전연소에 의해 생성되는 탄소의 미세입자로서 나오는 흑색분말로 합성고무, 전극, 잉크의 배합제 등으로 사용됨.

Carbon content

탄소함유량.

Carbon Residue

잔류탄소분. 기름이 연소한 후, 남아있는 탄소분을 말한다. 연소기(Burner)에서 침적물을 생성하는 연료유의 대략적인 경향을 알아보기 위한 실험에 채용된다.

Carbon Level

촉매에 침적된 Coke의 양을 표시하는 측정단위로 촉매 무게에 의한 Coke의 wt,%로 표시된다.

Carbon steel pipe

철에 0.08% 이하의 탄소를 함유시킨 것이며, 고탄소강이라고 하더라도 탄소의 함량은 1.6%를 넘지 않는다. 가격이 싸고 강도도 적당해서 일반적으로 많이 사용한다. 배관용 또는 가스관용 강관은 10 kg/cm^2 이하의 압력에서 사용하며 350℃ 이하의 온도에서 압력배관용 강관은 10~100 kg/cm^2 이하의 압력, 고압배관용 강관은 100 kg/cm^2 이상의 압력에 대하여 사용한다.

Carboxyl end

카르복실 말단.

Carboxyl group

카르복실기.

Carrier Gas

이동상 가스 및 때에 따라 검출기 가스로 사용됨. 이동상 가스는 화학적으로 도입된다. 일반적으로 이동상 가스로는 He, N_2, H_2, Ar, CO_2가 사용되며, 이동상 가스 역시 분자체(molecular sieve)를 포함하고 있으므로 수분(H_2O)이나 기타 불순물을 제거하는 장치가 보조적으로 필요하기도 하다.

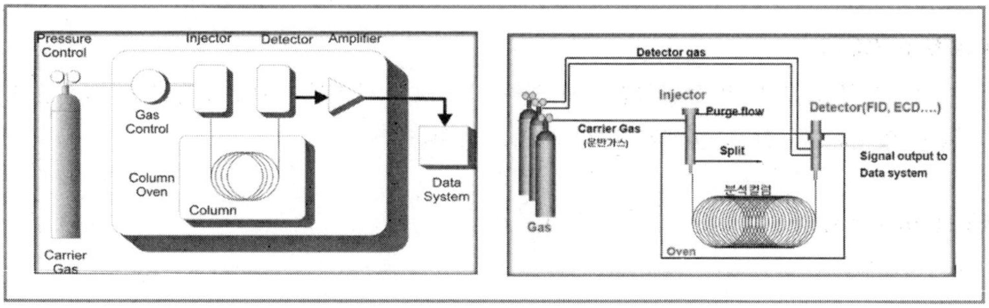

Carryover

Entrainment라고도 함. 액체가 작은 물방울로 되어 증기 또는 가스와 함께 위로 운반되는 현상을 말한다. Bubble Tower의 Bubble Tray 속에 있는 액체가 그 속을 통과하는 증기와 함께 상단으로 운반되는 현상이다. 이것은 증류 시 Tray 의 효율을 나쁘게 하므로, 이것을 막기 위하여 Bubble Tower내의 Tray의 상하간격과 증기속도를 적당히 선택할 필요가 있다.

보일러 내에서 발생한 증기에 보일러 수분 또는 용해 고형분이 함유 되어 나가는 것도 이 보기이며, 이 경우 배관 내에 응축수가 다량 생성되어 수격작용(Water Hammer)을 야기하게 되고, 터빈, 엔진 등의 기계나 장치에 장애를 유발한다.

Cascade

축전지 등의 직렬의 뜻.

Casting

주형. 액상의 고분자물질 또는 고분자용액 등을 형틀이나 면 위에 부어서 고상화 시키는 것을 말한다. 열경화성 수지의 용액으로는 초기 축합물이나 프리폴리머, 그리고 열가소성 수지에 있어서는 단량체 내지 프리폴리머 또는 폴리머 용액이 사용된다.

Cast Iron

주철. 주물용 선철을 원료로 하여 용융정제 된 규소를 내포하는 고탄소철, 펌프, 터빈 압축기의 실린더 등은 주철로 구성되어 있다.

Catalyst

촉매. 열역학적으로 어떠한 화학반응을 일으킬 만한 물질계 안에 비교적 소량으로 존재하면서, 자신은 결과적으로 전혀 변화하지 않으면서, 다른 물질의 반응속도를 변화시키거나, 반응을 개시시키거나, 또는 가능한 몇 개의 반응 중 하나를 선택적으로 진행시켜서 생성물의 종류를 바꾸는 역할을 하는 물질을 말한다.

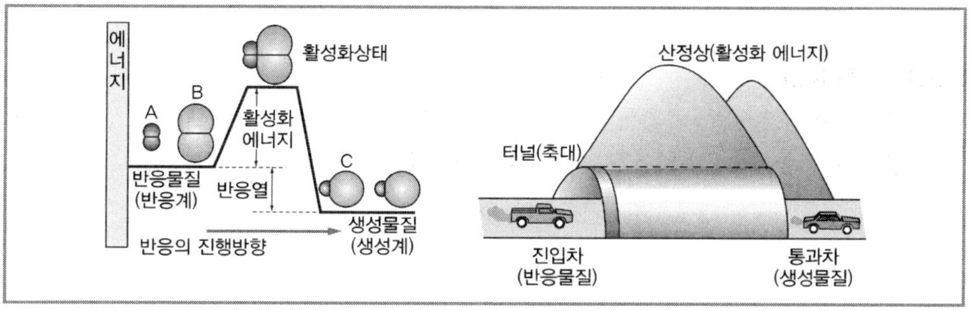

반응을 촉진시키는 촉매를 정촉매라 하고, 이것에 대하여 반응속도를 늦추는 것을 역촉매라 한다. 연속반응에서의 연쇄연락체를 촉매라 정의할 때도 있다. 연속반응에서의 연쇄연락체를 촉매라 정의할 때도 있다. 촉매는 반응속도를 바꾸는 것뿐만으로 평행상태는 영향을 주지 않는다.

Catalyst Activity

촉매활성도. 화학평형에 도달하는 속도.

※ 화학평형 : 가역반응에서 있어서 원계에서 생성계로 향하여 반응이 진행하고, 생성계가 생기는 데에 따라 생성계에서 원계로 향하는 역반응이 빨라지고, 나중에는 정반응속도와 역반응속도가 균형을 이루어 외관상의 반응 정지하고 있는 것처럼 보이는 것과 같은 상태.

Catalyst carrier

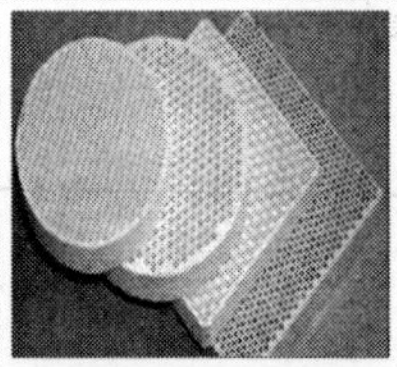

촉매 담체. 촉매활성물질의 물성 변화를 통하여 목표한 반응에 도움을 주기도 하는 것을 지지체 또는 담체라고 한다. 여기서 촉매 담체는 그 화학반응, 촉매활성물질과의 상호작용, 형상 등에 따라 다음과 같이 분류할 수 있다.

(1) 불활성 지지체 : 촉매 활성이 거의 없이 단지 높은 표면적만 제공함
  예 실리카, 알루미늄
(2) 활성 지지체 : 촉매활성을 어느 정도 지님
  예 실리카-알루미늄, 제올라이트
(3) 촉매활성물질 상호작용(SMSI)지지체 : 촉매활성물질과 강한 상호작용
  예 TiO_2, Nb_2O_5

Catalyst Mileage

촉매효율을 나타내는 말로 KG PP/1 g Catalyst로 나타냄.

Catalyst Poison

촉매독. 촉매반응에서, 미량의 이물질이 촉매작용을 현저하게 감소시키거나 또는 완전히 상실하게 할 때, 그 이물질을 촉매독이라 한다.

Catalyst reaction

촉매반응. 반응의 시점과 종점에서 겉보기에 반응에 관여하지 않았던 것 같이 보이는 소량인 물질의 존재로 반응속도가 현저하게 변화하는 반응. 기체상·액체상과 같은 균일상 속에서 행하는 경우(균일 촉매반응)와, 기체상과 고체상과의 접촉면이나 액체상과 고체상과의 접촉면에서 행하는 경우(불균일 촉매반응)가 있다. 촉매반응은 반응물질과 촉매 사이에 반응중간체가 생겨 반응경로가 변화하거나, 고체 촉매에 표면흡착이 일어나서 반응의 활성화에너지가 변화한다. 정역(正逆), 두 반응 모두 영향을 받으므로 평형에는 영향이 없다.

Catch Basin

Drain시 물이 모여서 빠질 수 있도록 설치한 일종의 Sump Box. (Dike내 혹은 공정 내에 설치)

Cationic Polymerization

양이온중합. Ionic Polymerization(이온중합) 참조.

Caustic Embrittlement

가성알칼리 존재 하에서 생기는 탄소강의 응력 부식 균열.

Caustic Soda

가성소다. 수산화나트륨의 관용명(慣用名). 부식성이 있다.

Cavitation

공동현상. 배의 프로펠러나 수력터빈의 날개 등과 같이 물속을 고속도로 운동하는 물체의 표면에는 베르누이의 정리(定理)에 의해서 압력이 낮은 부분이 생긴다. 그 압력이 포화증기압보다 낮아지면 수증기가 발생하며, 동시에 수중에 함유되어 있던 기체가 방출되어 포화수증기로 가득 찬 공동(空洞)이 생긴다. 물체에서 어느 거리만큼의 하류에서는 압력이 회복되어 증기압 이상으로 되므로 수증기는 재차 액화되어 공동은 닫힌다.
공동이 발생하면 프로펠러나 터빈날개의 수력적 성능이 악화된다. 더욱이 수증기표가 없어질 때 기포둘레의 물이 서로 부딪쳐 국소적으로 심한 고압이 생기고, 그 기계적 충격에 의해 프로펠러나 터빈날개의 표면은 침식되어 다공질(多孔質)이 된다.

CCR

Continuos Catalyst Regeneration의 약어.

CDU (Crude distillation unit)

A-tower, A-column, Topper, Topping Column이라고도 불리며 원유를 비등점의 차이에 따라 LPG, Naphtha, Kerosene, Diesel, B-C 유분으로 분리하는 시설. 이 시설은 원유를 구성하고 있는 성분들이 일정한 압력과 온도 하에서 기체로 증발되려는 성질이 각각 다른점을 이용하며, 이에 따라 탑 내부의 온도와 압력을 높이에 따라 점차 변화시켜(상부로 갈수록 온도와 압력이 낮아짐) 혼합되어 있는 유분을 각각의 유분으로 분리하는 시설이다.

CDU는 대기압과 비슷한 상압에서 운전되기 때문에 상압증류탑이라고 불리며, 내부는 약 40~50여개의 단(stage)으로 구성되어 있고, 원유는 열교환기 및 Heater(가열로)를 통해 약 350℃로 가열되어 투입된다. 각각의 단은 약 1 m 내외의 높이마다 설치된 칸막이(tray)로 구분되어 있고, 각각의 Tray는 기포를 발생시키기 쉬운 구조의 캡형태(Bubble cap tray), 작은 구멍이 뚫려 있는 형태(Sieve Tray) 또는 밸브가 설치된 형태의 Valve tray 철판으로 되어 있어 윗단에서 응축되어 내려오는 액상성분과 아랫단에서 기화하여 올라오는 기상 성분의 접촉을 원활히 하여 기액평형이 쉽게 이루어지도록 고안되어 있다.

Centering

넓은 뜻으로는 본체와 다른 대상물의 기준선을 합치시키는 조작. 공작물이나 공구의 중심선을 기계의 회전중심에 맞추는 것 등을 뜻한다.

Centrifuge

원심분리기. 두 개의 액상, 또는 액상과 고상과를 원심력을 이용해서 밀도차에 따라 분리하는 장치를 말한다.

무거운 물체가 중심으로부터 더 멀리 떨어지려는 성질을 이용한 기구이다.

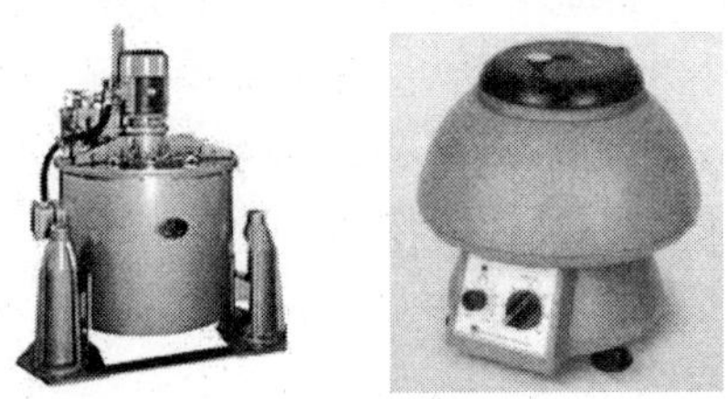

Cetane Index

세탄지수, API비중과 중비점으로 계산되며 디젤유와 같은 연료유의 ASTM Cetane Number를 직접 근사값으로 산출해 낸다. 이 인덱스는 ASTM세탄가를 표시하는 선택적

방법은 아니며 단지 상당한 정확성으로 세탄가를 예시하는 보조하는 방법이다.

Cetane Number

세탄가. 디젤연료의 자기착화성(自己着火性)을 나타내는 지수의 일종. 착화성이 극히 높은 n-세탄과, 극히 낮은 a-메틸 나프탈렌을 혼합한 표준연료의 착화성을 CFR엔진을 사용하여 비교하고, 시료와 동일한 착화성을 나타내는 표준연료 중의 세탄 용량퍼센트를 가지고 시료의 세탄가로 한다.

단, ASTM에서는 1962년부터 a-메틸나프탈렌 대신에 세탄가15의 헵타메틸노난(HMN)을 표준연료의 하나로 사용하게 되었으므로, 세탄가 = 세탄용량퍼센트 + 0.15(HMN의 용량퍼센트)로서 계산된다.

Center Weight

Floating Roof Tank에서 Roof의 균형을 유지하고 우천 시 빗물이 Center Drain Hole로 모일 수 있도록 경사를 유지시키기 위해 Roof Center에 중량을 주게 한 장치.

Centrifugal pump

원심펌프. 임펠러의 회전에 의한 원심력으로 유체를 밀어내어 이송하는 방식의 펌프로 임펠러의 형태에 따라 안내 깃이 없는 볼류트펌프(Volute pump)와 임펠러에 안내 깃이 있는 터빈펌프(Turbine pump)로 구분된다.

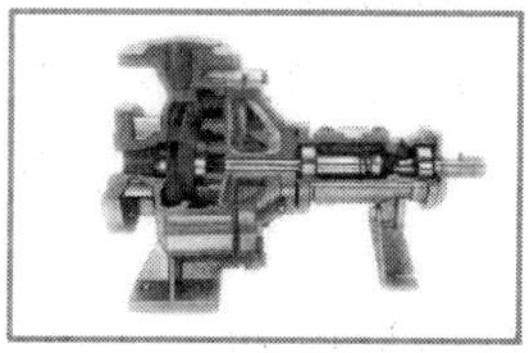

Centrifuge Compressor

원심압축기. 회전식 압축기 중 주류를 이루는 압축기 형태로서 속도 양정식이며, 임펠러(Impeller), 디퓨져(Diffuser), 볼류트(Volute)로 구성되어 있다.

CFPP

Cold Filter Plugging Point.

Chain Polymerization

연쇄중합. 연쇄반응기구에 의해 이루어지는 중합. 연쇄의 각 반응마다 생성물의 중합도가 증가하고, 이 생성물의 말단기(末端基)가 연쇄 운반체의 역할을 한다.

연쇄운반체의 종류에 따라 유리기중합(遊離基衆合), 이온중합으로 대별된다.

Chalking

플라스틱표면이 마른 분필가루같이 보이는 상태 또는 이렇게 보이게 하는 퇴적물.

Channeling

Tower나 Vessel 내에서 기체 또는 액체의 양이 적거나, 흐르는 속도가 느려 흐름이 전 지역에 균일하게 분산되지 않고 한 쪽 으로 흐르는 현상.

Charge

공정, Vessel 등에 도입되는 물질.

Checking N_2

Heater에 공급되는 Fuel Gas나 Fuel Oil의 Cock Valve 개폐여부를 점검하기 위해 Cock Valve에 공급되는 N_2.

Checkout of Equipment

Plant의 Section이나 Item들을 사용하기 전에 Vessel 내부나 Plant 정리 및 Equipment들을 최종 검사하는 것.

Check Valve

유체의 흐름이 반대방향으로 흐를 때, 자동적으로 닫힘으로써, 역류를 방지하는 밸브이다.

B-B type FLANGE S END S

SCREWE S END S

FLANGE D END S

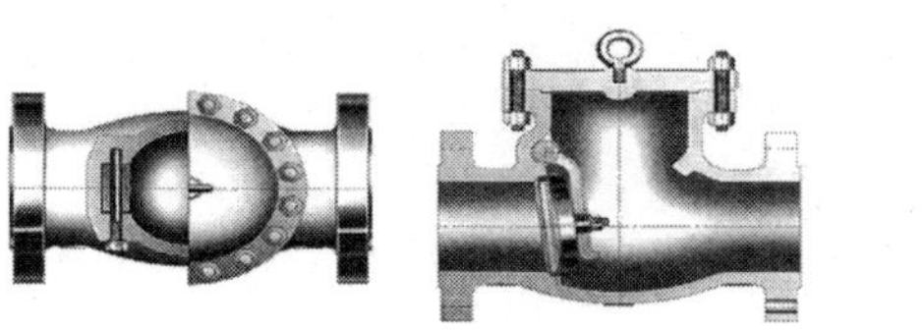

Chemical

"화학용의" 뜻. 일반적으로 화공약품을 총괄하여 나타낼 때 쓰는 단어.

Chemical Cleaning

화학세정. 산, 알칼리 등의 화학약품을 사용하여 녹이나 스케일이 부착된 금속제 장치나 금속제품의 표면을 깨끗이 하는 일.

Chemical change

a change that involves a chemical reaction in which a substance's molecules are rearranged.

Chemical Oxygen Demanded

화학적 산소 요구량의 약자로서 폐수 중의 오염물질을 $KMnO_4$나 $K_2Cr_2O_7$ 따위의 산화제에 의해 산화시킨 경우에 소비된 산화제의 양을 그에 해당하는 산소량으로 환산하여 나타낸 것으로 오염도 측정을 위해서 가장 널리 이용되고 있다.

Chiller

심냉기. 유체를 냉각하여 유체온도를 강하시키는 목적에 사용되는 점에서는 냉각기와 동일하지만, 냉각기의 냉각온도는 대기온도 전후인 것에 대해, 심냉기는 빙점이하인 대단히 저온까지 냉각시키는 목적에 사용되는 열교환기이다. 냉각원은 액체 암모니아, 액체 프레온 등의 냉매를 사용하며, 피냉각 유체에서 기화열을 탈취하여 액체에서 기체로 변한다. 즉, 상변화를 일으킨다.

Chip

촉매 속에 들어있는 작은 Flake입자를 표시하는 말이다. 이 Flake들은 Catalyst Feeder에서 Catalyst의 흐름을 막거나 제한하게 된다.

Chlorine

염소. Cl_2. 황록색으로 자극성 냄새가 있는 기체.

식염, 알칼리금속 등의 염화물로서 바닷물, 암염광상 중에서 산출되며, 유리(遊離)상태로는 존재하지 않는다.

공업적으로는 보통 식염수 또는 융해염화물의 전해에 의해 만들어지며, 실험실에서는 염화수소를 산화망간 등으로 산화하거나, 표백분에 산을 작용시켜서 얻을 수 있다.

대개의 수소화물의 수소와 치환한다. 산화제, 표백제, 소독제로서 또 염료, 의약, 폭발물,

표백분, 기타 많은 유용한 염화물의 제조에 사용된다. 대단히 유독하며, 점막을 침해하고 공기 중에서 0.003~0.006%로 장해를 일으킨다. 황색 봄베에 넣어서 시판되고 있다.

Chlorine Residual

잔류염소. 일정 측정기간 동안 공업용수속에 존재하는 가용 염소의 총량.

Chocking

Compressor에 Flow가 증가함에 따라, 기체의 속도는 증가하게 되고, 이것이 음속에 접근하게 되면 Compressor에 나타나는 이런 현상을 "Chock" 또는 "Stonewall"이라 부른다. Chocking 현상은 Heavy Molecular Weight 경우 잘 일어나게 되며, Centrifugal pump에서의 Cavitation 현상과 유사한 현상임.

Choke Coil

변화하는 전류에 있어 변화도를 감소시키는 데 사용되는 유도코일.

Chromatography

각종 고체 또는 액체를 고정상(固定相. Statioary Phase)으로 하고, 그 한 끝에 놓은 시료 혼합물을 적당한 전개제(이동상. Mobile Phase)로 이동시켜 각 성분의 흡착성이나 분배계수(分配溪水)의 차이에 기인하는 이동속도의 차를 이용하여 이것을 상호 분리하는 기술을 총칭한다. 1906년 러시아 식물학자 Tsvet가 엽록소 등의 식물색소의 연구에 사용한 흡착분리 기술이 크로마토그래피의 창시라고 한다.

Tsvet는 활성알루미나 탄산칼슘을 채운 관(Column. 컬럼)의 위 끝에 색소의 에테르용액을 흘려 넣어서 성분색소마다 분리한 착색흡착대(크로마토그램)를 얻었다.

일반적으로 용매를 증가시키면 각 성분의 흡착대는 강하면서 한층 더 잘 분리한다. 이 조작을 전개(Development)라고 한다.

이후에 전개용매의 조성을 차례로 바꾸어 넣고, 흡착성이 약한 성분부터 먼저 분리, 유출시키는 능률적인 방법이 고안되었는데 이 방법을 액체 크로마토그래피라 부르며, 컬럼을 사용하는 크로마토그래피로서 널리 사용하게 되었다.

그리고 근년에 전개제로서 기체를 사용하고, 기체－액체간의 배분계수의 차이, 또는 고체에 대한 기체의 흡착성의 차이를 이용한 가스 크로마토그래피가 기체 또는 휘발성 화합물의 분리정량(分厘定量)에 사용되고 있다.

Chunk

공정 내에서 생긴 여러 가지 크기와 형태의 녹아서 달라붙은 Resin을 말한다. 이 Chunk는 고온이나 Fluidization이 충분치 못한 상태에서 생기며, Homo Poyl Propylene 반응에서는 거의 생기지 않고, Poylethylene이나 Copolylpropylene 반응에서 많이 생긴다.
이 현상을 Check하기 위해 Chunk Detector를 사용하는 데 Chunk Detector는 여러 위치에서 Bed의 밀도를 Check하여 밀도차를 이용 Chunk를 판단하게 된다.

Circuit Breaker

차단기. 상시의 전류는 물론, 단락전류와 같은 대전류도 지장 없이 개폐하며 회로보호를 주목적으로 한다.

Circular Open Ditch

탱크에서 나오는 유수를 폐수처리 시설로 이송하기 위하여 탱크 주위에 설치된 도랑.

Circulation

순환. 공정에서 특정한 목적으로 일정량의 공정액체를 공정 내 자체 순환시키는 것

Clarifier

정수조.

(1) Raw Water 중의 부유 불순물을 처리, 제거하는 장치로서 작은 면적/ 부피의 시설로 많은 용량의 Raw Water를 처리 할 수 있는 반면, 까다로운 단점이 있다.
(2) 중력차에 의해 액체와 부유 고형물을 분리시키는 장치.

Clarity

투명도. Polypropylene수지의 Sheet를 통해 대상물을 볼 수 있는지의 광학적인 구별을 말한다.

Clay Filter

진흙 여과기.

Clean Out Door

탱크의 저부 청소 및 내부수리, 자재 반출입을 위하여 Shell Bottom 표면과 같게 설치된 문.(= Manhole)

Closing Gauging

마감계측. 탱크 내 액체의 이동이 일어났을 때, 액위 변동이 완료된 후에 실시하는 계측.

Cloud Point

운점. 기름을 규정된 조건하에서 냉각시킬 때, 시험관 바닥에서 왁스의 결정이 생겨 흐려지거나 구름처럼 되는 온도. 화씨 2도의 배수로써 표시한다.

COD

Chemical Oxygen Demand.

Coefficient Of Expansion

팽창계수. 열팽창 계수가 많이 사용되며, 열팽창 계수는 온도 1도 변화에 따른 체적이나 길이의 팽창을 기본단위로 나타낸 것.

Coke

(독일어 : Koks. 코크스). 점결탄(粘結炭)을 주성분으로 한 배합 석탄을 고온건류(약 1000～1100℃)하여 얻어지는 금속성광택이 나는 흑회색의 다공질(多孔質)의 고체. 석유화학에서는 기름의 분해(Cracking) 또는 증류 시에 생성되는 탄소함량이 많은 고체 잔사물을 일컫는다.

Cold Filter Plugging Point (CFPP)

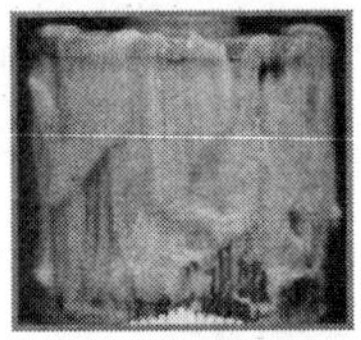

디젤유의 동절기 결빙으로 인한 막힘의 지표로서 규정된 조건으로 냉각하였을 때, 시료가 규정된 필터를 통과하지 않거나, 20 mL의 시료가 통과하는 데 60초 이상 걸리는 때의 온도.

Column

원형으로 된 기둥모양의 물건. 일반적으로 공정에서 Tower를 지칭하기도 한다.

Compound

(1) 밸브 등의 연마에 사용하는 배합연마제.

(2) 플라스틱의 성형가공을 용이하게 하기위한 혼합첨가제.

Compressor(압축기)

기체를 압축하여 압력이 높아진 기체를 보내는 장치로서 압축정도가 높은 것을 말한다. 펌프와 같은 모양의 기구이며, 왕복식, 원심식, 축류식이 사용된다. 고압의 것으로는 수종의 것을 직렬로 사용하여 단수(段數)를 증가시키고 각 단 사이에 냉각기를 두는 것도 있다. 압축공기의 제조, 기체의 액화, 산소 및 질소의 분리 등에는 왕복식이 사용되는 수가 많고, 제트기의 엔진에서 사용하는 압축기는 대부분 축류식이다.

Compressible fluid

압축성유체. 유체에 밀도와 온도나 압력의 변화에 따라 물성이 변하는 유체를 말한다. 대체적으로 기체가 여기에 속한다.

Condensate Water

응축수. 스팀이 열을 뺏기고 응축된 물.

Condenser

축전기, 복수기, 집광렌즈, 응축기, 냉각기

(1) 도체에 다량의 전기량을 축전시키는 기구.
(2) 증기기관, 증기터빈에 있어서 배출된 증기를 물로 냉각해서 복수하는(원래의 물로 복귀시키는) 장치.
(3) 광선의 방향을 원하는 방향으로 굽히기 위한 렌즈 또는 반사경.

Conduction

전도. 물체 구성 분자가 이동하면서 고온부에서 저온부로 열이 전달되는 전열과정으로 전열량은 단면적과 온도차에 비례한다. 전도의 전열량은 Fourier의 법칙을 적용한다.

$$Q = KA(T_1 - T_2)/L$$

Q : 전열량(Kcal/h), K : 열전달계수(kcal/h · m · ℃),
L : 전열면의 두께(m), T : 온도(℃)

Conductivity(전도율, 전도도)

도체의 고유 전기저항 옴의 역수를 말하는 것으로, 기호는 (ohm)이다.

Conductivity Meter

용수의 전도성을 측정하는 기기.

Cone Penetration

주도. 그리스의 단단하기, 즉 얼마나 굳은가를 측정하는 시험으로 경도 또는 침입도라고도 하며 규정된 원추를 그리스 표면에 떨어뜨려 일정시간 들어간 깊이를 0.1 mm 단위로 나타냄.
주도가 큰 연질의 것은 고속회전부에 주도가 작은 경질의 것은 고하중용으로 사용함.

Conjugated System

공액계. 다중 결합이 국소적으로 존재하지 않고, 몇 개 구조가 공명(共鳴 : Resonance) 하고 있는 분자 또는 유리기(遊離基)의 총칭. 전자의 비국재성에 의한 것으로, 공액이중결합(Conjugate Double Bond)을 갖는 것이 대표적인 보기이며 부타디엔, 아크롤레인, 방향족 화합물 등이 그것이다. 2중 결합 대신에 부대전자 또는 고립전자쌍이 공명에 가담하는 경우도 있다.

Conjugate Double Bond

공액이중결합. 이를테면, $-CH=CH-CH=CH-$와 같이 단결합(單結合)을 한 개 사이에 둔 2중 결합의 조(組)를 말한다. 공액 2중 결합을 갖는 분자에서는, 결합을 만드는 전자는 결합에 따라 이동하므로 특이한 성질이 나타난다.
이를테면, 부타디엔에 브롬을 부가하면

$$CH_2=CH-CH=CH_2+Br_2 \rightarrow CH_2BrCH=CH-CH_2Br$$

과 같이 2중결합의 위치가 이동한다.

Conradson

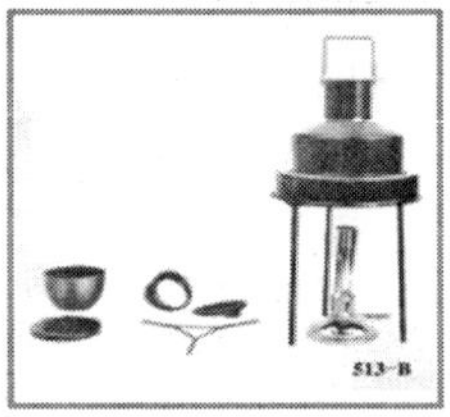

잔류탄소분 실험의 한 방법으로 연소성을 가늠하는 척도이며 연소실에서 생기는 Deposit 생성 경향을 판단한다.

Continuous Catalyst Regeneration

연속촉매재생. Catalyst를 H_2에 의하여 Circulation시키면서 연속적으로 촉매를 재생하는 방법으로서, 기존의 Fixed Bed Reactor를 가진 공정과는 달리 Unit S/D없이 촉매재생이 가능함.

Controller

The instrument in a controlloop that continuously compares a measurement of the process variable with setpoint. The controller continuously transmits a signal to the final control element and adjusts this signal when necessary to make a process correction.

Control loop

A combination of instruments that works to keep a process variable at a set value. The instruments will vary according to the process being controlled. As you learned in the audio-visual portion of program, the instruments in the group need to perform the functions listed in the next three definitions.

Control Power

공정에서 조절용으로 쓰이는 에너지.

Control Room (제어실)

원자로나 보일러 등의 플랜트제어를 위한 설비(다이얼, 스위치, 컴퓨터 등), 모니터류의 표시를 한 곳에 모은 방.

Control Valve

조정밸브, 제어밸브. 액체의 제어를 하는 밸브. 사용목적에 따라서 압력제어밸브, 유량제어밸브, 방향제어밸브로 나뉜다.

Convection(대류)

유체속의 온도차가 생기면 밀도의 차가 생겨 순환 운동이 일어난다. 그 운동에 의해 열이 이동하는 현상. 실내공기의 순환, 물의 가열 등이 이 원리에 의해 일어난다.

$$q = kA\Delta t \text{ (kcal/hr)}$$

Cooler(냉각기)

어느 한 물질의 온도를 낮추기 위하여 다른 물질을 통과시켜 열을 이동시키는 열 교환기의 한 종류.

Cooling tower(냉각탑)

냉각수를 순환시켜 사용하기 위해 더워진 냉각수를 탑의 상부로부터 가능한 한 작은 빗줄기모양으로 떨어뜨려, 떨어지는 도중에 탑에 설치한 송풍기에서의 강제통풍에 의해 물의 일부를 기화시킴으로써 수온을 떨어뜨리는 냉각용 탑.

Cooling Water(냉각수)

공장 내 냉각이 필요한 제품을 열교환 시켜 요구하는 온도로 낮추는 냉매.

Copolymer(공중합체)

종류가 다른 Monomer가 반응하여 한 종류의 고분자를 만든 것. Copoylmer 종류는 Random과 Impact Copolymer가 있다.

(1) Random Copolymer : propylene에 Ethylene이 무질서하게, 즉 Random하게 결합한 것으로 Crystallinity는 떨어지나 Clarity가 좋아 포장용 Film으로 사용된다.

(2) Impact Copoylmer : Ethylene을 부가하여 낮은 온도에서 Polymer의 기계적 강도를 보강한 것이다. 자동차 부품인 Bumper나 Battery Case 등에 사용된다.

Copolymerization(공중합)

두 종류 이상의 단량체(성분)가 중합해서 각 성분을 함유하는 중합체를 생성하는 반응을 말한다.

좁은 의미로는 단량체가 배열에 규칙성이 없어 중합하는 랜덤공중합에 의해 각 성분 단독 중합체의 중간성질만이 아니라, 그들에게 없었던 새로운 성질을 주는 것이 가능하며, BS고무 등은 그 대표적인 보기이다.

Corrosion(부식)

금속재료가 사용 환경과의 화학반응에 의해 표면으로부터 금속이 아닌 상태로 상실되어 가는 것을 말한다.

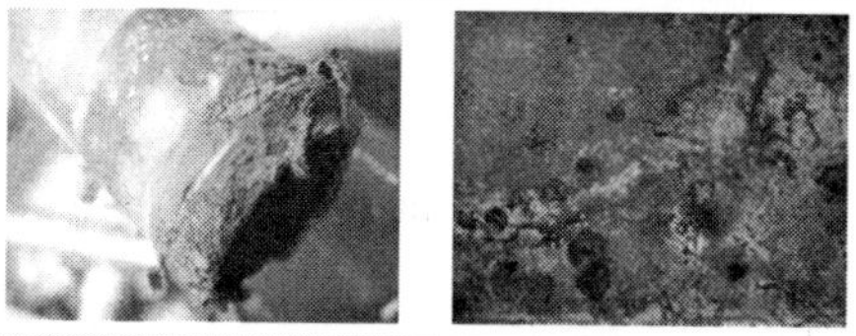

Corrosion Test(부식실험)

기름이 금속에 부식을 일으키는 정도를 측정하는 실험.

Corrosion Inhibitor(부식방지제, 부식억제제)

금속의 부식속도를 크게 감소시킬 수 있는 물질. 금속표면에 피막을 만들어, 표면을 부동태화(不動胎化)시키든가 용존산소의 접근을 방해한다.

Counter-current flow

향류흐름. 공정 내에서 두 유체의 흐름방향이 서로 다른 것. 예를 들면 이중관 열교환기에서 저온유체의 흐름이 오른쪽에서 왼쪽으로 흘러 들어오고, 고온유체는 왼쪽에서 오른 쪽으로 흘러 들어오는 경우를 말한다. 아래의 그림에서 (b)에 해당하며, (a)는 유체의 흐름방향이 동일한 병류(parallel flow)이다.

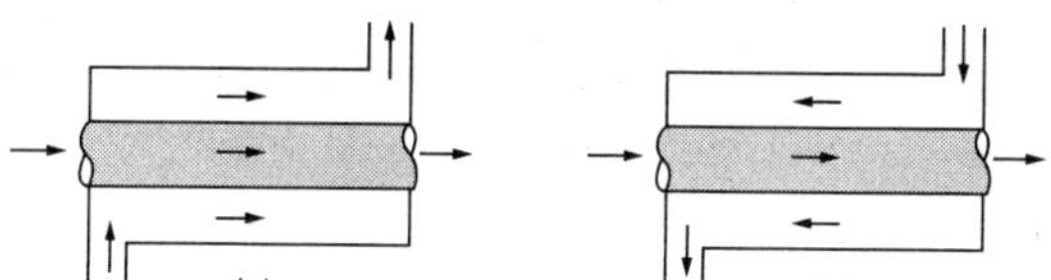

(a) (b)

Coupling agent

결합제.

Covalent bond

공유결합.

C.O.W

Crude Oil Washing

Cracking

Thermal Decomposition 참조.

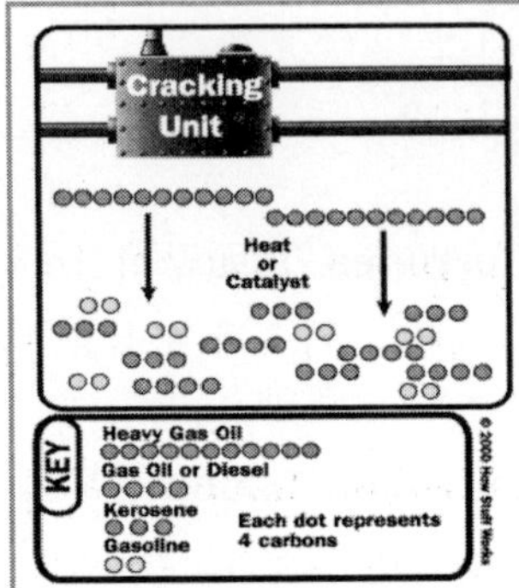

Cracking breaks large chains into smaller chains.

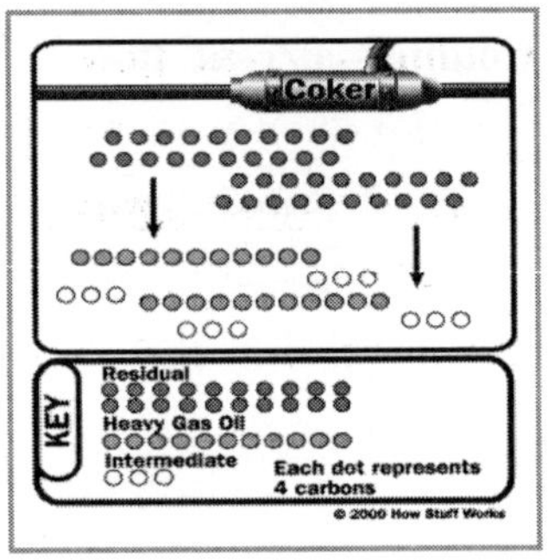

Cracking takes large hydrocarbons and breaks them into smaller ones.
There are several types of cracking:

- Thermal : you heat large hydrocarbons at high temperatures (sometimes high pressures as well) until they break apart.
  - steam : high temperature steam (1500 degrees Fahrenheit / 816 degrees Celsius) is used to break ethane, butane and naptha into ethylene and benzene, which are used to manufacture chemicals.
  - visbreaking : residual from the distillation tower is heated (900 degrees Fahrenheit / 482 degrees Celsius), cooled with gas oil and rapidly burned (flashed) in a distillation tower. This process reduces the viscosity of heavy weight oils and produces tar.
  - coking : residual from the distillation tower is heated to temperatures above 900 degrees Fahrenheit / 482 degrees Celsius until it cracks into heavy oil, gasoline and naphtha. When the process is done, a heavy, almost pure carbon residue is left (coke); the coke is cleaned from the cokers and sold.
- Catalytic : uses a catalyst to speed up the cracking reaction. Catalysts include zeolite, aluminum hydrosilicate, bauxite and silica-alumina.
  - fluid catalytic cracking - a hot, fluid catalyst (1000 degrees Fahrenheit / 538 degrees Celsius) cracks heavy gas oil into diesel oils and gasoline.
  - hydrocracking - similar to fluid catalytic cracking, but uses a different catalyst, lower temperatures, higher pressure, and hydrogen gas. It takes heavy oil and cracks it into gasoline and kerosene (jet fuel).

After various hydrocarbons are cracked into smaller hydrocarbons, the products go through another fractional distillation column to separate them.

Crack Open

적은 양의 흐름을 보내기위해 Valve를 아주 작게 Open한다.

Crash Shut Down

Process의 돌발적인 Failure에 의한 비상 상태에서의 Shut Down을 말함. 일반적인 "Planned Shut Down"에 반대 의미이다.

Creep

소성변형(塑性變形 : 일그러짐)이 일정한 변형력(예 : 하중) 하에서도 시간과 더불어 증가하는 현상. 금속, 콘크리트, 유기고분자 물질 등에 많다. 고분자물질 등에서는 변형력이 커지면 탄성이 두드러지는 수가 있다.

Crystallization

결정화 또는 정석 조작. 고체와 액체의 분리조작으로 불순한 용액으로부터 순수한 고체 결정을 얻기 위한 방법으로 사탕수수로부터 설탕을 생산하는 것 등이 이에 속한다.

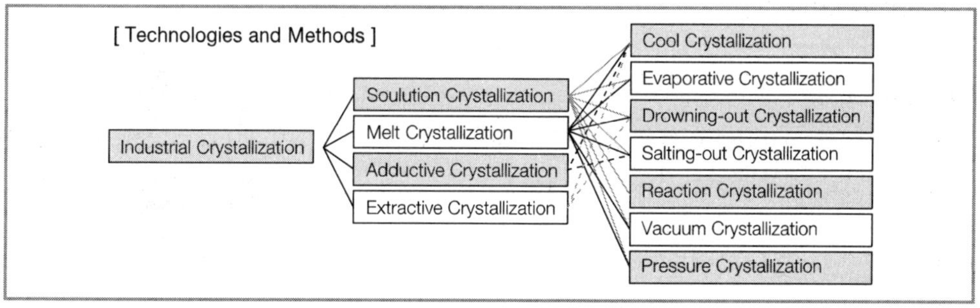

Crown Bottom

탱크 Bottom의 유압을 분산시키기 위해 탱크 Bottom을 구형과 같은 모형으로 설치하는 것.

Crude Oil(원유)

지중(地中)에서 천연으로 산출한 그대로의 석유를 말한다. 여러 가지 액상 탄화수소를 주성분으로 하고, 소량의 황, 산소, 질소 등의 유기화합물도 포함한다. 일반적으로 형광을 갖기 때문에 반사광선으로 보면 초록색을 띤 흑색이지만, 투과광으로 보면 적갈색이다. 비중에 따라 경질(< 0.83), 중질(< 0.094), 중질(< 0.096), 초중질(0.96～)로 분류된다. 또, 탄화수소의 조성에 따라 파라핀기원유, 나프텐기원유, 중간기원유 및 특수원유(예컨대 방향족이 많은 것) 등으로 분류된다.

Crude Oil Washing

하역 후, 원유선에 남아있는 Sludge를 제거하는 것.

Crushing

분쇄. 고체를 기계적으로 작게 부수거나 잘라내는 조작을 말하며, 부서진 알맹이의 크기에 따라 조분쇄, 중간분쇄, 미분쇄로 구별 짓지만 그 경계는 명확하지 않다. 제조업에서 널리 보급된 중요한 단위조작이며, 특히 광공업 등에서 널리 사용되어지는 공정이다. 이론적으로 정립되지 못한 기술이며, 경험적으로 해결하는 것들이 많다.

- 조분쇄기(coarse crusher)
- 중간분쇄기(intermediate crusher)
- 미분쇄기(fine crusher)
- 초미분쇄기(ultra crusher)

Curing

고분자에서는 열경화성 수지 등의 프레폴리머가 가열에 의해 3차원 그물눈을 형성하여 경플라스틱으로 변하는 반응을 말한다.

Cut

증류에 의하여 얻어진 석유 유분.

Cut point

The product separation temperature that is used in a distillation column to obtain a product that contains the desired mixture of hydrocarbons. Altering the heat balance in a column to produce more or less of a particular product is called changing the cut point.

Current Limiting Reactor

비정상적인 조건에서 수용능력이 낮을 때 전류를 제한하기 위한 장치.

Cycle Life

단위촉매 질량당 원료유처리 부피. 촉매재생주기 / 운전조건에 이용.

Damper

기체의 유량을 조절하는 장치. 또 굴뚝·노(爐)·덕트(duct) 따위에서 공기·가스의 송풍량을 가감하기 위하여 사용되는 문도 댐퍼라고 한다.

Datum Plate [deitəm pleit] (기준판)

계측 깊이를 측정할 때 계측 줄자의 추가 닿도록 탱크 밑바닥에 수평방향으로 설치한 평평한 금속판. 이 판이 설치된 자리가 탱크 테이블의 영점이 된다.

A level metal plate located directly under the reference gauge point to provide a fixed contact surface from which liquid depth measurement can be made.

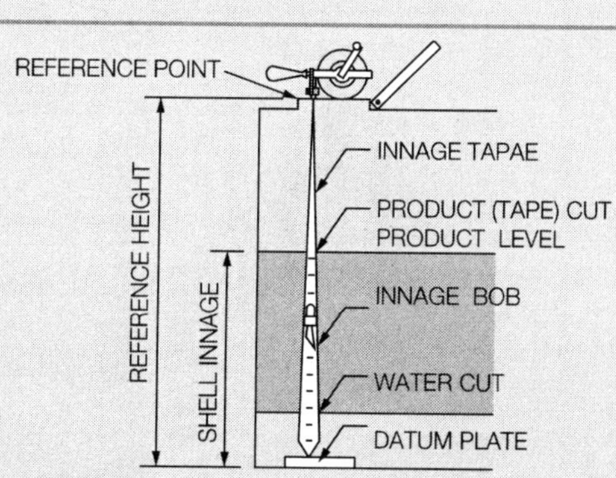

Davit [dǽvit, déiv-]

탑정에 설치되어 있으며, 보수 작업 시 무거운 물체를 들어 올리거나 옮기기 위한 도르래나 Hoist를 매달 수 있는 직각을 이루는 고정 장치

Deactivation(비활성화)

촉매가 활성도나 선택도를 잃게 되는 것.

Deactivator(활성감소제)

제품 중에 촉매가 딸려 나가면 착색 및 Corrosion을 일으키게 되므로 반응이 끝난 후 주입하여 촉매를 흡착, 제거하기 위한 물질.

Dead Stock

탱크재고 중 pump suction level 이하의 물량으로 이송이 불가능한 원료 또는 제품의 양.

Deaerator(탈기기)

물에 용존 하고 있는 기체성분인 산소, 탄산가스, 암모니아 등을 제거하는 장치로서 특히 산소에 의한 금속부식을 방지하기 위하여 사용된다.

Debutanizer

부탄 제거탑

Decanter

비중이 서로 다른 액체를 분리하기 위하여 사용되는 드럼.

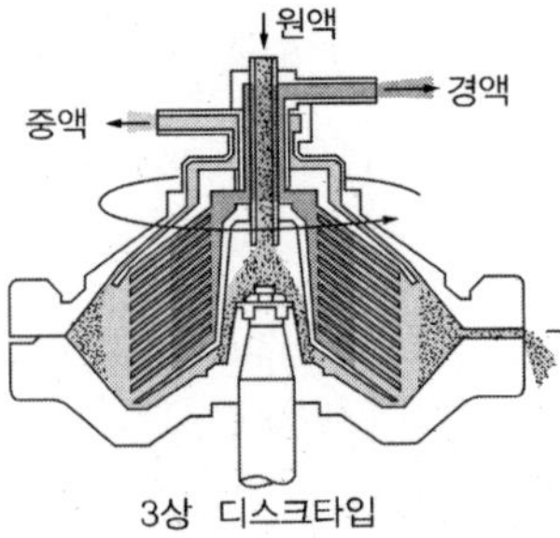

3상 디스크타입

Decibel

(1) 전화 발명자 A. Bell의 이름을 따서 만든 단위 벨(B)의 1/10. 기호는 dB. 실용상 B 보다는 dB를 많이 사용한다.

(2) 음향에 있어서 상대적으로 비교하는 수치로서 사용되는 외에 음압 또는 음감도의 단위로서 사용된다.

Deck Post

Floating Roof Tank에서 Roof 중량을 받치기 위하여 세워 놓은 기둥.

Decoking

설비 내에 축적된 coke를 산화시켜 제거하는 작업을 말한다.

Decolorzation

탈색.

Decomposition

분해, 분할.

Deemulsifier

Emulsion상태를 파괴시켜 주는 화학물질.

Deethanizer

에탄 제거탑.

Defect

결함, 결손.

Deflector(변류기전향장치)

낙차에 의한 정전기 발생을 억제하는 장치.

Degaser

liquid에 함유된 gas를 제거하는 장치.

Degradation

플라스틱이 과도한 빛, 열, 방사능, 응력, 전기, 화학약품, 미생물들의 작용으로 화학구조에 변화가 생겨서 각종 물리적 성질이 나빠지는 것을 열화라 한다. plastics의 열화의 원인이 많고, 열화 되는 경위도 복잡하여 열화를 완전히 방지하는 것은 거의 불가능하다. 그러나 각종 첨가제, 즉 산화방지제, 자외선 흡수제 등을 첨가하여 열화 되는 속도를 늦추는 것은 가능하다.

Degree of Polymerization(중합도)

중합체를 구성하는 단량체의 수. 실제로는 중합체의 분자량을 측정하여 계산하나, 고분자의 중합체는 다분산계를 만들 때가 많고, 평균분자량이 측정될 뿐이므로 중합도도 수평균중합도, 중량평균중합도, Z평균중합도 등으로 표시된다. 중합도가 크면 용융정도가 증가하므로 가공이 곤란하지만 일반적으로 기계적인 성질을 개선된다.

Dehazor

제품 내의 수분을 제거하기 위한 시설로서 내부에 소금과 자갈이 충진되어 있어 소금층을 통과하면서 수분이 제거된다.

Deheptanizer

헵탄 제거탑.

Dehydration

탈수. 화합물 중에서 수소와 산소를 물로 만들어 이탈시키는 일.

Dehydrogenation

탈수소화반응. 수소이탈반응이라고도 함. 수소를 함유하는 화합물에서 수소가 제거되는 반응. 일종의 산화반응이다. 이를테면 알코올이 팔라듐에 의해 수소를 빼앗겨 알데히드가 되는 것이 그 예이다.

$$CH_3CH_2OH \quad \rightarrow \quad (cat'\ Pd) \quad CH_3CHO + H_2$$

Deionized Water

탈이온수. 용존된 이온의 대부분을 제거한 물. 양이온 교환수지와 음이온 교환수지를 병용해서 만드는 것이 보통이다. 때로는 탈염수와 같은 뜻으로 사용된다.

Deionizer

탈이온 장치. Deionizer와 동일한 역할을 하는 장치

Demand Meter/Maximum Demand Meter

수용가의 Peak 전력과 사용전력량을 함께 계산해서 나타내는 전력계

Demineralized Water

저압 Boiler 용수.

Demister

Vapor에 함유된 Liquid 성분을 제거하는 장치

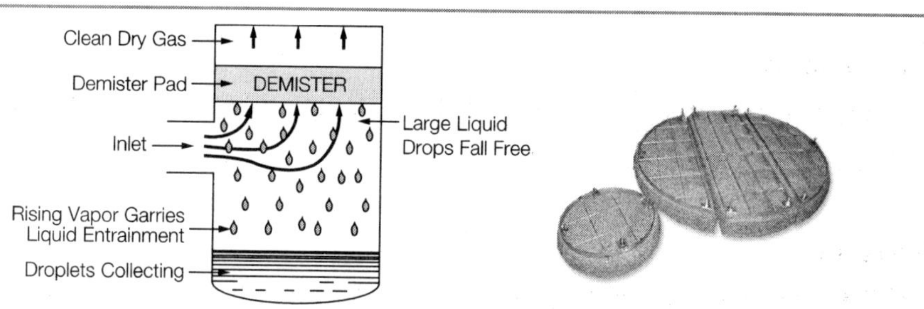

Demurrage

체선료. 선박사용 시 계약된 정박일수를 넘어선 초과 정박분에 대해 추가로 지급하는 비용.

Density

밀도. 한 개의 양이 공간, 면 또는 선상에 분포되고 있을 때 미소부분에 포함되는 양의 체적, 면적 또는 길이에 대한 비를 말하며, 이를 각각 체적밀도, 면밀도, 선밀도라고 하여 구별한다. 일반적으로 체적밀도를 가리킨다. 각종 물리량이나 수학량에 대해 사용되지만 단지 밀도라고 하면 질량에 대한 밀도를 가리키는 것이 보통이다.

Depropanizer

프로판 제거탑.

Desalter

원유 중에 포함된 염분을 제거하는 장치

Desorbent

탈착제. 촉매 표면에 흡착된 탄화수소를 흡착제로부터 분리시키는 물질.

Desuperheater

감온기. 과열저감기라고도 하며 과열기 파이프의 출구에 낮은 온도의 급수를 분시켜 과열증기의 온도를 일정하게 유지해 주는 장치

Detail Display

선택된 Point(select key)의 자료가 상세히 표시되고, 비례동작, 미분동작 등을 조작할 수 있음(자동제어시스템).

Detergent

청정제. 오일 중에 생성된 산화물이 금속표면에 접착함을 방지하고, 금속부분에서 생성된 침전물을 제거한다.

Detonation

폭굉. 폭발 중에서 반응이 일어나는 면(화염면)이 음속보다 빠른 속도로 이동하는 것. 이에 대해 음속보다 느린 경우를 폭연(Deflagration)이라 하며, 이는 연소에 속한다.

Dew point

노점. 증기가 냉각되어 이슬이 맺히기 시작하는 온도.

Diafloc

정수과정에서 Clarifier와 Sedimentation에서 Alumina의 영향으로 형성된 미세한 floc을 크게 성장시켜 침전시키기 위해 넣어 주는 응집 보조제.

Diaphragm

격막. 유체가 얇은 막을 투과해서 확산 현상을 일으킬 때 이 막을 격막이라고 한다. 격벽이라고 부르기도 한다. 유체 중의 일부 성분은 통하지만 딴 성분은 통과시키지 않는 격

막을 반투막이라고 한다.

Dike Drain Valve

Dike 내에 있는 물을 배수시키는 valve.

Die

Extruder에서 액화수지가 어떤 형태의 Extrudate를 만들며, 흘러나오도록 된 장치.

Die late(=Die blank)

압출성형기에 Die를 설치, 고정시킬 수 있도록 된 두꺼운 금속판.

Diene

탄소사이의 이중결합을 두 개 갖는 화합물의 총칭이다. 사슬형 탄화수소의 디올레핀이나 지환식 화합물의 싸이클로 펜타디엔 등이 있다. 공액 2중결합을 갖는 다이엔은 공액다이엔(Conjugated Diene)이라 부른다.

Diesel

경유. 디젤엔진, 버너(burner) 등의 연료, 중유배합용 등으로 사용되는 oil.

Die Swell

액화 Polymer가 Die를 빠져나오며 부풀어 오르는 것을 말함. 물같이 점도가 낮은 물질은 가는 관을 빠져나올 때 폭이 좁아지는데 반해, 고점성의 고분자는 부풀어 올랐다가 다시 좁아진다. 이런 현상은 탄성기억(Elastic Memory)에 기인하며, Die로 들어가기 전 상태로 복귀하려는 성질을 의미한다.

Diffuser

유체가 지닌 운동에너지를 압력에너지로 바꾸기 위해 단면적을 점차 넓게 한 유로.

Diffusion

확산. 물질전달을 일으키는 작용으로 물질 자신의 분자운동에 의해 일어나는 분자확산(molecular)과 교반이나 빠른 유속 등에 의한 난류확산(turbulent diffusion)이 있다.

Digital Control

제어계 내의 주요 신호로서 양자화 된 신호를 사용하는 제어.

Diisopropanolamine

산성가스를 흡수하는 아민의 일종.

Dike

방유제. 탱크 주위에 기름이 다른 곳으로 흐르지 않도록 쌓은 둑(벽).

Dike Drain Valve

Dike 내에 있는 물을 배수시키는 Valve.

Dilatometer

팽창계. 물체의 팽창률을 측정하는 기계.

Dilution

희석. 예 엔진 등에서 연료의 혼합에 의해 윤활유의 점도가 저하되는 것.

Dimethyl sullfide

HDT 공정의 반응기 도입물 중 Sulfur가 20 wt.ppm 이하일 때 촉매 선택성을 높이기 위하여 주입시키며 혹은 Platforming, Aromizing 공정의 촉매 활성을 억제하기 위해 Presulfiding 작업 시 주입시킴.

Dimethyl Terephthalate

폴리에스터 섬유와 플라스틱의 원료.

Diolefine

탄소사이의 이중결합을 두 개 갖는 사슬형 불포화탄화수소의 총칭이며, 일반식은 C_nH_{2n-2}, Diene의 한 종류이며, 사슬형 Diene이라고도 한다. 알렌($CH_2 = C = CH_2$), 부타디엔($CH_2 = CHCH = CH_2$), 이소프렌($CH_2 = C(CH_3)CH = CH_2$) 등이 있다.

DIPA

Diisopropanelamins

Discharge

Charge의 반대말. 펌프의 유입측을 Suction(흡입)이라고 하고, 토출을 Discharge라고 한다.

Disconnection Switch(단로기)

(1) 회로의 접속변경 또는 전기시설물의 점검 수리를 위해 전원으로부터 전로 또는 설비를 분리시키는 장치.
(2) 외부에서 선로의 개폐 상태를 명확히 알며, 충진된 전로 개폐에 사용.

Diskette

Operating program data base, Trend 등이 수록된 얇은 컴퓨터용 저장 매체.

Dispersant

분산제.

Dispersion(분산)

하나의 상으로 되어 있는 물질 내에 다른 물질이 미립자로 되어 산재하는 현상.

Displacement Point

Floating Roof Tank에서 Roof와 Oil level이 분리되는 지점.

Dissolution(용해)

기체, 액체 또는 고체물질이 다른 기체, 액체 또는 고체물질과 혼합하여 생긴 균일한 상의 혼합물.

Distillate

증류분. 증발, 응축을 통하여 증류된 제품으로서 잔류물 또는 탑저(Bottom)물질과 다른 것을 말한다.

Distillation

증류. 용액을 부분 증발시켜 증기를 회수해서 잔류액과 나눔으로써 분류하는 작업을 증류라 한다. 용액이 증발된 증기 중에는 용액 중에서 보다 휘발성이 큰 성분이 증가하게 되며, 액 중에는 상대적으로 휘발성이 낮은 성분이 증가하게 된다. 휘발성에 따른 분리의 정도는 포함된 성분의 성질과 증류장치의 배치에 따라 정해진다. 공업적으로 탑 내에서 액과 증기를 향류로 접촉시켜 증기의 응축열을 이용하여 액의 증발을 행하고 증발과 분류를 반복하여 적당한 환류를 시켜 분리도를 보다 좋게 한다(이를 정류라고 하는데 단순히 증류라고도 한다). 또 휘발성분이 두 가지 이상 포함되어 있는 경우에는 특별히 분류라고도 하며 석유공업에서 즐겨 쓰는 방법이다.

A process in which heat is used to separate a mixture of hydrocarbons into two or more relatively pure products (or fractions) by the difference in their respective boiling points or boiling ranges.

When a mixture of hydrocarbons is heated the light components are the first to boil and go into a vaporized state. These vapors are cooled and condensed to form a fraction that is enriched in light hydrocarbon molecules. The liquid that doesn't vaporize forms a heavy fraction.

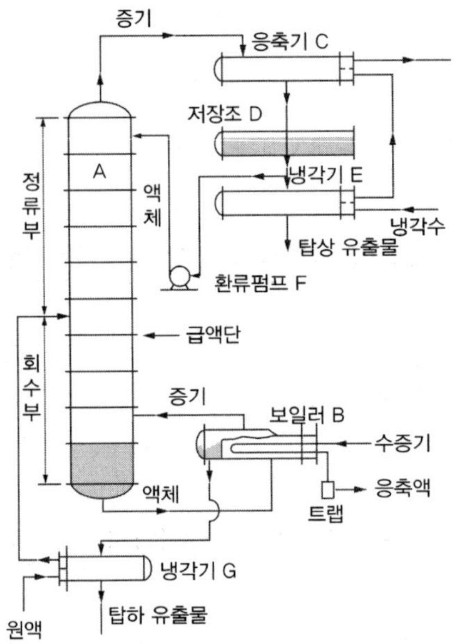

Distortion

비틀림. 변형.

Distributor

(1) 점화코일에 발생한 고전압을 점화순서대로 점화플러그에 배전하는 기기. 단속기, 점화시기 조정장치, 배전부로 이루어져 있다.

(2) 정유시설에는 Desalter로 주입되는 Crude가 넓게 퍼지게 함으로써 물과 기름의 분리를 용이하게 하는 장치.

DMT

Dimethyl Terephthalate

DMO

Demetallized Oil.

Dock

부두

Doctor Test(닥터시험)

메르캅탄 유황의 존재여부를 판단하는 정성시험.

Documentation

문서화.

Dolphin

대형 선박의 접안을 위하여 육지에서 바다 쪽으로 설치한 가교.

Double pipe heat exchanger

이중관식열교환기. 열전달관의 내 및 외관 동체와의 환상부에 각각 유체를 유통시켜 열교환시키는 구조의 열교환기이다.

비교적 구조가 간단, 재료는 배관을 이용, 가격이 저렴하고 열전달면적의 증가도 자유로워 추가 변경이 가능하다. 열전달 면적은 10～15 m^2 이하에 널리 사용된다.

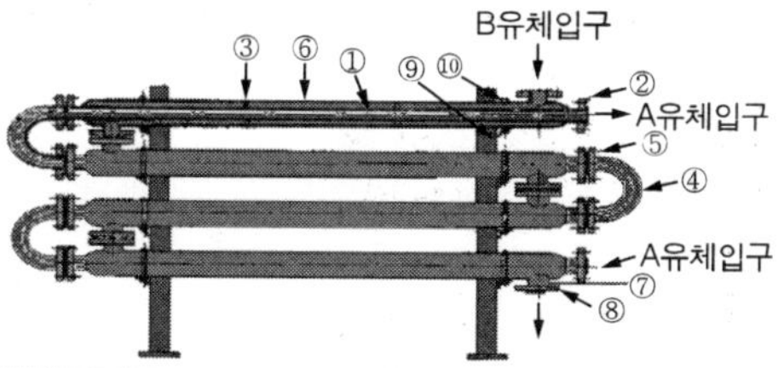

Down comer (월류관)

Passage ways for the downward flow of liquid through the tower.

증류탑에서 액체가 트레이(Tray)로 들어가 그 아래 트레이로 흐르도록 되어있는 도관.

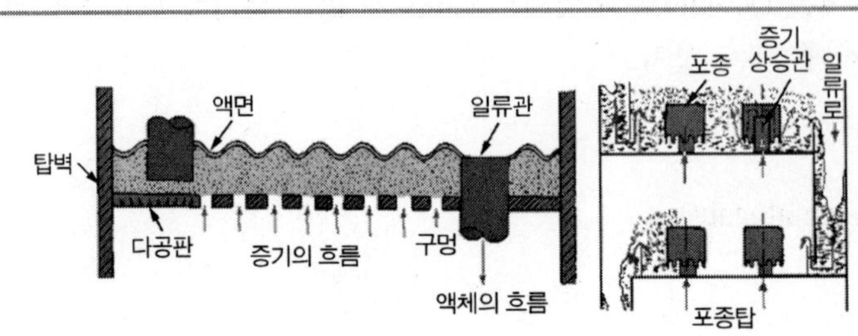

다공판 단탑　　포종탑의 구조

Down Stream

후처리공정.

어떤 공정 또는 장치를 기준으로 원료나 제품 흐름의 다음 공정을 지칭하는 말.

Draft

(1) 선박의 몸체가 바다 속에 잠겨 있는 깊이

(2) 가열로 내부에서의 부압

Drain Valve

배수밸브.

용기나 배관의 낮은 곳에 설치되어 있어 내용물을 제거하기 빼내기 위하여 설치한 밸브.

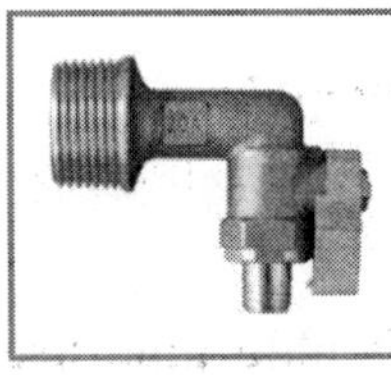

Dryer

건조기.

(1) 가스로부터 수분을 흡수하는 물질로 충진된 장치이거나 혹은 열을 사용하여 물질을 건조시키는 장치.

(2) 고체물질에 함유되어 있는 수분을 가열에 의해 기화시켜 제거하는 조작

Dry Gas

건조가스. 수분 또는 가솔린 증기가 없는 가스.

Duct

저압의 기체(공기, 연소기 등)를 이송하는 관.

Dump

Vessel이나 Container에 들어 있는 물질을 제거하는 것을 말한다.

Dust

기체 중에 부유하는 고체 미립자로 통상 연소과정에서 발생한다. 예를 들면, 연소가 불완전한 경우에 생기는 그을음, 연소 후의 잔류회분 등이 있다.

Dust & Fines

PE (Polyethylene)의 아주 작은 입자.

Dutchman

Flanged Pipe 양쪽 끝의 Pipe. 보통 Control Valve 수리를 위해 제가 했을 경우, Flange 사이를 연결하는 임시 Line.

D.W.T

Dead Weight Ton.

memo

EB

Ethylbenzene.

EBHP

Ethylbenzene hydroperoxide.

Economizer

연소가스의 여열을 이용하여 급수를 예열하는 장치이며, 보일러효율을 높일 뿐만 아니라, 찬물을 직접 보일러 드럼에 넣을 때의 열응력의 영향을 제거할 수 있고 보일러 보수 시의 결과를 좋게 한다.

ECR

Error Cause Removal.

Eductor

배기용 토출 Line 에서의 진공을 제거하기 위해 사용되는 장치물.

Effluent

유출물. 공정으로부터 유출되는 유체.

Ejector

피스톤, 밸브, 회전자 등 움직이는 부분을 갖지 않는 진공 압축펌프의 단순한 형태로서 토출구 쪽이 속도에 의해 흡입부와 압력차가 생기는 것을 이용, 유체를 배출시키는 장치.

Elastic Deformation

탄성변형. 물체에 응력을 가할 때 일어나는 전 변형 중 응력을 제거하면 즉시 복원되는 변형을 말한다.

물체가 완전히 탄성을 나타내는 최대한의 응력을 탄성한계라고 하는데 탄성한계 내에서 일어나는 변형이 탄성변형이다.

Elasticity

탄성. 외력에 의해서 일그러짐(또는 변형)을 받고 있는 물체가 그 일그러짐을 다시 환원하려고 하는 힘을 발생하는 성질. 대부분의 물체는 다소의 탄성을 갖는다.

Electric Conduction

전기전도. 전기장의 작용아래 전하가 이동하여 전류가 나타나는 현상을 말한다. 전기장이 그다지 강하지 않는 한 전류는 전기장의 강도에 비례한다(옴의 법칙).

Electric Load Shedding

전원 측의 전력공급 부족 시 운전 중인 부하설비 중 우선순위에 따라 일부부하를 선별차단시켜 중요 부하를 보호하는 것.

Electrostatic Precipitation

정전집진장치. 크로나 방전을 이용하여 먼지가 함유된 가스 중의 입자에 전하를 주어 대전입자를 전기적으로 모으는 방식이며 1단식과 2단식 그리고 원통형, 평판형, 각종 집진기와의 병용형이 있다.

Element

원소. 정확하게는 화학원소라 하나, 보통 원소라고 한다. 원소는 특별한 원자종(原子種 : 원자번호에 의해 구별된다)에 의해서 대표되는 물질이라고 한다. 다시 말하면, 원소는 단 한 종류인 원자(같은 원자번호를 갖는)에 의해 만들어지는 물질이다.

현재는 원자번호 1인 수소에서 원자번호 103인 로렌슘까지 103종의 원소 존재가 확인되었다. 또, 모든 원소에 대하여 같은 원자번호를 가지면서 질량수가 다른 원자, 즉 동위체가 존재한다는 것이 증명되었다.

Elemental Analyzer

유류 중 원소를 분석하는 기기.

Emergency Power

비상용전원. 상시전원의 전력공급이 중단되었을 때, 비상 조명기구 등 최소한의 중요시설에 공급되는 전원.

Emergency Roof Drain

Roof Drain이 비정상일 경우, Floating Roof의 전복을 방지하기 위해 탱크내부로 Roof 위의 물을 보내는 장치.

Emulsifier or Emulsifying Agent

유화제. Emulsion(주로 기름의) 제조를 용이하게 하고, 또한 이를 안정하게 유지하기 위하여 가하는 물질을 말한다. 비누와 같은 계면활성의 물질에서 분자의 한쪽이 유극성(有極)의 기(基), 다른 한 쪽이 무극성의 기인 것은 일반적으로 유화제의 역할을 한다.

Emulsion

유화, 유탁액 : 乳濁液. 액체 중에 액체입자가 콜로이드 입자 도는 이보다 큰 입자로서 분산하여 유상(乳狀)을 이룬 것.
기름과 물을 섞어서 흔들면 일시적으로 Emulsion이 생기나, 곧 두층으로 분리된다. 그러나 이에 적당한 유화제를 가하고 흔들면 오랫동안 Emulsion 으로서 보존된다.

Emulsion Test

윤활유에 물이 혼합되면 윤활기능이 저하되고 기계류에 부식과 마모 등의 손상을 주게 되어 윤활유에는 물이 섞이지 않는 성질이 요구된다. 이 실험은 윤활유가 수분과 분리되는 능력을 측정하는 시험항목이다.

End Boiling point

The highest temperature reached during a laboratory distillateion test, or the temperature at which the last drop of liquid in the sample vaporizes during the test. Abbreviated as End Point-EP

End Point

종류점. 증류 과정 시 용기 내 마지막 액체가 증기화 할 때 온도.

Endothermic Reaction

흡열반응 열의 흡수를 수반하는 화학반응이며 발열반응의 반대이다.

이를테면, $2Cl_2 + O_2 \rightarrow 2Cl_2O - 30.2$ Kcal

Energy balance

에너지 수지. 화학공장의 장치를 설계할 때 에너지 이동을 계산하기 위하여 에너지 수지식을 세운다. 따라서 공정을 설계할 때 가장 중요한 일중의 하나는 각 화학공정장치에 들어오고 나가는 에너지를 정확하게 계산하여 전체 공정에 필요한 에너지 소요량을 계산할 때 사용한다.

Energy Conservation

에너지절감. 원래 쓸데없는 에너지를 절감한다는 의미이나 1973년 석유파동 후 민생용, 산업용의 에너지 소비기기, 장치, 설비 등의 에너지효율 개선을 뜻하는 말로 널리 쓰이게 되었다.

Entrainment

Carryover 참조.

Environment

환경. 자연의 상태인 자연환경과 사람의 일상생활과 밀접한 관계가 있는 재산의 보호 및 동·식물의 생육에 필요한 생활한경을 말한다.

End of Run

공정이 Shut down되기 직전 상태로서 기능이 급격히 저하되는 시기.

Enhanded Operator Station

Micro processor에 설치된 운전기기의 일부로 Operator가 실제로 장치운전을 할 때 사용함.

EOS

Enhanded Operator Station

EP Agent

극압제. 극압 및 충격하중 하에서 유막이 파괴되는 것을 방지하여 접촉 금속부분의 융착과 마모를 방지한다.

Epoxidation

에폭시화. 올레핀 2중결합에 산소를 부가하여 Epoxide를 생성하는 반응을 말한다. 액상

(掖相) 으로는 과아세트산, 과안식향산, 과푸탈산 등의 과산(過酸)이 에폭시화제로 사용된다. 예를 들면,

$$C_6H_5CH = CH_2 + C_6H_5COOH \rightarrow C_6H_5\underbrace{CH - CH_2}_{O} + C_6H_5COH$$

에틸렌은 은(銀) 촉매상을 산소와 더불어 가열하면서 통하면 에틸렌옥시드가 생긴다.

$$2CH_2 = CH_2 + O_2 \xrightarrow{AG} 2\underbrace{CH_2 - CH_2}_{O}$$

Epoxide

3원환(員環)을 이루는 옥시드를 말한다. 올레핀 2중결합에 산소 1원자를 부가한 것에 해당한다. 에틸렌옥시드 등이 그 예이다.

EPR

Ethylene-Propylene Rubber.

Equilibrium moisture content

평형함수율. 각 물질은 일정한 온도와 습도의 공기 중에 오래 방치하면 일정량의 수분을 얻어 평형에 도달하는 것.

Equipment

설비, 장치, 장비.

Erosion

침식. 재료가 국부적으로 충격적인 힘을 받음으로써 손상되는 현상을 말하며, 부식(Corrosion)에 상대되는 말이다.
단단한 재료일수록 내침식성이 풍부하다.

Error Cause Removal

안전사고 예방을 위한 기법의 하나로 사고발생 가능한 원인을 찾아 제거함으로써 사고를 미연에 방지함.

Essential Power

신뢰도가 극히 우수한 전원으로 자가발전 전력을 말함(한전으로부터 받는 전기를 이와는 상대적으로 Non-essential Power라 함).

Esterification

에스테르화반응. 에스테르는 주로 알코올 또는 페놀을 산 또는 산유도체와 반응시켜 얻어지며 방향족 산염화물을 사용하는 에스테르화는 보통 염기의 존재 하에서 실시한다. 에스테르화반응의 예를 들면, 산과 알코올에서 물을 제거하면 에스테르가 형성되며 일반적으로 반응속도는 느리기 때문에 촉매가 사용되지만 위험성은 적으나 초산에테르와 같은 폭발성 물질이 생성되는 경우에는 위험이 따른다.

ESS Factor

Estimated Standard Steam Factor의 약어.

ESS Ton

환산증기량. 압력이 다른 스팀들을 열량기준으로 환산한 양.

1 ESS Ton = 5.56×10 Kcal

Estimated Standard Steam Factor

공장에서 사용하는 각 조건(압력, 온도)별 증기의 가치를 표준증기(50 psig 포화증기)의 가치로 환산할 때 사용하는 계수를 말하며,

1300 psin Steam 1.258
650 psin Steam 1.170
150 psin Steam 1.051
50 psin Steam 1.030
15 psin Steam 1.028

Estimated Time of Arrival

선박의 도착예정 시간.

Estimated Time of Departure

선박의 출발예정 시간.

E.T.A

Esthimated Time of Arrival.

E.T.D

Estimated Time of Departure

Ethan

C_2H_6. 파라핀 탄화수소에 속하는 무색 기체.

Ethanol

Ethyl Alcohol.

Ethene

Ethylene.

Ethyl Alcohol

C_2H_5OH. 단순히 알코올이라도 하며, 에탄올, 주정(酒精)이라고도 한다.
무색투명, 특유한 냄새와 맛을 갖는 액체이며, 마취성이 있다. 물과는 임의의 비율로 섞이며, 혼합할 때 체적의 수축과 발열을 수반한다. 여러 가지 유기화합물, 무기염을 녹이며, 여러 가지 기체의 용해도도 물에서보다 크다.

Ethylbenzene

$C_6H_5C_2H_5$. 자이렌의 구조이성체. 콜타르 중에 존재하며, 또 벤젠과 에틸렌에서 프리델-크래프츠 반응으로 합성된다.

Ethylene

$CH_2 = CH_2$. 올레핀탄화수소의 가장 간단한 것. 에텐이라고도 한다. 약간 달콤한 냄새가 나는 무색 기체. 석탄 가스 중에 소량(4～5%)이 있고, 미국의 천연가스 중 어떤 것에는 20%나 불포화화합물이며, 에틸렌결함을 가지므로 여러 부가반응이 생긴다.

$$C_2H_4 + H_2SO_4 \rightarrow C_2H_5(HO)SO_2 \text{ (황산에틸)}$$
$$C_2H_4 + Cl_2 \rightarrow ClCH_2{*}CH_2Cl \text{ (이염화에틸렌 등)}$$

이염화에틸렌에서 염화비닐이 만들어진다.
에틸렌은 중합해서 폴리에틸렌이 된다. 에틸렌은 각종 합성화학공업의 원료로서 용도가 넓으며, 또 마취제로도 사용된다.

Ethylene Oxide

환상 에테르의 일종. 점도가 작고 쾌향(快香)이 있는 중성액체. 에틸렌클로르히드린 ($HOCH_2CH_2Cl$)에 진한 알칼리를 작용시키면 생긴다. 공업적으로는 에틸렌을 산소로 산화시켜 합성한다.
대단히 반응하기 쉽고, 물 또는 희황산(稀黃酸)과 작용해서 즉시 글리콜이 생기며, 발생기의 수소로 환원시키면 에틸알코올을 만들고, 도 염화수소를 부가하면 클로르히드린이 생긴다. 수용액 중에서 금속염화물을 분해하여 서서히 금속수산화물을 침전시킨다. 에틸렌글리콜, 폴리에틸렌글리콜 및 그 유도체의 합성에 많이 사용된다.

Ethylene-propylene Rubber

에틸렌, 프로필렌 고무. 합성고무의 하나이며, 에틸렌과 프로필렌과의 공중합체(共重合體)이다. EPR이라고도 한다. 양자의 비는 60 : 40 내지 40 : 60이 좋고, 지글러(Ziegler)계 촉매에 의한 공중합으로 만들어지고 있다. 이 고무는 주쇄(主鎖)에 2중결합이 없기 때문에 내노화성, 내산화성, 내오존성, 내약품성이 우수하나, 반면 황으로 가황(加黃)할 수 없고 과산화물에 의해 가황한다. 가황경을 좋게 하기 위해 소량의 디엔화합물을 가하는 일도 있는데, 이 3성분 공중합체를 EPT라 부르고 있다. 타이어, 라이닝재(재), 절연체, 전선피복, 개스킷 등에 사용된다.

Evaproator

증발관. 액체를 가열하여 잠열을 주어 증발시켜서 발생한 증기를 사용하는 목적의 열교환기와, 증기를 제거한 나머지의 농축액을 사용하는 목적의 열교환기가 있으며, 피가열유체는 액체에서 기체로 변한다. 즉, 상변화를 일으킨다. 가열원으로 스팀을 많이 사용한다.

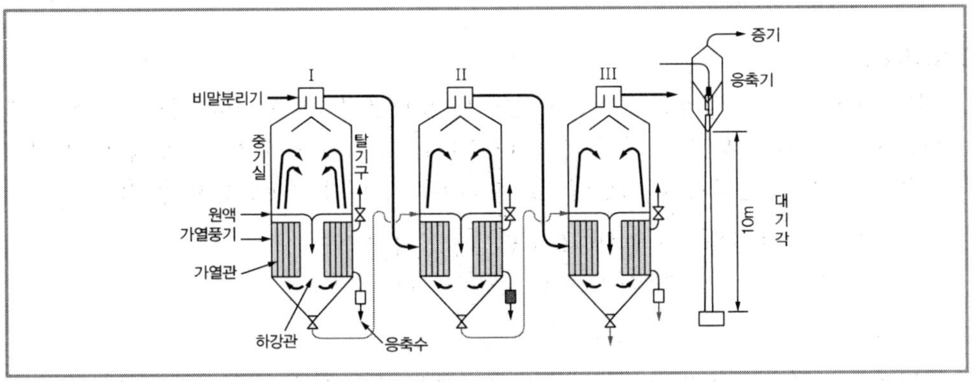

Even Keel

선박의 선수흘수와 선미흘수가 같은 상태

Existent Gum

현존검. 항공유의 증발 잔류물 또는 자동차 휘발유의 증발 잔류물 중 헵탄에 대해 불용인 잔류물.

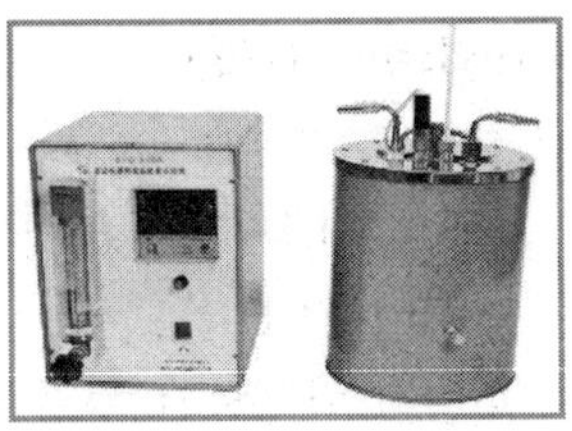

Exothermic Reaction

발열반응. 열의 방출을 수반하는 반응을 말한다. 흡열반응의 반대이다. 상온에서는 대부분의 반응이 발열반응이다.

Expansion Joint

신축이음, 팽창이음. 유체의 온도 변화에 따라 긴 관이 팽창하는 경우에 그 신축을 조절하기 위한 이음. 여기에는 신축루프(expansion loop), 팽창곡관(expansion bend), 파형신축 조인트(corrugated expansion joint) 등이 있다.

Explosion

폭발. 압력이 급격히 발생하거나 해방된 결과, 용기가 파열하거나 또는 기체가 급격히 팽창하여 폭발음이나 파괴작용을 수반하는 현상, 진공병의 폭발, 보일러의 폭발, 화산의 폭발 등은 물리적 파열현상이고, 가스폭발, 분신폭발, 화약류의 폭발 등은 화학적 폭발이다.

Explosion Limit

폭발한계. 폭발이 일어나는 데 필요한 농도, 압력 등의 한계를 말한다.
가연성 기체의 농도에 대해서는 연소하는 데 필요한 하한과 상한을 각각 폭발하한계, 폭발상한계라 하고, 보통 1기압 상온에서의 측정치로 나타낸다. 하한계와 상한계 사이를 폭발범위 또는 연소범위라 한다. 조성이 일정한 혼합기체가 발화하는 한계온도는 압력에 따라 변화한다.

Extract

추출액. 추출공정에서 추출하여 얻은 액.

Extraction

추출. 고체 또는 액체 원료를 액체 용제로 처리하여 원료 중에 함유된 가용성 성분을 용해 분리하는 조작이다.

Extracting solvent

추출 공정에서 추료(feed) 중에 포함된 가용성 성분을 녹여내는 용제

Extractive distillation

추출증류. 공비혼합물이 생기는 경우에는 보통의 증류만으로 두 성분을 순수하게 분리

시킬 수 없다. 이와 같은 경우에는 한 성분과 친화력이 크고 비교적 비휘발성 물질을 제3의 물질로 첨가하여 그 성분의 증기분압을 저하시킨 상태에서 증류하는 방법이다.

Extruder

압출기. 고무나 합성수지의 튜브, 각종 단면형상의 봉재, 판재형재를 압출성형하거나, 스트레이너 작업, 가열작업을 하는 스크루회전식의 기계를 말한다.

Extrusion

압출가공. 용구모양의 공구 속에 빌릿(Billet)이라고 불리는 소재조각을 삽입하여 램에 의해서 가압하고 다이에 뚫은 구멍에서 재료를 압출하여 다이구멍의 단면형상을 가진 긴 제품을 만드는 공법.

Extrusion Molding

압출성형. 플라스틱 성형의 일종. 압출기를 사용하며 압출 다이로부터 열가소성 수지를 가열 연화해 압출하는 성형 방식. 스크루의 연화(軟化)수지를 연속적으로 압출해 내는 것이 특징이다.

Fail Safe

인간, 기계의 과오나 동작상의 실패가 있어도 안전사고를 발생시키지 않도록 2중 또는 3중으로 통제를 가하는 것을 말한다.

Fatigue

피로. 재료는 정하중(靜荷重)에서 충분한 강도를 지니고 있더라도, 반복하중이나 교번하중을 받게 되면 그 하중이 작더라도 마침내 파괴를 일으킨다. 이러한 현상을 피로라 한다. 또 시간적으로 변동하는 응력 하에서 생기는 재료의 파괴를 피로파괴(Fatigue Fracture)라고 한다.

FDF

Forced Draft Fan.

Federal Spec (Specification)

미국연방 규격.

Feed

연료, 전력, 재료 따위를 공급하는 것을 말함.

Feed plate

원료 공급단. 정류탑의 중앙부 근처에 일정한 농도의 원료가 일정한 유속으로 공급되는데 이처럼 원료가 들어가는 단(tray).

Feed tray

The tray on which feed is introduced into the tower.

Filler

충전제. 플라스틱이나 고무 등에 가하여 강도나 내구성 등을 개질(改質) 또는 증량효과를 얻기 위한 불활성 물질을 가리킨다.

Film

일반적으로 얇은 막을 말한다(두께 200μ 이하).

Filter

여과기. 이상(異相)을 함유한 기체, 액체가 통과하는 격벽의 양쪽에 압력차를 두어 기체, 액체에서 그 속에 현탁되어 있는 이상(주로 고상(固相))의 입자를 효과적으로 분리하는 장치의 총칭.

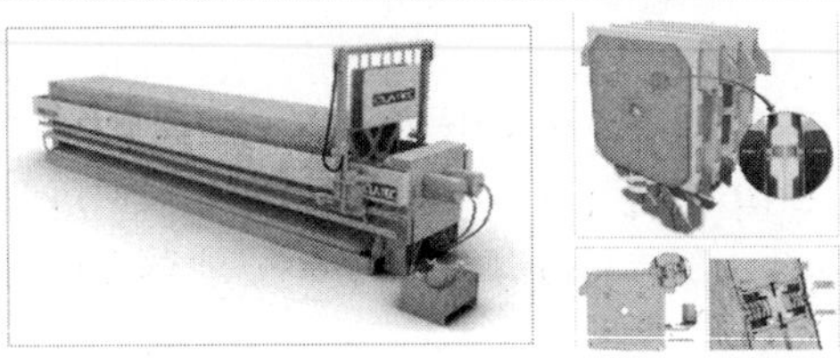

Fin Tube

지느러미관. 열교환 면적을 크게 하기 위하여 많은 Fin을 부착시킨 관.

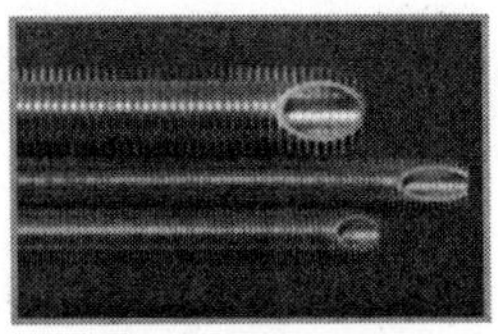

Final control element

The devices in a controlloop that actually make process adjustments and corrections. In most process control situation, the final control element is a control coupled with an actuator.

Fire box

연소실, 화실. 기관차 보일러와 같은 연관보일러의 연소실을 말한다.

Fire wall

방화벽. 화재 시 불의 확산을 방지하기 위하여 석유저장탱크 혹은 다른 시설 주위에 설치된 제방 혹은 콘크리트 벽.

Fish Eye

투명한 Plastics이나 반투명 Plastics에서 Pallet Blending시 불완전한 Blending 때문에 생기는 미세한 원형의 반점들을 말한다.

이러한 현상은 때로는 낮은 Melt Temperature, 낮은 Back Pressure 때문에 생기기도 한다. Fish Eye를 흔히 Gel이라 부른다.

Fittings

부착물. 장치에 들어가는 부속품류.

Flame

화염.

Flame Arrestor

탱크위의 Breather Valve 혹은 Air가 흡입되는 부위에 설치된 화염확산 방지 장치.

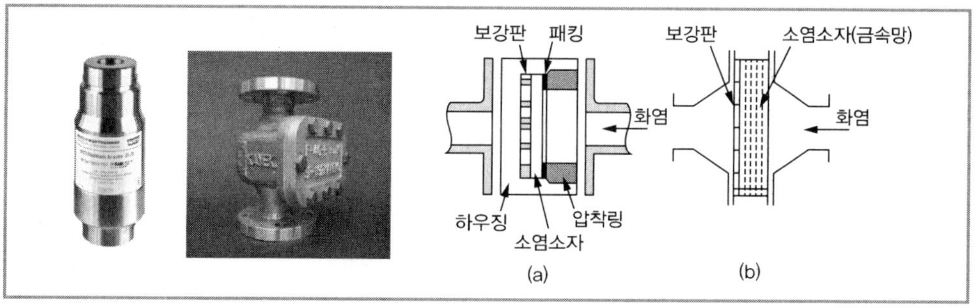

Flame Retardant

난연제. 플라스틱은 몇 종의 플라스틱을 제외하고 거의 대부분 탄소, 산소, 수소로 되어있는 유기물이므로 가연성을 가지고 있다. 이런 성질을 개선하여 난연성을 가지게 하는 물질. 난연제 부여방법에는 1) 물리적으로 첨가하는 첨가제형(Additive Type) 2) Polymer와 화학적으로 반응하는 반응형(Reaction Type)이 있다.

Flare Stack

과잉가스 혹은 폐가스를 태우기 위해 설치된 파일럿 불꽃을 가진 높은 굴뚝. 처리능력은 원유처리량의 3 Vol%로 설정한다.

A gas flare or flare stack is an elevated vertical stack or pipe found on oil & gas wells, oil & gas drilling rigs, natural gas well completion activities, in refineries, chemical plants, natural gas processing plants and landfills used for combusting waste gas released by pressure relief valves during unplanned over-pressuring of plant equipment.

Flash distillation

원액을 연속적으로 공급하며 발생증기와 잔액이 평형을 유지하면서 증류하는 조작. 평형증류(equilibrium distillation)와 동일한 의미이다. 실제는 증류조작에서 보다는 보조조작으로 사용하는 경우가 많다. 석유공업에서는 증류탑에 보낼 때까지의 원유를 가열하고 가압밸브를 통해서 연속적으로 분리기에 보내어 순간적으로 지비점 성분이 풍부한 혼합물을 증발시켜 증기로 하고 이와 평형상태에 있는 액을 분리하는데 사용한다.

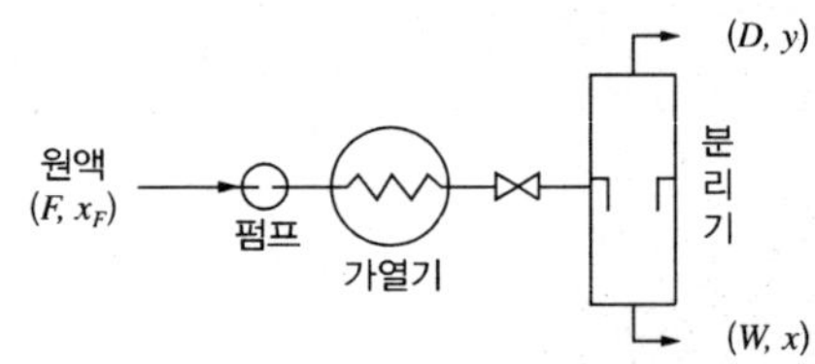

Flashing

뜨거운 오일이 용기 내로 들어와 압력의 감소에 의하여 제품을 분리하는 현상을 말하는 것으로서, 가벼운 유분은 증발 혹은 위로 올라가고 무거운 유분은 바닥으로 떨어지게 되어있다.

Flash Point

인화점. The temperature at which a petroleum product generates ignitable vapors.
가연성 증기를 발생하는 액체 또는 고체와 공기와의 계(系)에서 기상부(氣相部)에 다른 불꽃이 닿았을 때, 연소가 일어나는 데 필요한 최저의 액체 도는 고체의 온도. 가연성 증기의 (포화)증기압이 인화점에서는 점화용의 불꽃을 제거하면 연소는 곧 멈추므로, 연소를 계속시키려면 인화점보다 약간 높은 발화점(Ignition Point) 이상으로 가열하지 않으면 안 된다.
인화점은 가솔린 −45℃, 아세톤 −18.7℃, 벤젠 −11.1℃, 톨루엔 4.4℃, 등유 약 50℃, 나프탈렌 80℃ 등이다.

FLBS

Fuse부착부하개폐기. 전동장치 또는 수동으로 부하를 차단하는 Switch.

Flexible Pipe

배관방향을 자유자재로 굽힐 수 있는 관.

Flexural Modules

탄성한계 내에서 시편에 휘는 힘을 작용 시켰을 때, Strain에 대한 Stress의 비. 단위는 PSI

$$\text{Flexural Modulus} = \frac{L}{4bd} \times \frac{P}{Y} (\text{PSI})$$

L : 지지대 거리, b : 시험편 독
d : 시험편 두께, P : 하중, Y : 변형된 거리

Floating Head : 팽창여유를 주기위해 열교환기의 관다발 끝에 부착된 것으로 Shell Side 와는 분리되어있다.

Floating Roof Tank

부동(浮動) 지붕식 탱크. 탱크유면을 따라 지붕이 상하로 부상하는 탱크로서 휘발성이 강한 경질유를 저장하는데 사용.

double deck type　　single deck type

Flooding

수직관(Tray Tower 등)에 있어서 기체는 유로(流路)의 위쪽으로, 액체는 관벽을 따라서 아래쪽으로 흐르는 기액 2상류(氣液二相流)에서 기체의 유량이 증가하여 액체의 겉보기 유속이 0으로 되는 상태를 말한다.

Flow Control

흐름제어, 유량조절.

Flow Diagram

흐름도. 공정의 흐름을 도면화한 그림.

Flow Meter

유량계. 액체나 기체의 유량을 측정하는 계기의 총칭. 유량계, 수량계 등이 있다.

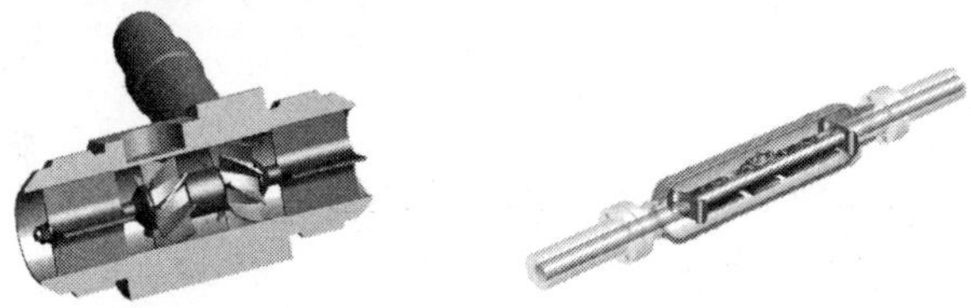

Turbine flow meter　　mass flow meter(coriolis)

Flow Rate

유량, 유동률.

Flue

연도 : 煙道, 노통 : 爐통.

(1) 연소가스가 보일러 또는 노에서 나와 굴뚝에까지 이르는 통로.

(2) 보일러 동체 내에 설치된 1개 또는 2개의 연강판으로 만들어진 통.

Flue Gas

연도가스. 연도를 통과하는 연료 배기가스를 말한다.

Flue Gas Analysis

연도가스 중의 CO_2, CO, O_2 등을 측정하여, 가열로의 연소상태, 열효율 등을 알아보는 것.

Fluid

유체. 액체와 기체는 변형하기 쉽다는 공통점을 갖기 때문에 운동하는 방법도 서로 비슷하다. 때문에 이들을 총칭하여 유체(流체)라 한다.

Fluid Catalyst Cracking

탄화수소가스, 불활성기체 혹은 증기를 사용하여 촉매와 함께 유체상태에서 이루어지는 분해공정.

Fluidazation

고체 층을 액체나 기체로 확대시키거나 현탁시켜 유통하도록 하는 것.

Flushing

용기 및 관 계통을 유체의 속도와 충격에 의해서 청소하는 것.

Fly Wheel

무거운 테가 붙은 큰 바퀴. 이것을 기계의 회전축에 고정시키고, 그 관성을 이용하여 회전속도의 변동을 평균화하거나 다량의 에너지를 보유시킬 수 있다.

F/M ratio

Food to Microorganism Ratio. 1일 주어진 양의 Biomass에 대한 Food의 주입량.

Foam

고체에 기체 또는 액체를 분산시킨 복합재료를 말한다.

Foam Chamber

탱크 화재시 불을 진화하기 위하여 주입하는 Foam 약제가 공기와 혼합하여 거품을 발생시키는 장치로 탱크의 제일 상단에 설치한다.

Foaming

유지류(油脂類), 용해고형물, 부유물 등에 의해서 수면에 다량의 거품이 일어나는 현상. 보일러 용어이기도 하지만 폐수처리, 화학변화를 하는 처리 등 일반적인 거품이 일어나는 현상에도 사용된다.

FOE BBL

Fuel Oil Equivalent.

Forced Draft

강제통풍. 보일러나 노에서 연소에 필요한 통풍력을 주기 위하여 송풍기를 설치하고 공기를 불어넣는 방식.

Forced Draft Fan

강제통풍 팬. 그 앞에 설치하여 대기압 이상의 압력으로 공기를 그 안에 밀어 넣기 위한 Fan을 말한다.

Fouling

열전달 표면에 열전도성이 낮은 물질이 층을 이루거나 쌓인 것.

Fractional Distillation

분류. 정류는 저비점 성분이 많은 것이 탑 위로, 고비점 성분이 탑 밑으로 나오는 것이지만 석유공업에서는 한 탑에서 두 종의 혼합물이 유출되는 것.

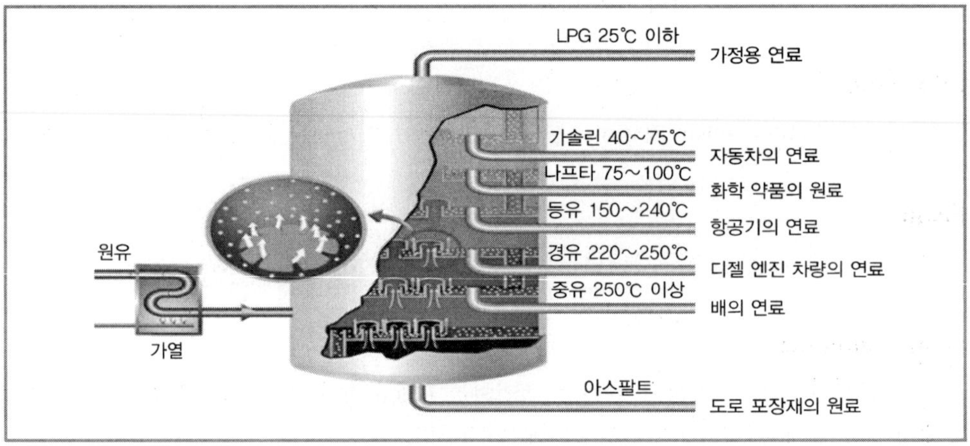

Free moisture content

자유함수율. 고체가 가진 전체 함수율과 평형함수율과의 차를 말한다. 일정한 온도와 습도의 공기를 사용하여 건조하는 경우 제거되는 함수율.

Frozen dryer

동결건조기. 항생물질, 혈청 등 액체 상태로서 특히 열에 불안정한 물질에 대해서는 동결건조를 한다. 동결건조는 수분을 동결시킨 상태 그대로 진공 중에서 승화에 의하여 수증기를 제거하는 방법이다. 금속판에 재료를 놓고 가열액체 또는 수증기에 의한 간접가열에 의하여 철판상으로 열을 이동시킨다.

비동결의 20~100 mmHg에서 재료두께는 3 cm 정도가 좋으며, 동결건조에서는 10^{-1} mmHg가 좋다.

Freezing

응고, 동결.

(1) 액체 또는 기체가 고체를 변하는 것.
(2) 물체의 온도를 떨어뜨려 물체에 포함되어 있는 수분의 대부분을 고체로 변화시키는 것.

Freezing Point

응고점, 빙점. 액체 또는 기체가 응고될(고체로 변하는) 때의 온도.

Frequency

진동수, 주파수. 단위시간 내에 진동이 이루어지는 횟수를 말하며 보통 헤르츠(HZ)를 단위로 한다.

Fuel

연료. 연소에 의해서 화열(火熱)을 일으키게 하는 연료.

Fuel Gas Balance Drum(=Fuel Gas)

공정에서 생산된 부산물인 잉여가스를 이 용기에 수용하여 3.5 Kg/Cm^2의 일정한 압력을 유지시켜서 각 공정의 가열로 연료가스로 공급한다.

Fuel Gas

연료가스. 가스체의 연료를 말한다. 천연가스. 코크스가스, 석탄가스, 발생가스, 오일가스 등이 있다.

Fuel Oil

연료유. 연료용 기름. 중유, 경유, 가솔린 등.

Fuel Oil Equivalent

Fuel Oil을 기준으로 연료를 환산하는 단위.

1 FOE BBL = 6.0×10 BTU

Fuller's Earth

오일로부터 불순물을 흡수하는 성질이 있는 다공성 알맹이 모양의 알칼리 토금속류.

Full Film Lubrication

두터운 유막에 의해 두 마찰면이 완전히 분리되어 윤활되는 상태.

Furnace

노(爐). 연료를 연소시키는 장치. 일반적으로 연소장치와 연소실이 있다.

Gallon

갤런. 액량(液量)의 단위. 영국 갤런은 4.5 L(2.5되), 미국 갤런은 3.7835 L에 해당된다.

Gamma Ray

감마선. 방사성 원소에서 나오는 투과력이 큰 방사선. X선보다도 파장이 훨씬 짧은 전자파. 의료용으로 암의 치료 등에 사용된다. 공업적으로는 주물이나 용접부 내부결함의 탐지가 중요한 용도이며, 액위 측정 및 고체 Level 측정 등에도 사용된다.

Gang Way

육상과 선박을 연결하는 단위. 배와 육지사이의 트랩.

Gas

기체와 같은 의미의 말. 보통 말로서는 일상생활에 사용되는 기체연료를 단순히 가스라 부르는 습관이 있다.

Gas Chromatography

Chromatography의 한 종류. 적당한 충전물이 균일하게 담긴 관(분리관) 내에서 기체시료 또는 기화한 액체 또는 고체 시료를 캐리어 가스에 의해 전개시켜 분해하지 않고, 가스상(狀)으로 통과시켜서 각 성분으로 분리시키는 방법을 말한다.
Chromatography 참조.

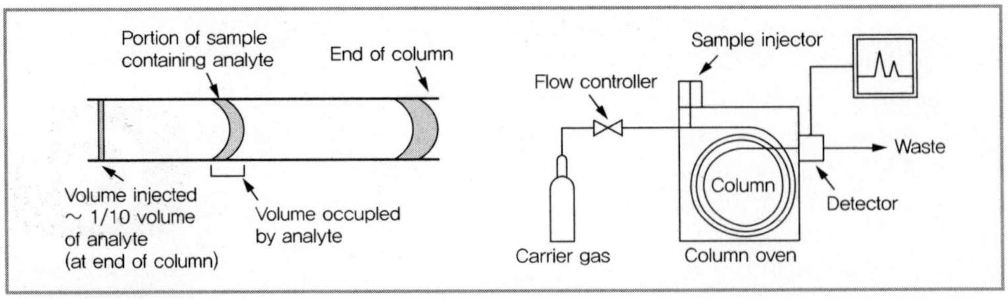

Gas Circuit Breaker

가스차단기. 불활성 Gas를 매질로 전로를 차단하는 장치.

Gas Detector

가스탐지기. 고압가스나 유독가스의 누출을 감지하는 계기.

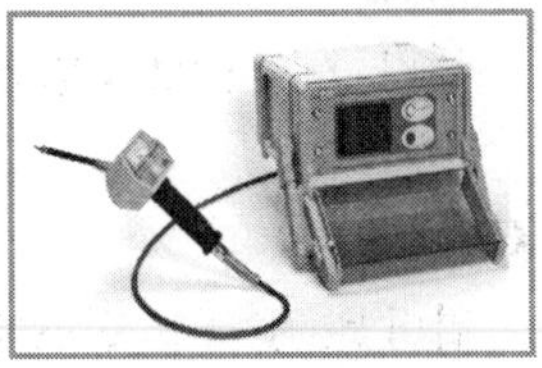

Gasification

가스화. 증발(vaporization, evaporation)이라고도 한다. 액체가 기체로 되는 현상.

(1) 액체의 표면에서 증기를 발생하는 현상을 증발.

(2) 액체의 내부에서 거품이 되어 심하게 증기를 발생하는 현상을 비등이라고 하지만, 양자를 합쳐 기화라고 한다. 경우에 따라 기화는 증발과 동의어로 쓰이는 경우도 있다.

Gas Insulated Switch Gear

가스절연배전반. 개폐장치, 모선, 피뢰기, 계기용 변성기 등 주 변압기를 제외한 대부분의 전기설비를 한 개의 Case에 넣고 불활성 Gas로 절연한 종합장치.

Gasket

개스킷. 밀폐판. 일반적으로 용기와 뚜껑 및 플랜지에서와 같이 기밀성을 필요로 하는 접합면에 끼워 접합면을 통해서 액체나 기체의 누설을 방지하기 위한 패킹의 일종. 상온저압용에는 연질고무, 종이, 섬유, 석면, 삼, 가죽 등의 비금속이 사용되고 고온고압용에는 구리, 납, 연강 등의 금속이 쓰이고 있다. 식품관계에서는 스팀용 파이프의 이음새, 레토르트의 출입구, 진공권체기, 유리병 뚜껑, 열교환기 등의 밀봉재로서 사용되고 있다.

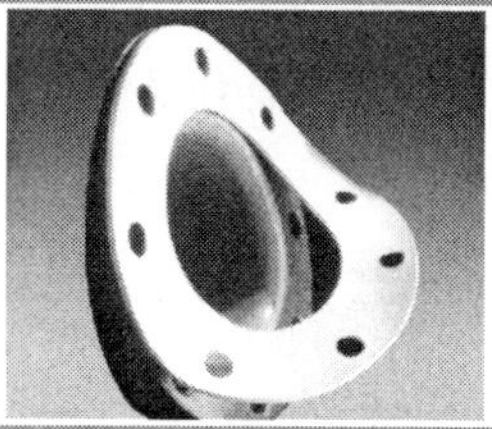

Gas Oil

등유와 중유(重油)와의 중간물

Gasoline

비등점 범위 약 30～200℃의 휘발성 경질 석유제품, 휘발유라고도 한다.

가솔린엔진(불꽃점화엔진)용 연료, 세정, 추출 등의 용제(각종 공업가솔린) 등으로 사용된다.

제조법에 의해 분류하면, 습성 천연가스로부터 분리되는 천연가솔린(Natural Gasoline), 원유의 증류에 의해 얻어지는 직류(直溜) 가솔린(Straight-Gasoline), 중질(重質) 석유부분의 크래킹에 의해 얻어지는 분해가솔린(Cracked Gasoline), 직류가솔린의 개질(改質)에 의해 얻어지는 개질가솔린(Reformed Gasoline), 저급올레핀의 중합으로 만들어지는 중합가솔린 등이 있다.

옥탄가가 높을 것이 요구되는 내연기관용 가솔린으로서는 분해가솔린, 개질가솔린, 중합가솔린 들을 주체로 하여 직류가솔린을 배합하고, 안티녹제를 첨사하여 제조된 공업용 가솔린으로서는 석유 에테르, 벤젠 등이 있다.

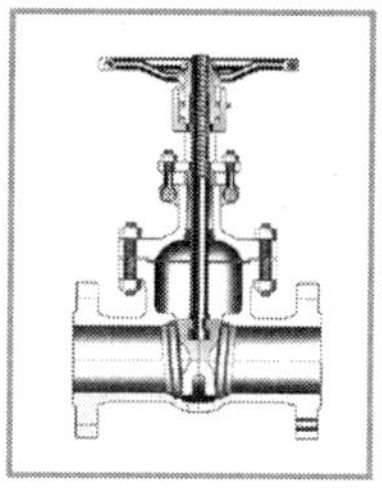

Gate Valve

기계운전을 일시 정지시킬 때, 물을 차단하기 위해 사용되는 밸브

Gauge

측정의 기준량, 혹은 측정에 사용되는 계기를 말한다. pressure gauge, temperature gauge, level gauge 등을 말한다.

Gauge Correction

계수측정. 탱크의 온도변화나 자연증발 등으로 인해 발생되는 물량변화를 파악하기 위한 계측 수정작업.

Gauge hatch

탱크의 유면을 측정하기 위하여 탱크지붕 위에 설치된 것.

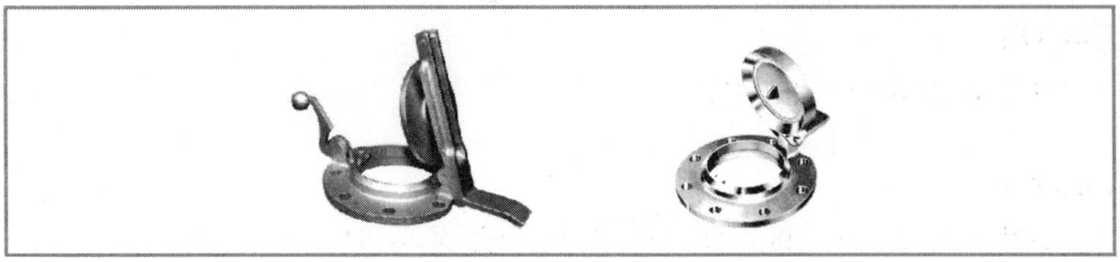

GCB

Gas Circuit Breaker. SF_6 가스의 열화학적 특성과 전기적 부특성을 이용한 차단기로 초고압 계통에서 주로 사용한다.

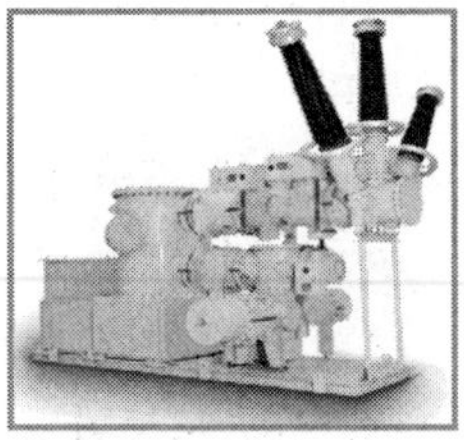

Gear Oil

기어유. 기어 윤활에 사용되는 오일로서 자동차용과 공업용으로 분류된다.

Gel (겔)

졸(콜로이드용액)이 젤리 상으로 고화(固化)한 것을 말한다. 졸속에 분산하고 있는 콜로이드입자 사이에는 인력이 작용하고 있어 많은 졸은 구조점성을 나타내지만, 농도가 큰 것에 적당한 자극이 같은 구조를 취하게 되어 분산계는 고체상의 겔로 바뀐다. 이러한 현상을 겔화라고 한다.

예 굳은 우무나 젤라틴, 두부, 곤약, 실리카겔 등이 있다.

Gelation (겔화)

졸이 겔로 되는 현상을 말한다. 졸의 온도를 내리거나, 졸에 다른 용매를 가하든가 졸에 소금을 가하든가 기계적 충동을 줌으로써 일어난다. Gel 참조.

Gel Permeation Chromatography (겔투과크로마토그래피)

GPC로 약함.

용질분자의 크기에 따라 분리가 일어나는 특별한 액체크로마토그래피로서 특히 고분자

화합물의 분자량 분포를 결정하는 새로운 방법이다.
원리는 보통의 겔여과법과 마찬가지지만 GPC는 감체에 고분자의 크기와 같은 그물코를 갖도록 가교시킨 불활성 중합체 입자를 사용하고 있고 각종 용매계에 적용할 수 있다. 분별 조작도 자동화되어 유출시간이 분자량에 대응하고 그 농도가 시차 굴절계에 의해서 자동 기록된다.
GPC가 성공하게 된 것은 이와 같은 겔을 만들 수 있었고 또 시차 굴절계에 의한 자동화가 가능하게 된 때문이다. 중합도가 다른 고분자졸이 겔의 그물코 중으로 확산할 수 있는 깊이에 따라 분별된다.

Generator

발전기. 전력을 발생하는 회전기.

G. G Base Crude

산유국과 소비국 사이의 정부 대 정부 Base로 체결하고, 계약운영은 민간 상업적 차원에서 행하는 원유.

GIS

Gas Insulated Switch Gear.

GOS

Grounding Oil Switch.

GPT

Grounding Potential Transformer.

Grain size

입자크기, 입도. 고체물질을 입자의 크기에 따라 구분하여 그 정도를 말하는 것으로 자갈, 모래, 실트 등과 같이 입자의 형상이 뚜렷한 비점착성 입상체에 적용함.

Gravitional conversion factor, gc

중력환산계수. 화학공학의 계산에서는 질량단위계로 나타낸 양을 중력단위계로 나타낸 양을 한단위로 통일해야 할 경우가 있는데 이럴 때 편의를 위하여 다음과 같이 중력환산계수를 사용한다.

$$g_c = 9.8\left[\frac{kg \cdot m}{Kg \cdot s^2}\right] = 980\left[\frac{g \cdot cm}{G \cdot s^2}\right] = 32.174\left[\frac{lb \cdot ft}{lb_f \cdot s^2}\right]$$

Grease

광물유에 증점제(增粘制)로서 금속비누를 혼합하여 풀처럼 만든 윤활유의 일종. 기계의 운전 중에는 납동부의 마찰열에 의해 액상으로 되어 윤활작용을 하게 되는데 정지하면 다시 풀 상태로 되어 밖으로 유출되지 않게 된다. 급유하기에 불편하거나 고온이 되기 쉬운 곳, 그 외 볼베어링, 갈수기의 톱니바퀴 장치부 등에 널리 사용하고 있다.

Gross Heating Value

고발열량. 수소 또는 수분을 함유한 연료를 연소시킬 때 연소 가스에 포함된 수증기의 응축열을 발열량에 포함시킨 발열량. 즉, 연소에 의해 조성된 물이 수증기 상태에 있는가, 액체 상태로 있는가에 따라 생성된 물의 증발 잠열까지 가산한 총 발열량.

Gross Volume

온도나 압력을 보정하지 않은 물량.

Grounding accident

접지사고. 전력계통에서 회로 중에 수목, 조수 등이 접촉하여 발생하는 사고.

Grounding Oil Switch

지락보호유입개폐기. 과전류 Lock 장치와 지락계전장치를 갖춘 자동 O.S.

Grounding Potential Transformer

접지용변압기. 3상 배전선의 지락전압을 검출하는 용도로 사용되는 변압기.

GSP or OSP

Governmental Sales Price or Official Sales Price.

memo

Hardness

경도.

(1) 물의 경도는 물 100 cc 가운데에 함유된 CaO의 1mg을 1°로 한다.
(2) 광물의 경도는 표준광물을 기준해서 이것을 차례로 긁어 상처가 생기면 그 광물보다 경도가 낮은 것으로 정하는 모오스(Mohs)경도가 사용된다.
(3) 물체의 기계적 경질과 연질의 정도를 나타내는 수 값. 금속재료에서는 사용시험기에 따라서 브리넬경도, 비커스경도, 쇼어경도, 록웰경도 등을 나타낸다.

Hammer mill

해머밀. 1개의 회전축에 고정한 다수의 디스크(disc) 주위에 수많은 해머를 피봇식으로 이것을 분쇄실 안에서 고속으로 회전시켜 분쇄 원료를 두들기고, 다시 분쇄판(break Plate)에 충돌시켜 순간적인 강력한 힘으로 분쇄작용을 하는 충격분쇄기이다. 분쇄된 미립자는 하부의 체봉을 통하여 배출된다. 분쇄되기 쉬운 석회석, 석고, 암염, 석탄 등의 분쇄에 적합.

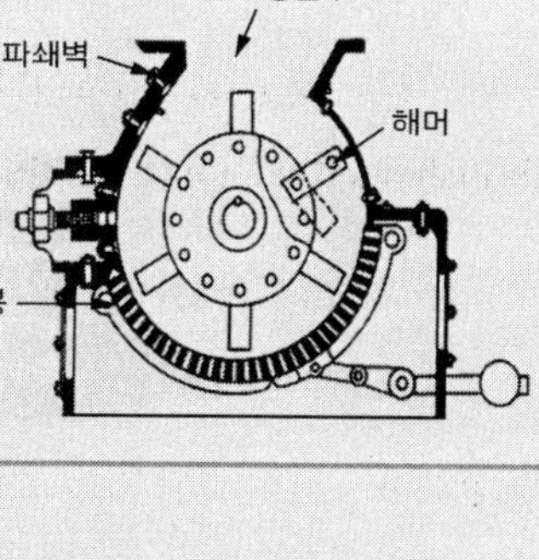

HAZ

Heat Affected Zone.

HDPE

고밀도폴리에틸렌. 밀도범위 0.940～0.965이면 분자가 거의 없는 결정형 고분자이다. 금속산화물을 촉매로 상압～100 기압의 저압에서 중합하여 저압법 폴리에틸렌이라고도 하는데 강도, 탄성이 우수하여 일상 성형제품에 널리 사용되며, 필름으로는 내열성이 좋고 질긴 성질이 있으나 투명성이 좋지 않고 열접착성이 약한 단점이 있다.

Head

단위중량(Kg_f)의 흐름을 보유하는 에너지($Kg_f \cdot m$)로, $Kg_f \cdot m / Kg_f = m$과 같이 길이의 차원을 갖는다. 액체인 경우 보유하고 있는 에너지가 액주(液柱)의 높이로 표현되어 직관적으로 편리한 경우가 많다. 수두(水頭), 양정(楊程), 낙차 등이라고도 불린다.

Header

2개 이상의 파이프나 Tube가 연결된 분지관. 가열로 내의 헤더들은 소기를 위한 제거될 수 있는 플러그를 가지고 있다.

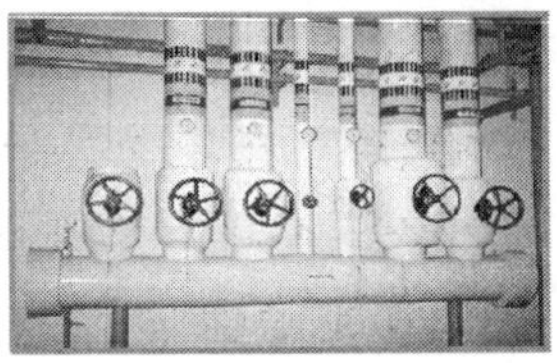

Heat

열. 열은 두 물체 사이의 온도차에 의해 이동하는 에너지로 정의. 열량의 단위는 물을 기준으로 하여 정함.

※ SI 단위계 : J를 사용, 관습적으로 1 cal : 1 g의 물을 1℃ 올리는데 필요한 열량

※ FPS 단위계 : 1 [btu] (british thermal unit) : 1 lb의 물을 1 [℉] 올리는데 필요한 열량

※ 열량의 상관관계

1 cal = 4.184 J

1 Btu = 252 cal = 778 lbf · ft

Heat Balance

All the heat that goes into a distillation column must be taken out if we adjust the amount of heat put into a tower or the amount removed, the composition and quantity of the products that are formed will also change.

Heat exchanger

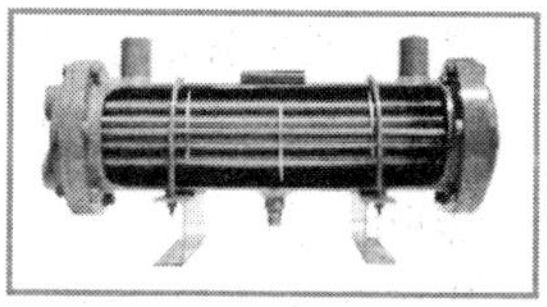

온도가 높은 유체로부터 전열벽을 통하여 온도가 낮은 유체에 열을 전달하는 장치를 말한다. 화학공업에서는 투입 열에너지의 회수용이나 반응온도의 유지용으로 또는 반응 조절용으로 사용한다.

Heart Cut Naphtha

비점범위가 낮은 Naphtha(초유점 : 77℃, 종유점 : －154℃)

Heat Affected Zone

열변형 부위(변질부).

Heater

(1) 가열기, 난방기.

(2) 가열로 : 오일을 가열시키기 위하여 사용하는 로. Burner가 자리 잡고 있는 곳을 Fire Box 라 부르며, 오일은 가열로 내의 금속 Tube들이 있는 부위를 대류부라 한다. 유체를 가열하여 필요한 온도까지 유체온도를 상승시키는 목적에 사용하는 열교환기이며 피가열 유체의 상변화는 일으키지 않는다. 가열원은 스팀 또는 장치중의 폐열유체가 사용된다. 일반적으로 스팀을 가열원으로 사용할 경우에는 스팀이 갖는 잠열을 피가열 유체에 주어서 가열하는 수가 많고, 스팀은 이것 때문에 축열하여 액체가 된다. 즉, 상변화를 일으킨다.

Heating Coil

액체의 온도를 상승 혹은 유지시키기 위해 열원(스팀, 가열공기)을 액체용기 내로 통과하게 설치된 배관.

Heat Resisting Temperature

내열온도. 플라스틱 재료를 일정온도에서 방치했을 경우 변형, 변질하여 파손되거나 깨지거나 또는 금이 가고 변색하여 발포된다. 이러한 온도들을 내열온도라 한다. 그러므로 최소 사용온도는 이것보다 10～20℃ 낮은 온도를 취해야 한다.

Heavy Ends

액상 혼합물을 언급할 때 사용하는 단어로 이는 혼합물속에 존재하는 끓는점이 가장 낮은 부분.

Heavy Oil

중유. 액체연료의 일종으로써, 석유연료를 분류하여 얻어지는 비중이 큰 고비점 부분의 기름. 1종, 2종, 3종으로 분류되고 일반적으로 이것을 A중유, B중유, C중유라 부르고 있다.

발열량이 석탄의 약 1.5배이며 수송, 저장이 편리하고 완전 연소시키기 쉬우며 매연이 적은 점 등 이점이 있다.

Heeling

배의 기울기. 배가 좌측 또는 우측으로 기울어진 상태.

Heterogeneous

이질. 상이 균일하지 않은 것. 서로 같지 않은 것. Heterogeneous는 서로 다른 종류라는 뜻을 가지는 "이종(異種)"으로 번역될 수 있는데, 구성요소들이 서로 비슷하지 않은 특성을 지칭한다.

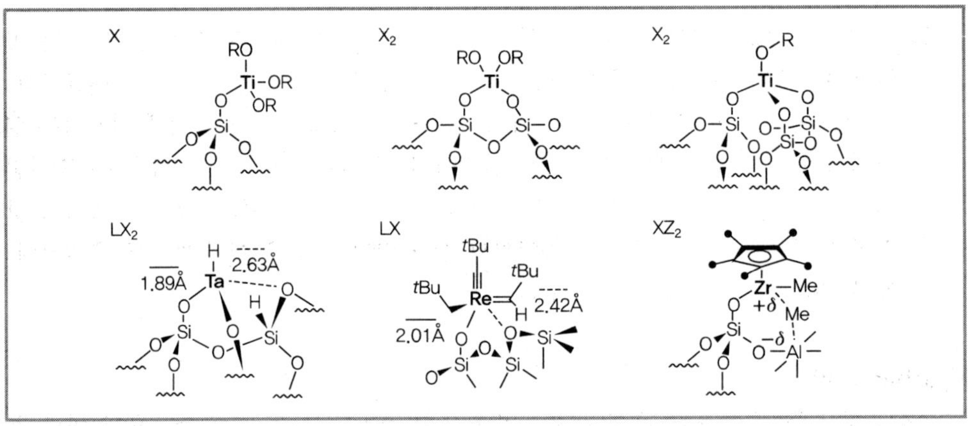

Hexane

분자식은 C_6H_{14}이고 파라핀탄화수소에 속하고 5개의 이성질체가 있다. 이 중 n-헥산 $\{CH_3(CH_2)_4CH_3\}$는 융점 －94℃, 비등점 69℃,비중 0.677 (0℃). 용제(식품유지추출용)로 사용. 사용기준은 "식용유지제조 때 유지를 추출할 목적이외로 사용하여서는 안 된다. 또한 사용한 헥산과 이것을 함유하는 제제는 최종 식품의 완성 전에 이것을 완전히 제거하지 않으면 안 된다". 무색투명한 휘발성의 액체로 특유의 냄새가 있다. 비점은 68.74℃, 융점은 −95.3℃. 물에는 녹지 않는다. 에탄올, 에테르에는 녹는다.

High Heating Value

수증기 성분의 증발 잠열을 포함한 발열량.

(1) 고위 발열량은 열량계로 측정되며 총발열량이라고 한다.
(2) 연소에 의하여 생성된 연소가스 중에는 수분이 포함되는데 이것은 연료중의 수소분이 타서 생성되는 것과 연료 중에 함유된 수분이 가스로 배출되는 것이다.
(3) 고위 발열량은 연료중의 수분 및 연소에 의하여 생성된 수분의 응축열(증발잠열, Hs)을 함유한 열량이다.
(4) 실제 연소에서는 연소가스 중의 수분은 연소에 사용되지 않고 수증기 상태로 배출되기 때문에 응축열은 실제 연소에 이용되지 않는다.

The gross or high heating value is the amount of heat produced by the complete combustion of a unit quantity of fuel.
The gross heating value is obtained when

- all products of the combustion are cooled down to the temperature before the combustion
- he water vapor formed during combustion is condensed

High Polymerization

고중합. 고분자 합성반응의 일종. 연쇄반응에 의해 단량체가 중합체 말단(연쇄연락체)에 그대로 결합하는 과정을 반복해서 진행하는 중합반응을 말한다.

Hiway traffic Director

Micro Processor의 통신 제어장치이며, Datahiway산에 접속되어 있는 기기로부터 Hiway 사용요구가 있을 때, 우선순위에 따라 사용권을 부여한다.

Homogeneous

동질. 상이 균일함. 서로 같은 종류의 것. 일정한 상황 하에 있는 어떤 물체의 어느 부분을 선택해도 물리적, 화학적으로 같은 성질을 가지는 물체를 말한다. 균질이라 함은 원자적 또는 분자적 구조에까지는 미치지 않는 거시적 입장에서의 판단에 의한다. 균질한 물체에서도 등방성의 경우와 이방성의 경우가 있을 수 있다. 예를 들면 결정은 균질이라도 이방성이다.

Homogenizer

액체 중에 서로 잘 섞이지 않는 다른 물질을 균일하게 분산시켜 안정된 현탁액으로 만드는 장치. 주로 액체 또는 비교적 연질의 고형물을 대상으로 하며, 좁은 간격을 통해서 재료를 강제적으로 압송한다.

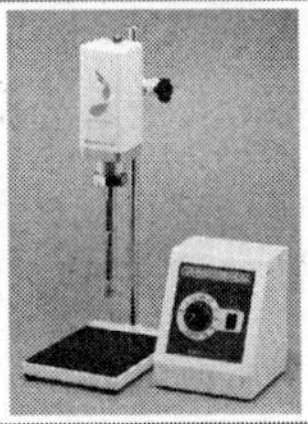

Homopolymer

단일중합체. 스트레이트 폴리머라고도 하며, 단일조성의 고분자 화합물. 반복단위의 단량체가 단 1종인 중합체를 말한다.

예 폴리에틸렌 등

HP Resin

일반적으로 고압공정에서 생산되고 투명도, 광택도, 그리고 재가공성을 향상시키기 위해 가용되어지는 저밀도 폴리에틸렌.

Hot Spot

가열로 관에 국부적인 과열현상으로 붉게 반점이 생긴 것.

Hot Stripping

활성이 저하된 촉매에 뜨거운(371℃) 수소를 약 12시간 불어넣어 촉매활성을 높이는 작업을 말함(0-3 Unit).

Hottapping

유체가 들어있는 탱크나 배관을 뚫어 분지관을 설치하는 작업.

HOU Unit

Heavy Oil Upgrading Unit. (중질유를 경질유로 개질시키는 공정)

HTD

Hiway Traffic Director.

Hunting

외란에 의해서 회전수나 속도 등의 주기적인 변화가 유발되고 그것이 지속되는 현상을 말한다. 전기 기기, 계기류의 난조를 말한다.

Hydration

수화. 수중에 분산된 입자, 수용액 중의 용질 또는 이온(용질입자라 총칭한다)이 어떤 형태로 용매의 물 분자와 상호작용을 하여 자유수로서의 성질을 잃고, 그 일부가 결합하여 용질입자와 집단을 만드는 현상을 말한다.

수화(水和) 중에서 특히 그 결합이 화합물의 형태를 취하는 경우에는 특히 수화(水和)라 하고 이때의 생성물을 수화물이라 한다.

Hydraulic Oil

작동유. 유압장치에서 동력전달의 매체 및 기기 접동부의 윤활을 위해 쓰이는 액체(주로 기름)이며 유압 작동유, 유압유 등이라고도 불린다. 대별하여 광유계 작동유와 난연성 작동유의 두 종류가 있다.

Hydrocarbon

탄화수소. a molecule made up of hydrogen and carbon atoms.

탄소와 수소만으로 되는 화합물의 총칭. 탄소원자의 이어지는 방법에 따라 사슬형 탄화수소와 고리형 탄화수소로 대별된다. 사슬형 탄화수소의 주요한 것은 파라핀계 탄화수소(메탄계 탄화수소라고도 한다. 일반식 C_nH_{2n+2}), 올레핀계 탄화수소(에틸렌계 탄화수소, C_nH_{2n}), 아세틸렌계 탄화수소(C_nH_{2n-2})이다. 이들 탄소 연결 형태는 직쇄(稙鎖)의 경우도 있고, 측쇄(側鎖)를 갖는 경우도 있다.

사슬형 탄화수소를 지방족 탄화수소라 할 때도 있다. 고리형 탄화수소는 대개 방향족 화합물 또는 지환식 화합물에 속하나 비벤제노이드 방향족 화합물에 속하는 것도 적지 않다. 탄화수소는 모든 유기화합물의 기본이 되는 것으로서 원유나 천연가스, 고무나 테르펜 중에 존재하고 있다.

Hydrogen

수소. 원소기호 H, 원소번호 1, 원자량 1.0080인 가장 가벼운 원소로 무색, 무취, 무미의 기체. 공업적으로는 물을 전기분해 하거나 수성가스에서 분리하는 등의 방법으로 만들어 진다. 용도는 산소용접, 석유의 합성 등에 쓰인다.

Hydrogenation

수소첨가. 불포화 유기화합물의 불포화탄소 결합의 위치에 수소를 부가하여 포화시키는 것을 말하는데, 촉매 등을 병용하는 경우가 많다, 알데히드나 케톤의 C = 0 결합의 위치에 수소를 부가하여 알코올이 되게 하는 반응은 보통 단순히 환원이라 한다. 이때, 열분해를 수반하는 경우에는 수소첨가분해라 하여 구별한다.

Hydrometer

비중계. 액체용 비중계. 일반 유리관 하부에 수은이나 작은 연구(鉛球) 등을 넣어 액체 속에 적립하게 한 구조. 액체 속에 넣었을 때, 액면과 일치하는 유리관의 눈금을 읽고 그 액체의 비중을 측정한다.

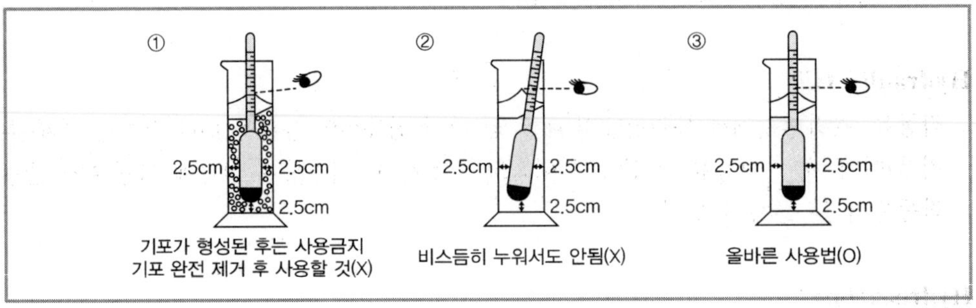

I.A.F

Induced Air Flotator

Ignition Point

발화점. 가연성 물지 또는 혼합물이 연소를 시작하는(발화하는)데 필요한 최저의 가열온도. 착화점, 자연발화 온도라고도 한다. 가열에 의해 반응속도가 증가하여 발화점에 도달하면 열의 소비속도(물질을 가열하든가, 계외(係外)로 이탈하든가 한다)보다도 크게 되어 자기용기의 재질과 형상 등의 조건에 따라 현저하게 변동하며, 물질상수는 아니다. 여러 가지 측정법이 있으나 측정법이 다른 것의 값을 서로 비교할 수는 없다.

Ignition Source

점화원. 산화반응을 일으키기 위해서 필요한 활성에너지를 주는 것.

(1) 화학적 에너지
   ㉠ 연소열　㉡ 자연발열　㉢ 분해열　㉣ 용해열
(2) 기계적 에너지
   ㉠ 마찰열　㉡ 마찰스파크　㉢ 압축열
(3) 전기적 에너지
   ㉠ 저항가열　㉡ 유도가열　㉢ 유전가열　㉣ 아아크가열
   ㉤ 정전기가열　㉥ 낙뢰에 의한 발열

Impactcopolymer

Homopolymer (Polypropylene)의 저온특성을 보완하기 위하여 Ethylene을 추가로 공중합시켜 저온충격 강도를 향상시킨 제품.

Impeller

임펠러. 러너(Runner) 라고도 한다. 증기터빈이나 반동수차에 있어서 증기 또는 물의 에너지를 받아 회전하는 바퀴. 또 원심펌프의 주요부. 곡면(曲面)을 이룬 날개를 여러 개 구비한 바퀴.

Impingement

충돌. 불길이 노 내의 관과 접촉하는 현상.

Inage gauge

탱크 액위 계측의 한 방법으로서 탱크 Bottom에서 유류표면까지를 계측하여 탱크의 양을 측정한다.

incompressible fluid

비압축성유체. 유체에 밀도와 온도나 압력의 변화에도 특성이 변하지 않는 유체를 말한다. 대체적으로 액체가 여기에 속한다.

Induced Air Flotator

Rotor가 회전할 때 생기는 진공상태에 용액을 노출시킬 때 포화된 공기가 작은 공기방울로 뛰어 나오게 됨에 따라 입자가 엉켜 붙어서 상승, 제거되는 장치.

Induced Draft

유도통풍. 강제통풍의 하나. 연료를 연소시키는 데 필요한 바람을 노나 보일러에 보내기 위하여 화격자 사이에서 공기를 흡출(吸出)시키는 방식.

Industrial Losses

산업재해. 통제를 벗어난 에너지의 광란으로 인하여 입은 인명과 재산의 피해현상을 말한다.

Inert Gas

불활성가스. 반응 또는 연소가 일어나지 않은 기체. 정유공장에서는 일반적으로 질소나 이산화산탄소가 사용된다.

Inerts

비활성제. Spheripol 반응에서 Nitrogen, Ethane, Propane 등과 같이 반응이 일어나지 않

는 물질을 말한다.

Inhibitor

억제제. 화학반응, 생리작용 등의 진행을 방해하는 작용을 하는 물질. 원하지 않는 반응, 즉 산화나 침전물 형성을 방지하거나 억제하기 위하여 넣는 화학첨가제.

Initial Boiling point

초유점. The temperature at which the first drop of condensate falls from the condenser into the receiver in a laboratory distillation test. Abbreviated IBP.
증류실험을 통하여 응축기로부터 증류액의 첫 방울이 떨어질 때의 온도. 즉, 물질이 끓기 시작하는 온도.

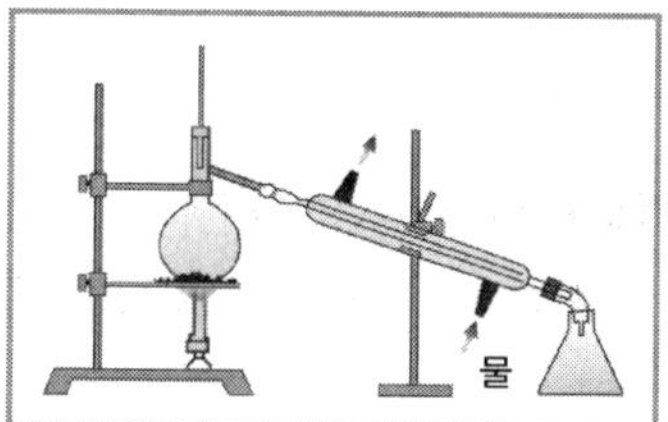

Injection Moulding

사출성형. 플라스틱 성형법의 하나이다.
가열한 실린더 속에 열가소성 수지를 가열 유동화 하여 이것을 사출램에 의해 금형 속에 넣고 플랜저로 압입하여 사출하는 성형법.

Injection molding (British English : moulding) is a manufacturing process for producing parts from both thermoplastic and thermosetting plastic materials. Material is fed into a heated barrel, mixed, and forced into a mold cavity where it cools and hardens to the configuration of the mold cavity. After a product is designed, usually by an industrial designer or an engineer, molds are made by a moldmaker (or toolmaker) from metal, usually either steel or aluminum, and precision-machined to form the features of the desired part. Injection molding is widely used for manufacturing a variety of parts, from the smallest component to entire body panels of cars.

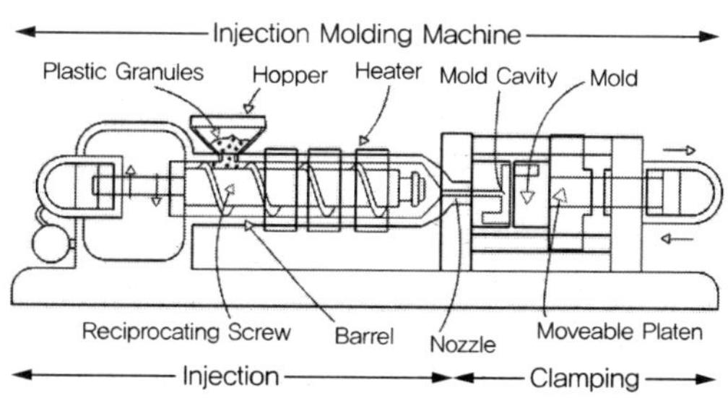

Inlet Air Filter

흡입공기여과기. 압축과정 중 장치의 마모로 인한 손상을 방지하기 위해 먼지나 오물을 제거할 수 있도록 공기 흡입 측에 설치하는 다공성 물질로 이루어진 여과장치.

In Line Blending

동시에 여러 반제품이 Line 속에서 Mixing 되면서 Blend-ing 되는 것.

In-Line check valve

배관에 부착하여 유체의 흐름방향을 한쪽으로만 흐르게 하는 배관 피팅류를 말한다.

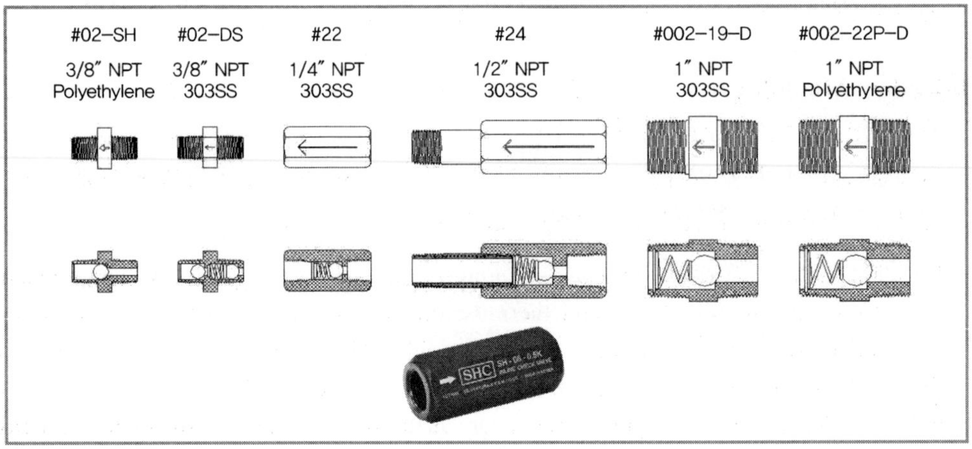

In-Line Sampler

원유속의 물과 침전물의 함량을 측정하기 위하여 원유 하역 Line에 설치해 놓은 대표시료 채취기.

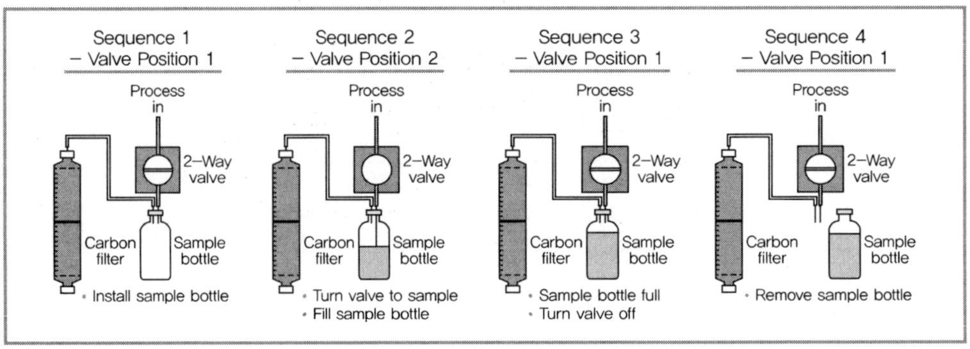

Innage

내장(內藏).

(1) 수송이나 저장 후 컨테이너에 남아 있는 상품 또는 액체의 양

(2) 연료 탱크에 남아 있는 연료량

(3) Tank나 Vessel의 Bottom으로부터 Liquid Level까지 저장된 총량.

Input-Output Method

입출력법. 보일러 효율계산 시 입력된 열량에 대한 출력된 열량으로 평가하는 방법.

$$효율 = \frac{출력}{입력} \times 100(\%)$$

Inspection

검사. 물품을 어떤 방법으로 시험한 결과를 품질판정 기준과 비교하여 개개 물품의 양품, 불량품의 판정을 내린다든지, 로트 판정기준과 비교하여 로트의 합격, 불합격의 판정을 내리는 것.

Instrument Air

계기용 압축공기. Plant Air로부터 수분, 유분, 먼지를 Air Dryer를 통해 제거함으로써 얻어지는 순도 및 건도가 높은 압축공기.

Insulation

절연. 전기 또는 열의 도체를 부도체로 둘러싸는 일.

Inter Cooler

중간냉각기. 공기압축기의 단과 단 사이에 설치되어 압축열에 의해 가열된 압축공기를 냉각시켜 밀도를 크게 해줌으로써 다음단의 압축공정에서 소모되는 압축마력을 줄여주고 포함된 수증기를 응축시켜 배출시키는 역할을 하는 냉각기.

Interface

2개 이상의 구성요소의 경계에 있어서 공용되는 부분을 말한다. 예컨대, 전자계산기와 입출력기기 사이를 결합하고 있는 부분적 장치.

Intermittent Mode

Air Flow의 양을 그때그때 필요한 만큼의 공기수요가 될 수 있도록 배출압력을 설정하여 압력변동에 따라 공기를 공급하는 제어 System.

Internal Floating Roof Tank

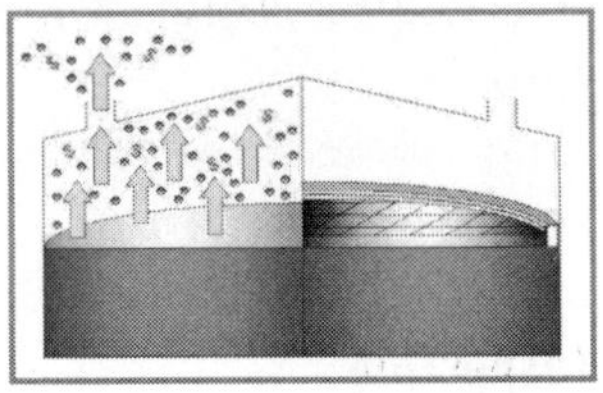

원추형 탱크내부에 유동지붕을 설치해 놓은 탱크. 휘발성이 강한 유독성제품 저장에 사용.

Iodine Number

요오드수. 규정된 시험 조건하에서 시료 100 gr과 반응하여 소모되는 요오드의 gr수. 불포화 탄화수소의 함량측정에 사용.

Ion Exchange

합성흡착설비(정제용)
Resin DIAION HP20

이온교환. 어떤 종류의 물질을 염류의 수용액에서 접촉시키면, 그 물질중의 이온은 용액 중으로 나와, 용액중의 이온이 그 물질 속에 끌려 들어가게 된다. 이 현상을 이온교환이라 하고, 이와 같은 물질을 이온교환체라 한다. 교환하는 이온에 다라, 양이온 교환과 음이온 교환의 두 종으로 나눈다.

흡착의 입장에서 보면 이온교환현상은 계면동전위가 대단히 큰 이극성 흡착매에 의한 이온교환흡착이며, 전형적인 이극성 흡착이다. 양이온 교환반응은 어느 정도 쉽게 질량작용의 법칙에 따라서 평형 상태로 이르게 되나, 음이온 교환반응에서는 일반적으로 평형을 규정하게 하는 인자가 많아 즉시 질량작용법칙의 적용은 곤란하다.

Ion-Exchange Material

이온교환물질. 조 내 또는 기능기로서 구조표면에 붙어있는 어떤 이온이 둘러싸고 있는 매체의 이온과 함께 가역적으로 상호 교환되는 능력을 갖고 있는 불용성의 고체.

Ion Exchanger

이온교환체. 이온교환현상을 나타내는 물질의 총칭.

대표적인 것은 이온교환수지이다. 이 외에 양이온 교환을 하는 것으로는 불석류(拂石類), 산성백토, 이탄(泥炭), 아탄(亞炭) 및 합성 레오라이트, 퍼어뮤티트, 텅스텐산지르코늄 등이 있고, 음이온 교환을 하는 것으로는 염기성의 백운석, 수화산화철, 수화산화지르코늄드의 겔 및 활성탄 등이 있다.

Ionic Polymerization

이온중합. 고중합의 한 형식이며, 반응의 연쇄연결체(중합체말단)가 이온인 것을 말한다. 유리기 중합과 대응된다. 이온의 종류에 따라 양이온중합, 음이온중합으로 나누어진다. 또 단량체의 종류에 다라 이온 2중결합중합, 이온개환중합으로 나누어진다. 유리기 중합과 비교해서 전반응의 활성화 에너지가 작고 저온으로 중합가능하며 또 촉매와 단량체가 배위할 경우는 배위음이온중합이라 불리며, 유리기중합에서 어려운 입체규칙성 중합을 일으킬 수 있다. 이온중합에서는 유리기중합일수록 정지반응이 명확치 않고, 이 대문에 리빙폴리머를 얻을 수도 있다.

IPO (Intergrated Petroleum Operation)

석유정제와 그 관련시설의 통칭.

ISO

International Standards Organization. 국제 표준협회.

제2차 세계대전 후 미군의 조달부서는 군수품의 불량을 줄이기 위하여 제품에 대한 기술적 조달 요구사양에 덧붙여 제품의 생산시스템에 대한 관리요구사항을 미군규격(MIL Q 9858)으로 제정하고 이 규격을 근거로 한 공급자에 대한 품질경영시스템 심사가 미군의 조달제도에 추가되면서 구방품질관리제도를 실시하였다. 이후 NATO (A.Q.A.P) 규격을 거쳐 군수품, 항공, 원자력 등의 산업으로 적용 영역이 확대되어 갔다.

그 후 품질시스템에 대한 각 국가별 요구사항이 서로 다름으로 인해 발생할 수 있는 무역상의 기술장벽을 제거하고 상호인정을 촉진하기 위해 국제적으로 인정될 수 있는 공통된 품질경영시스템 규격 개발의 필요성이 제기되었다. 이에 따라 ISO에서는 1987년 미국의 국가규격(ANSI/ASQC Z 1.15)과 영국의 국가규격(BS 5750) 및 캐나다의 CSA Z 299를 근거로 하여 ISO 9000 시리즈 규격을 개발하게 되었다. 이 규격은 영국의 BS 5750을 기본으로 하여 유럽과 미국의 개념과 습관의 영향을 크게 받고 있다. 따라서 계약주의, 매뉴얼작성, 검증중시, 시스템지향 등의 특징을 갖는다.

iso-Butane

분자식은 $(CH_3)_3CH$이며 비등점은 −10℃이고, 파라핀계 탄화수소에 속하고 원유 속에 함유되어 있다.

iso-Butene

분자식은 $(CH_3)_2C = CH_2$이며 비등점은 −6.9℃.
올레핀계 탄화수소에 속하며 석유분해가스의 C4성분 중에 함유되어 있다.

Isomer

이성체. 같은 분자식으로 표시되면서 성질이 다른 화합물이 존재하는 것을 이성이라 하고, 이성(異性)의 관계에 있는 화합물을 이성체라 한다.
많은 예가 알려져 있으며, 유기화합물에서는 구조식이 서로 다른 구조이성과 구조식은 같으나 원자의 입체배치가 다른 입체이성으로 대별된다. 무기화합물에서는 배위자의 차이에 의한 이온화이성이나 배위이성, 또 배위자의 배위원자의 차이에 의한 염이온 등과 배위자는 같으나 그 입체배치가 다른 입체이성이 주요한 것이다. 또 이성체까지 서로 쉽게 이동변화 할 수 있는 현상을 호변이성(互變異性)이라 한다.

iso-Octane

$CH_3C(CH_3)_2CH_2CH(CH_3)_2$. 2,2,4-트리메틸펜탄에 해당한다.
융점 −107℃, 비등점 −99.3℃, 비중 0.692인 무색의 액체이다.
가솔린에 대한 안티노크성이 강한 물질이며, 옥탄가 100을 표준물질로 하여 사용되고 있다. 이소부틸렌과 이소부탄에서 공업적으로 만들어진다.

iso-pentane

$(CH_3)_2CHCH_2CH_3$, 비등점 36℃이며, 파라핀계 탄화수소에 속한다.

ISOVG

ISO점도등급. ISO Standard 3448에 의거 분류된 점도등급으로서 산업용 윤활유에 적용된다.

I.T.L (In Transit Loss)

원유의 수송 중 손실을 나타낼 때 사용. 선박의 B/L량에서 육상 순하역량을 뺀 값.

IUPAC

국제순정 및 응용화학연합.

International Union of Pure and Applied Che mistry(영어). IUPAC으로 약기. 전세계 화학자들의 협력을 촉진하고 화학발전에 중요한 문제를 국제적으로 토의하는 것을 목적으로 1919년에 설립된 비정부, 비영리단체.

IZOD Impact Strength

아이조드충격강도. Cantilever Beam(외팔빔)에 수직으로 세워있는 시편을 Swing 추를 이용 시편을 깨뜨렸을 때 깨뜨리기 전후의 Energy차를 이용 Impact강도를 측정하는 것이다. 시편은 중간부분(깨뜨리는 부분)에 홈(Notch)을 내거나 내지 않은 것을 이용한다. 추의 최초의 높이는 수직으로 2 Feet이며, 시편을 깨뜨린 후 추의 높이와의 차이로 Energy차를 계산한다.

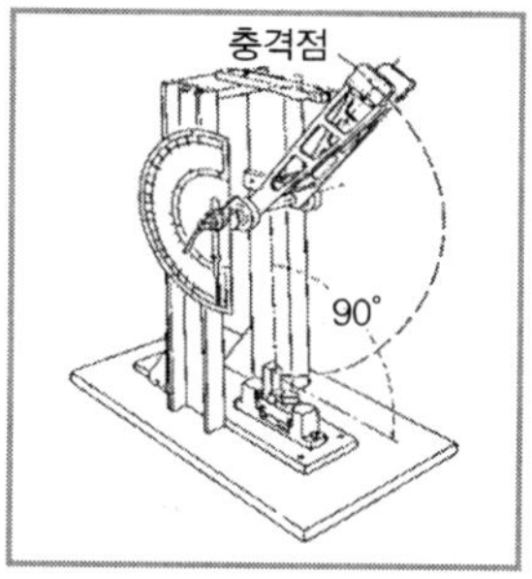

memo

Jar Test

처리해야 할 배수에 가장 적합한 응집제의 종류, 첨가량, 첨가조건 등을 테스트하는 응집시험.

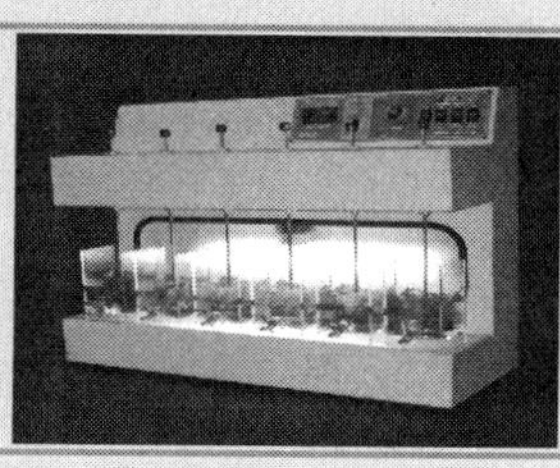

Jar Mixer

원유저장 탱크의 Sludge를 제거하기 위한 Mixer. 분사압력을 이용하여 Sludge를 파괴시킨다.

Jumper

정상적인 연결방식이 아닌 형태로 두 지점 사이를 연결하는 일시적인 연결배관 또는 관의 행로에 장애가 있을 때 장애를 뛰어넘어 설치하는 영구적인 배관 및 전기에서는 By-Pass를 의미한다.

Jaw crusher

조분쇄기. 조크러셔는 한 쌍의 수직판이 서로 마주 향하고 있는데, 그 중의 하나는 고정되어 받침점으로 매달려 있다. 이 분쇄기는 주축의 편심운동에 왕복운동을 하면서 파쇄작용. 구조가 간단하고 마멸부분의 부품 교환이 용이하다. 분쇄율이 큰 장점이 있다.

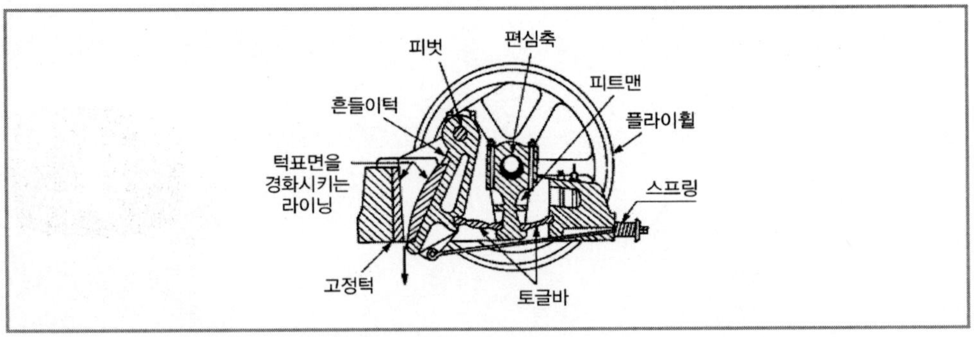

Jet mill

제트밀. 수 기압의 압축공기나 수증기를 지름이 수 mm되는 노즐로부터 분출시켜 얻어지는 초음속 기류로 입자를 가속하여 입자끼리 또는 기벽과의 충돌에 의해 분쇄시키는 것.

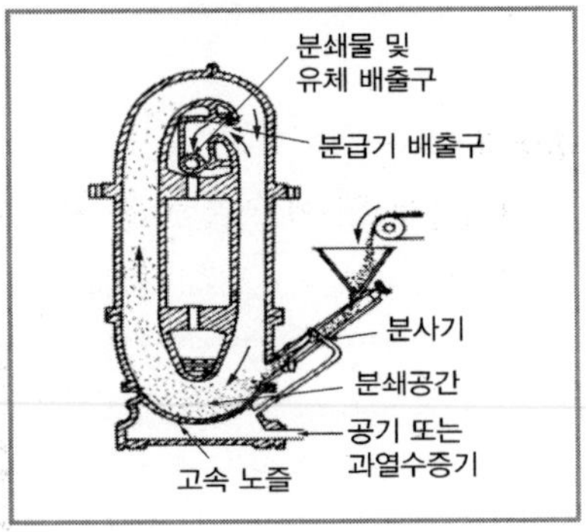

Kelvin

절대온도(켈빈온도). 물질의 특이성에 의존하지 않는 절대적인 온도를 가리킨다. 1848년 켈빈이 도입하였으며, 켈빈온도 또는 열역학적 온도라고도 한다. 통계역학적으로 엔트로피를 알면 절대온도 T를 구할 수 있다. 섭씨온도의 경우 1기압에서 물의 어는점을 0℃로, 끓는점을 100℃로 하여 그 사이를 100등분한 온도로 물의 특이성을 이용하여 온도를 나타낸다. 화씨온도의 경우에도 1기압에서 물의 어는점을 32°F, 끓는점을 212°F로 정하고, 이를 180 등분한 온도로 물의 특이성을 이용하여 나타내고 있다. 하지만 절대온도는 물질의 성질에 의존하지 않는다. 절대온도 외의 대부분의 온도는 상대적인 개념을 갖고 만들었기 때문에 과학적인 계산을 하기에 무리가 따른다. 쉽게 말하면 10℃의 2배를 20℃로 볼 수 없다. 하지만, 절대온도의 경우엔 100 K의 2배는 200 K으로 보아도 무방하다. 이는 다양한 과학 공식에서 쉽게 확인할 수 있다.

절대온도의 눈금 간격은 섭씨온도와 같다. 그리고 절대영도는 섭씨로 −273.15℃이다. 따라서 섭씨온도 Tc(℃)와 절대온도 T(K) 사이에는 다음의 관계가 성립한다.

$$Tc = T - 273.15$$

절대온도로 물의 어는점은 273.15K, 끓는점은 373.15K이다.

	Celcius	Fahrenheit	Kelvin	Rankin
끓는 점	100℃	212°F	373.15 K	671.7 R
어는 점	0℃	32°F	273.15 K	491.7 R
절대영도	−273.15℃	−459.7°F	0 K	0 R

Ketone

케톤. 카르보닐기 >CO가 2개의 탄화수소기와 결합하고 있는 히드록시화합물의 총칭. 탄화수소기가 같은 것을 단일케톤, 서로 다른 것을 혼성케톤이라 한다. 사슬형의 케톤은 IUPAC명명법으로는 대응하는 알코올의 어미 "올"을 "온"으로 바꿔, 가령 CH_3COCH_3를 프로판온이라 부르고 있으나, 보통은 이에 해당하는 카르복실산기에 유래하는 관용명(이 예의 경우 아세톤)이 사용된다. 또, 다른 관용명으로서 탄화수소기의 이름 뒤에 케톤을 붙여 CH_3COCH_3을 디메틸케톤과 같이 부르는 수도 있다.

카르보닐기를 하나 갖는 케톤을 아세톤, 피나콜린이나, 불포화의 메시틸옥시드, 방향족 케톤의 아세트페논, 벤조페논 등이 있다. 카르보닐기를 두 개 갖는 케톤을 일괄하여 디케톤이라 한다.

Ketone Dewaxing

오일로부터 왁스를 제거하는 공정으로 왁스가 섞인 오일에 케톤을 혼합한다.

Kerosine(Kerosene)

원유를 분별 증류할 때, 가솔린 다음으로 분류되는 증류물질로서 비점 범위는 149~282℃이다.

Kickback line

Pump나 Compressor의 Discharge Line에서부터 Suction으로 돌려지는 Line. 이 Line은 Pump의 Minimum Flow 유지를 위해 쓰인다. Compressor의 경우 Anti-Surge Line우로 쓰인다.

Kneading

반죽. 고체에 소량의 액체를 혼합하는 조작으로 반죽의 목적은 성분을 고르게 하고 가열, 융해와 화학반응을 촉진시키는 것이 목적이다.

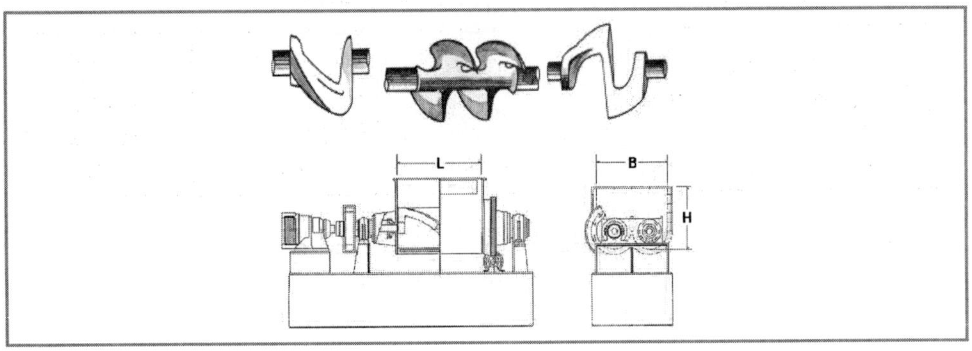

Korean Industrial Standards

한국공업규격. 공업표준화를 위해 제정된 공업규격을 보급, 활용하여 제품의 품질개선과 생산능력의 향상, 거래의 단순화와 공정화의 도모 및 소비자 보호를 위해 만들어진 제도. 공업표준화법에 따라 합격한 제품에는 그것이 규격에 맞게 제조되었다는 특별한 표시를 해 정부가 품질을 보증한다.

KS

Korean Industrial Standards.

memo

LA

Lightning Arrestor.

Ladder

사다리.

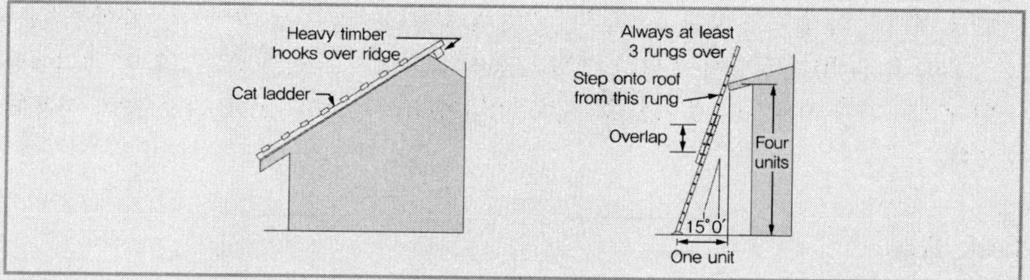

Land Engine Oil

육상 내연기관 엔진유. 육상에서 사용되는 가솔린기관이나 디젤기관의 내연기관에 사용되는 윤활유.

Laminar flow

층류. 유체의 흐름속도가 느려서 분자가 혼합되지 않고 서로 평행하게 직선을 나타내며 흐르는 흐름.

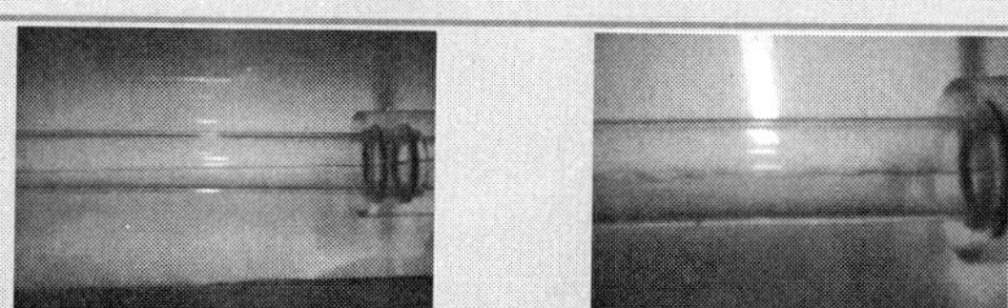

Latent Heat

잠열. heat that is added to vaporize a substance already at boilling temperature. 온도상승의 효과를 나타내지 않고, 다만 물질상태를 변화시키기 위해 소비되는 열. 융해열, 기화열이 그 보기이며, 1차의 상(象)전이에 수반하여 나타난다.

Law of Partial pressure

분압의 법칙. 혼합기체의 법칙 혹은 돌턴(Dalton)의 법칙이라고도 한다. 등온등압의 수종의 이상기체를 만들 때 혼합기체가 차지하는 체적은 혼합 전에 각 기체가 차지하고 있던 체적의 합과 같고, 또 혼합기체의 압력은 각 기체의 압력의 합과 같다고 하는 관계를 표시하는 법칙이다.

LDP

Long Distance Pipeline.

LDPE

저밀도폴리에틸렌. 밀도범위 0.910～0.925이며 반응 개시제(Initiator)를 사용하여 중합한다. 반응기의 압력은 보통 1천～3천 기압의 고압이며 여기서 얻어지는 중합물질은 분지(Side Branch)가 상당히 많다. LDPE는 통상 고압에서 생산하므로 고압법 폴리에틸렌이라고도 하며 투명성이 좋아 필름(흔히 비닐이라고 부르는 것)에 가장 많이 사용되고 있다.

Leak Test

기체(수증기, 질소, 수소가스등) 누출여부의 검사.

Lean Solvent

용질이 포함되지 않은 순수한 용제.

Left On Board

하역 후 선박에 남아있는 잔량.

Length Over All

선박의 선수에서 선미까지의 총길이.

Level Gauge

탱크의 액체높이를 측정하는 계기. 전자식, 기계식, 차압식이 있다.

Licensor

특허권자.

Lift check valve

리프트 체크 밸브. 밸브 디스크가 밸브 몸통 또는 뚜껑에 설치된 가이드에 의해 밸브 시트에 대하여 수직으로 작동하는 체크 밸브.

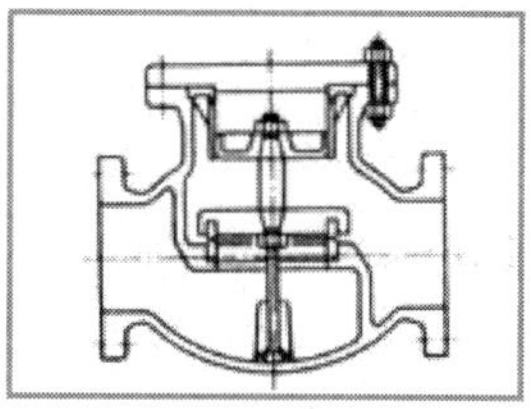

Light ends

액체혼합물에서 끓는점이 가장 낮은 부분.

Light Oil

경유. 등유와 중유의 중간 유출물. 내연기관, 가열, 기계세정용.

Linear Polymer

선형중합체. 일반적의로 저분자량의 화합물이 축합 또는 첨가 반응으로 분자량이 10,000 이상이며 주사슬이 주로 공유결합으로 한 하나의 긴 분자이다. 셀룰로오스나 저압법 폴리에틸렌은 거의 이러한 모양을 하고 있다. 선형중합체는 불규칙하게 자유로이 휘어진 실뭉치형, 분자의 주사슬이 곧게 뻗은 직선형, 일정한 주기의 코일형으로 된 것, 첩첩 겹쳐서 층형으로 된 것 등이 있다.

Line Filling

Pipe Line에 필요한 유체를 채우는 일.

Line Flushing

Pipe Line 내부를 오일, 물 및 스팀 등으로 세척하는 것.

Line Up

(1) 공정의 시동준비 완료 후 도입물의 흐름도를 점검하는 것.
(2) Pipe Line을 이용한 작업을 준비하는 일.

Line Tracing

공정의 Flow Diagram을 보며 현장의 장치 및 배관을 따라 가면서 공정을 익히는 것.

Line Schedule

각각의 Line에 대한 Process Condition을 나타낸 자료.

Line Switch

선로개폐기. 단로기와 같으나 소전류의 차단에 사용토록 구조, 기능을 가진 것.

Liquid

액체. 물질의 집합상태의 일종. 대개 일정한 체질을 갖고 있으나, 고정되어 있는 형태가 아닌 것을 말한다. 액체를 구성하는 분자 또는 원자의 배치관계는 일정하지 않지만 운동 등에 대해서는 상호작용을 일으킨다. 물질은 일반적으로 중간적인 적당한 온도, 압력에서는 (화학반응이 생기지 않는 한) 액체로 된다.

구조론적으로는 무정형 상태의 고체를 점도가 큰 액체로 보는 경우도 있다.

Liquid Level Controller

용기 내의 액체 Level을 일정하게 유지하기 위해 사용되는 조절기.

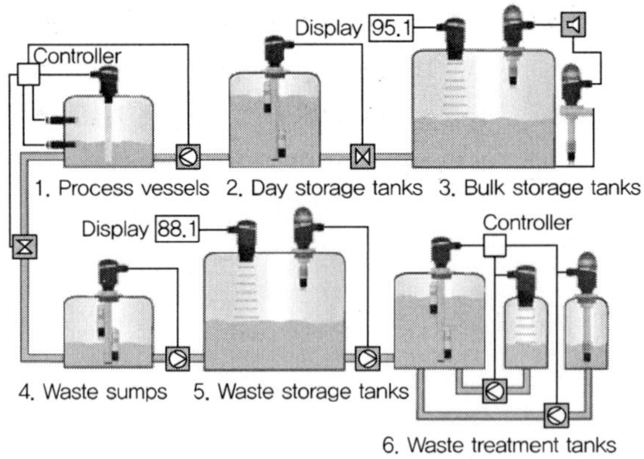

Liquified Petroleum Gas

프로판 또는 부탄을 고압, 저온에서 액화하여 자동차 연료용, 가정용 난방 및 취사용으로 사용하는 액화석유가스.

Liquified Natural Gas

액화천연가스.

Litharge

일산화연. 납을 공기 중에 산화하여 얻어지는 황색분말. 융점 880℃, 비등점 1470℃. Doctor용액을 제조하는데 사용되는 화학약품.

LLDPE

선형저밀도폴리에틸렌. 밀도범위 0.910～0.940이며 LDPE와 HDPE의 단점을 보완한 중간적 성질을 보유하고 있다. 현재 상업화되어 있는 LLDPE제조기술은 기상법, Slurry법, 용액법이 있는데, 기상법에 비해 용매를 사용한다는 점이 불편하고 복잡하나 Comonomer의 선택이 자유로워 다양하고 균일한 품질의 제품을 생산할 수 있는 '유크레아'를 생산하고 있다.

LNG

Liquified Natural Gas.

LOA

Length Over All.

Load Cell

강제(鋼製)의 원주둘레의 변형(비틀림)을 전기저항으로 변환시키는 변형게이지를 접착시킨 것으로, 이것이 로드버튼에 결합되어 있다. 로드버튼에 하중이 걸리면 응력에 비례하는 변형이 발생하고 변형에 따라 변형게이지의 전기저항이 변화하기 때문에 흐르는 전류가 변화한다. 그것을 디지털의 전기신호로 변화시켜 하중을 직접 숫자로 표시한다. 로드셀에는 압축형과 인장형 및 겸용으로 된 것이 있다.

Load Factor

부하율. 어느 일정기간에 있어서의 평균전력과 최대전력과의 백분율을 말한다. 기간으로서는 일반적으로 일(日), 월(月), 년(年)이 쓰인다.

$$\text{부하율} = \frac{\text{부하의 평균 전력(일정기간 중)(KW)}}{\text{최대수요전력(일정기간 중)(KW)}} \times 100(\%)$$

Loading Arm

선박이나 유조트럭, 유조 화차 등에 제품을 적, 양하하기 위해 Pipe Line과 유창을 연결할 수 있도록 설치된 장치.

Loading Rack

유조트럭, 유조 화차 등에 제품을 적, 양하 할 수 있도록 설치된 출하대.

Long Distance Pipeline

장거리 송유관.

Loss Method

손실법. 보일러 효율계산 시 배기손실, 연료, 공기 중의 수분에 의한 손실, 미연분에 의한 손실, 발열손실 등 손실량을 정산하여 일을 제외한 유효열량을 기준으로 평가하는 방법. 효율 = 100 − 손실(%)

Loss Heating Value

저위 발열량. 수증기성분의 증발잠열을 제외한 발열량.

Louver

공기의 흡입구 또는 배출구에 설치된 공기량, 풍향을 조절하기 위한 창.

LRFO (중유)

Light Residual Fuel Oil.

LS

Line Switch

Lube Oil

윤활유. 모든 움직이는 물체 사이(기어, 피스톤, 베어링 등)에서 마찰 및 마모를 감소시켜 에너지의 낭비를 방지하는 물질을 윤활제(Lubricant)라 하며 그 중에서도 액체, 즉 기름으로 된 물질은 윤활유라 한다. 따라서 윤활제라 하면 액체, 반고체, 고체, 기체 등 마찰을 감소시킬 수 있는 모든 물질을 총칭한 것이며, 윤활유는 이중에서 기름으로 이루어진 것을 지칭하는 것이다.

Lube Oil Filter

Bearing과 Seal에 해로운 Dirt, Sludge, Gum 등의 이물질을 제거하는 장치.

Lubricant

윤활제 상접(相接)하여 운동하는 두 고체 사이의 마찰을 줄여서, 활동면의 재료의 발열, 손상, 마멸을 방지하고 기계효율의 향상을 꾀하기 위해 쓰이는 물질을 말한다. 가장 많이 쓰이는 것으로는 석유, 동식물유 등과 같은 유류로서, 두 고체 사이에 얇은 유막을 형성하여 전하중을 지탱함과 동시에 두 면을 완전히 떼어놓아 감마작용을 한다. 이와 같은 기름을 윤활유라 한다.

Lubrication

윤활. 베어링과 같이 2개 고체 간에 상대운동이 있을 때 그 접촉면에 유막을 만들어 마찰을 줄임으로써 마모, 발열을 적게 하는 것을 말하며 그 장치를 윤활장치라 한다. 또한 윤활유가 오일탱크, 배관 등을 통하여 목적하는 장소에 공급되고 회수되는 경로를 윤활계통이라 한다.

memo

Macro-Brownian Motion

마크로브라운운동. 거대분자 각 부분의 열운동결과 일어나는 분자 전체로서의 형태변화나 이동을 말한다.

Machine Oil

기계유. 일반계, 기관, 전동기, 기타 회전마찰부에 널리 사용되는 윤활유.

Main Pump

기계에 사용된 유압기기의 주요부분을 구동시키기 위한 구동펌프.

Maintenance

기계, 설비 등의 유지, 보전, 정비 등을 말한다. 이에 대해 Maintenance Free는 정비, 보전 등이 필요 없다는 말.

Make Up Water

보충수. 증발과 Blow Down에 상당하는 양을 보충하기 위해 공급되는 물.

Manhole

보일러 내나 지하 매설물의 점검, 청소, 수리 등을 위하여 만든 출입구.

Manifold

다실린더 기관에서 각 실린더에 흡기 또는 배기를 인도하기 위한 관을 여러 개씩 또는 전부를 집합시킨 것을 말하여 전자를 흡기매니폴드, 후자를 배기매니폴드라고 한다.

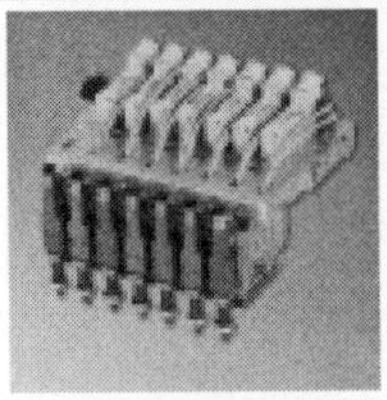
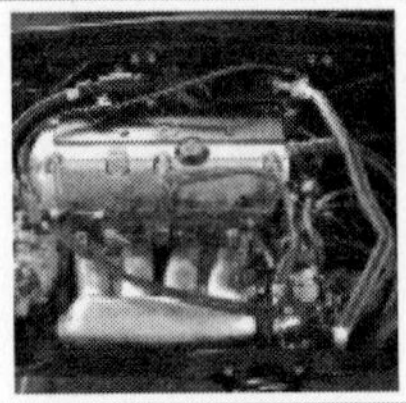

Manometer

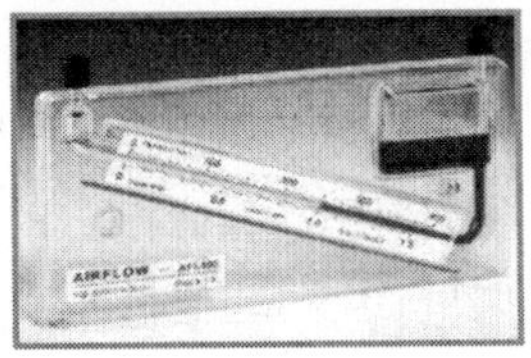

압력계. 압력(또는 압력차)을 측정하는 기구, 관 또는 용기내의 강도는 그 속에 V자형의 관을 세우고 이 관에 상승하는 액의 높이로 측정할 수 있는데 이것을 마노미터라 한다.

Manual

(1) 수동
(2) 지침서(Hand Book)

Marine Engine Oil

선박내연기관유. 선박 내연기관에 사용되는 윤활유.

Master Batch

성형하는 플라스틱과 같은 종류의 재료에 첨가제를 고농도로 배합한 것으로 착색제의 배합방법으로 많이 쓰인다. Pellet 또는 부드러운 판상(PVC의 경우)으로 되어있고, 취급시 계량이 용이해 편리하다.

Material balance

생산 공정에서 들어가고 나가는 물질들에 대한 수지 균형을 수량적으로 취급하는 것으로 기본 원리는 질량보존의 법칙이다.

The input of material to a distillation column equals the output of material from column. Whatever material enters a towers as feed leaves the tower as products.

MBB

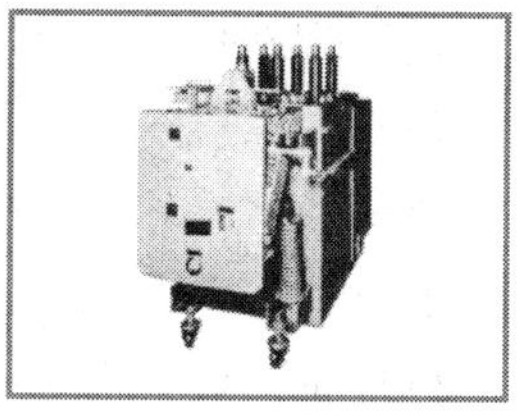

자가차단기. Magnetic Blow-Out Circuit Breaker. Magnetic Blast를 이용한 차단기.

아크를 전자력으로 밀어서 소호하는 것으로 과전압 발생없이 직류차단이 가능하나 투입 시 소음이 발생한다. 6.6 kV 계통에 적용한다.

MCC

Motor Control Center.

MCCB

Molded Case Circuit Breaker.

MEA(Monoethanolamine)

산성 가스를 흡수하는 Amine의 일종.

Measuring means

The instruments in a controlloop that senses and measures the condition of a process variable and transmits this measurement.

Mechanical Completion

Project Dwg' 및 Specification에 의한 Hardware(Plant, Unit, Facility 및 기타부분)의 기계적인 완공을 말한다. 모든 설치물의 완료, 기타 운전에 필요한 모든 배관들의 Tie-In이 완료된 상태를 말하며, Mechanical Completion 전에 Pre-Commissioning이 시작된다.

Mechanical Seal

고온, 고압 하에서 고속도의 회전을 하는 축부분에서의 유체누설을 방지하는 기계적인 밀폐장치.

Melt Index

용융지수. 일정한 Load 와 온도 하에서 규정된 Capillary Die(모세관)를 후루눈 용융수지의 Flow Rate를 말하며 단위는 g/10min.나 dg/min.로 나타낸다. 종류가 다른 Polymer에 대해서는 다른 온도와 Load조건이 적용된다. 폴리프로필렌은 230℃, 2.16 kg Load에서 측정한다. 특정한 Polymer에 대해서 특정한 조건에서 측정한 Melt Index를 그 Polymer의 Melt Flow라 부르기도 한다. 수지의 흐름성(유동성)을 나타내는 수치로서 가공성의 경험적 척도로 사용되며 일정온도(PE : 190℃, PP : 230℃) 일정하중(216 kg)에서 Polymer Melt(용융체)가 규정된 Office(내경 : 2.09 mm, 외경 : 8 mm)를 통과하여 10분간 압출되어 나오는 수지의 중량을 말하며 MI가 증가하면 유동성이 증가하며 분자량이 작다는 것을 의미한다.

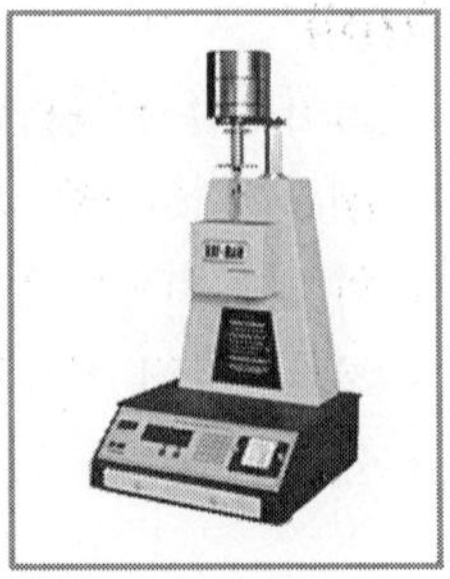

Melting Point

융점. 고체의 융해가 무한히 완만하게 행하여질 때의 온도를 말한다. 즉, 일정압력 밑에서 고상인 물질이 액상과 평형을 유지할 때의 온도이다. 융해점이라고 한다.

Melt Temperature

용융온도. Die나 Nozzle를 통해서 사출되는 출구지점에서 측정한 수지 Extrudate의 실제온도를 말한다.

Melt Temperature는 흔히 시료를 Cup에 받아 그 속에 온도계를 집어넣어 재기도 한다.

MeOH (methanol)

CH_3OH. 메탄올, 카르빈올, 목정(木精) 등이라고도 부른다. 무색투명하고 에틸알코올과 같은 냄새가 나며, 찌르는 듯 한 맛을 주는 액체. 융점 −94℃, 비등점 64.56℃. 메틸알코올이라고도 한다.

Mercaptan

메르캅트기 SH를 갖는 유기화합물 RSH를 말한다(R은 알킬기 등 탄화수소기). 히드록시화합물의 산소원자 대신에 황원자가 들어간 것이며, 보통은 알코올에 대응하는 사슬형 화합물을 말하고 티올 또는 티오알코올이라고도 한다. 대체로 휘발하기 쉬운 불쾌한 냄새가 나는 액체로 약한 산성을 나타내고 그 수소는 금속과 치환하여 메르캅티드가 생긴다. 보편적인 것은 에틸메르캅탄(에탄티올)이며, 이것을 단순히 메르캅탄이라고도 한다.

Mercury

수은. 원소기호 Hg. 원자번호 80, 비중 13.6, 융점-38.8℃.상온에서 유일한 액체 금속이며 온도계, 기압계, Gauge 등의 계기장치에 광범위하게 사용되고 있다.

Merox Unit

경질유분 중에 함유된 유황화합물을 Merox촉매가 첨가된 가성소다용액에 통과시켜 제거시키는 공정.

Mesh

그물 눈.

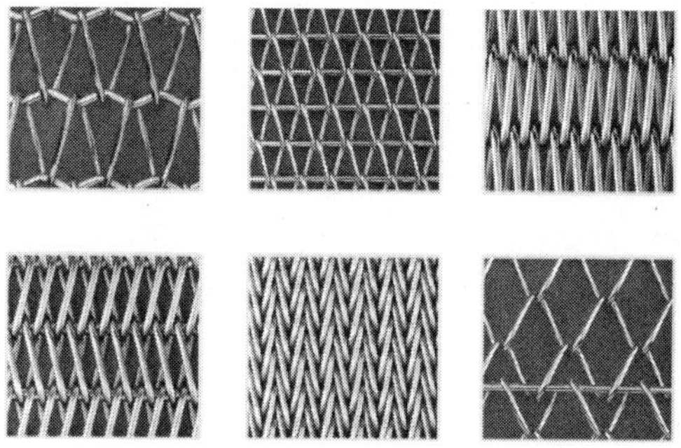

Meter

계량기.

(1) 측정하고자 하는 양이나 방향을 지침의 지시량으로 알아내거나 기록하는 장치의 총칭.

(2) 길이의 단위(m).

Meter상수

Meter를 통과하는 흐름의 양을 결정하기 위해 곱해지는 상수.

Methane

CH_4. 가장 간단한 파라핀계 탄화수소이며, 융점 −184℃, 비등점 −164℃, 비중 0.415인 무색의 가연성 기체.

Methyl Alcohol

MeOH(Methanol) 참조.

Micro-Brownian Motion

마이크로브라운운동. 사슬모양 분자가 유리 전이온도 이상에서 행하는 분자 열운동. 주로 분자 내 세그먼트가 주사슬의 결합선 둘레에서 회전하는 운동이 되고 이것에 의해 사슬모양 분자는 여러 가지 형태를 취할 수가 있다. 가교 등에 의해 분자 전체로서의 마크로 브라운 운동이 멈추어져 있을 경우도 일어나므로 이것을 마이크로 브라운 운동이라고 한다. 고분자 물질의 고탄성, 예를 들면 고무상 탄성은 이 종류의 열운동에 의해 생긴다.

Micro Processor

계산기의 연산부를 하나의 LC에 통합시킨 1칩을 중심으로 기록, 판독할 수 있는 랜덤 액세스 메모리(Ram)와 기록 전용의 리드 온리 메모리(ROM)를 붙여 미니컴퓨터에 가까운 능력을 갖추게 한 것으로, 값싸게 컴퓨터의 능력을 만드는 데 적합한 것.

Military Specification

MIL규격. 미국위 군용에 관한 기기, 부품 등의 표준류, 규격류, 시방서류의 총칭.

Monimum Oil Circuit Breaker

극소형유입차단기. 절연유 폭발에 의한 화재위험 등을 방지하기 위해 아주 작은 양의 Silicon Oil를 담은 통에서 접촉자가 개폐되는 차단기.

Metering Out-Fit

계기용변성기. 계기용 변류기와 계기용 변압기를 한 개의 함속에 넣고 이들에서 인출한 전선을 한 개의 단자대에 정리해 결선한 것.

Miscibility

혼합성, 섞임성. 2종 또는 그 이상의 물질이 섞여 균일상을 이룰 수 있는 정도나 그 현상을 표현. 일반적으로 수소결합, Van Der Waals결합이나 분산력 같은 2차결합이 기여하여 이 성질이 결정된다.

Miscible

쉽게 혼합하거나 용해하는 것.

Mist

기체 속에 함유되어 있는 액체 미립자.

Mixed Liquor Suspended Solid

Floc을 형성하기 위해 서로 엉키는 여러 종류의 미생물을 설명하기 위해 폐수처리 분야에서 일반적으로 널리 사용되는 말.

Mixer

교반기. 2종류 이상의 분말 또는 가용성액의 혼합, 2종류의 불용성액의 혼합, 고체를 액속으로 분산용해, 고체 표면으로부터의 액속으로의 분산, 기체접촉 등에 이용된다. 날개차에 의해 액체는 전단력에 의해서 난류, 분자확산보다도 큰 강제대류를 일으킨다.

Mixing Valve

파이프 내부를 통하여 흘러가는 유체의 혼합효과를 높이기 위해 파이프 내에서 교란을 일으키도록 하는 밸브.

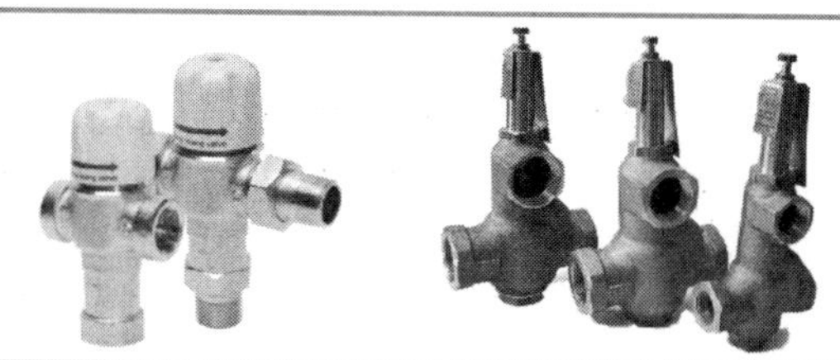

MLSS

Mixed Liquor Suspended Solid.

MOCB

Minimum Oil Circuit Breaker.

Modifier

개질체. 수지의 물성을 개선하기 위해 Polymer 제조 시에 첨가하는 화학적으로 비활성인 첨가제를 말한다.

Modulus of Elasticity

탄성율. 비례한계(탄성한계) 내 직선 Stress-Strain에서 Strain과 그 방향에 대응하는 Stress의 비를 말한다. Stress-Strain Curve에서 직선을 나타내지 않는 물질은 원점과 특정한 점을 이어주는 선이나 특정한 점에서의 접선을 이용Modulus of Elasticity를 구한다. 이것은 Flexural Loading이나 Tensile Loading에서 구할 수 있다.

Modulus of Elasticity = Stress/Strain = lb/in / in/in = PSI

MOF

Metering Out-Fit.

Moisture

습기, 작은 물방울, 공기 속의 수증기를 말한다.

Molded Case Circuit Breaker

배선용차단기. 저압 개폐기반 등에 사용되며 부하전류, 개폐 및 과부하, 단락 등 사고 시 자동적으로 차단되는 차단기.

Mole

몰. 물질량 단위의 일종. 원자량의 기준에 따라 탄소의 질량수 12인 동위체 C의 12g 중에 함유되는 원자 수(아보가드로수)와 같은 수의 물질입자를 함유하는 물질의 집단을 1몰이라 정의한다.

Molecular Weight

분자량. 화학물질의 분자의 질량을 일정한 기준에 의하여 정한 것이며, 그 기준은 원자량의 경우에 준한다. 즉, 어떤 화학물질의 분자량은 질량수 12인 탄소동위체 C의 12g중에 함유되는 원자의 수(아보가드로수)와 같은 수인 분자집단(1몰)의 질량을 그램 단위로 나타낸 수치이다.

Molecular Weight Distribution

분자량분포. 한 Polymer에 포함되어 있는 모든 가능한 분자량과 그 분자량에 해당하는 Polymer분자의 무게를 나타내는 표나 Graph를 말한다.

Polymer는 단일분자로 이루어진 것이 아니므로 Polymer에서 발견할 수 있는 모든 분자량들을 말한다. 분자량 분포도의 모양은 Polymer분자량의 평균의 비로 간단히 나타내기도 한다. 고분자의 분자량 분포는 일반적으로 매우 넓고 이는 고분자의 생성반응이나 분열반응이 보통 통계학적으로 이러나기 때문이다. 동일한 Density. Mi를 갖는 폴리에틸렌의 경우 분자량 분포가 좁을수록 내충격성, 감도 등이 중가 된다고 알려져 있다.

Molecule

분자. 각각의 화학적, 물리적 성질을 모두 간직하고 있는 물질의 가장 작은 단위인 동시에 원자로 나누어질 수 있는 것.

Mole fraction

몰분율, 몰분율은 혼합물의 전체 몰수에 대한 어떤 성분의 몰수의 비로 합이 1이다.

$$X_A = \frac{W_A / M_A}{W_A / M_A + W_B / M_{AB}}$$

W_A : 성분 A의 무게, W_B : 성분 B의 무게

M_A : 성분 A의 분자량, M_B : 성분 B의 분자량

Molier Diagram

증기선도. 증기의 엔탈피(h), 엔트로피(s) 선도라고도 하며 증기의 비용적(v), 압력(p), 건도(x), 엔탈피(h), 엔트로피(s), 의 상태량의 값. 상호간의 관계를 나타낸 선도(일명 몰리에르선도)이다.

MON

Motor Octane Number.

Monomer

단량체. 중합의 출발물 또는 중합체를 구성하는 반복단위.

Monomeric Unit(MER)

단위체단위(머). 실제이거나, 가상적인 단위체(혹은 축합중합체 또는 공중합체에서 단위체 중 하나) 로서 동종 동수의 원자들로 구성된 중합체 중의 단위.

㈜ 폴리스틸렌은 $-CH(C_6H_5)C_2-$의 조성을 가진 머(MER)로 구성되고, 폴리헥사메틸렌아디프아마이드는 $-NH(CH_2)_6NHCO(CH_2)_4CO-$ 또는 $NH(CH_2)_6OH-$와 $-CO(CH_2)_4CO-$로 구성된 MER로도 생각할 수 있다.

MOP- II(Micro Computer Multi Data Processor)

원격자동계측 System의 일종.

Morphology

형태학. 어떤 유기체의 성장 거동, 그 성장에 미치는 영향, 구조 및 형태를 연구하는 학문.

Mothballing

가열로 등 운휴중인 장치나 설비의 내부에 습기 또는 산성으로 인한 부식 및 손상을 방지하기 위해 건조시키는 것.

Motor Control Center

전동기기동, 제어장치. 전동기의 기동 및 보호장치.

Motor Octane Number

가솔린 엔진의 고속회전 시, 옥탄가를 수치로 나타낸 것.

Motor Operated Valve

Valve의 개폐를 전기적인 힘으로 할 수 있도록 한 Valve.

Moulding(Process)

성형. 재료를 금형 또는 형틀에서 압력과 보통 열을 가해서 어떤 모양으로 만드는 과정.

Moulding Shrinkage

성형수축. 성형할 때 사용한 형틀의 공간과 성형품 사이의 치수차를 말하며, 이때 성형품 및 형틀의 치수는 실온에서 측정한다.

MOV

Motor Operated Valve.

MTA(Metric tonh fer annual)

년 천 톤. 물량의 환산단위.

MTBE/B-1Unit

Butadiene Extraction Unit에서 생성되는 부산물인 B.B Raffinate분을 활용하여 Gasoline Blending용(옥탄가 향상제)으로 쓰이는 MTBE (Methyl Tertiary Buthyl Ether)와 Butane-1을 생산하는 공정.

Methyl tert-butyl ether, also known as methyl tertiary butyl ether and MTBE, is a chemical compound with molecular formula $C_5H_{12}O$. MTBE(2-Methoxy-2-methylpropane) is a volatile, flammable and colorless liquid that is immiscible with water. MTBE has a minty odor vaguely reminiscent of diethyl ether, leading to unpleasant taste and odor in water. MTBE is a gasoline additive, used as an oxygenate and to raise the octane number, although its use has declined in the United States in response to environmental and health concerns. It has been found to easily pollute large quantities of groundwater when gasoline with MTBE is spilled or leaked at gas stations. MTBE is also used in organic chemistry as a relatively inexpensive solvent with properties comparable to diethyl ether but with a higher boiling point and lower solubility in water. It is also used medically to dissolve gallstones.

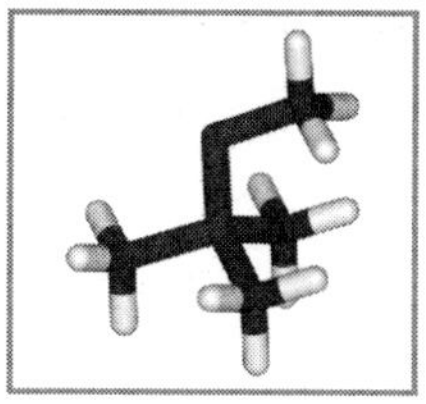

Multi-Stage Pump

다단펌프. 하나의 축에 여러 개의 임펠러를 부착하여 순차적으로 압력을 증가시켜가는 펌프를 말하며, 고양정이 필요한 곳에 사용된다.

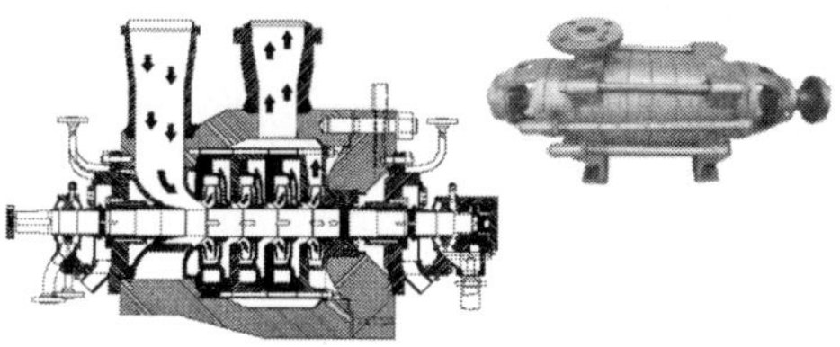

MWD

Molecular Weight Distribution.

memo

NAC

New Aromatics Complex(or Center).

Naphtha

석유, 콜타르, 혈암유를 증류하여 얻는 저비등점의 탄화수소의 혼합물로서 되는 기름이며, 석유나프타라고 한다. 나프타분해에 의해 올레핀류를 만든다. 38～193℃ 사이에서 증발되는 가벼운 석유유분.

Naphtha Cracker Bottom

납사를 Thermal Quench Tower Bottom에서 나오는 Heavy Hydrocarbon으로써, 제철화학에서 인수하여, Carbon Black 원료로 사용함.

Naphtha Cracking Unit

납사를 Thermal Cracking 시켜서 에틸렌 및 프로필렌을 생산하는 공정으로서 Raw C4S, RPG, NCB 등이 부생됨.

Naphthene

일반식 C_nH_{2n}으로 표시되는 포화탄화수소로서 고리형 분자 구조를 가지고 있는 탄화수소.

Net-Back System

원유처리 시 제품수율을 가정하고 총 제품 판매가에서 정제비, 운임, 보험료 등을 공제한 가격을 원유가격으로 설정함으로써 정제업자의 입장을 보호하는 것.

Net Heating Valve

연소에 의해 생성된 수증기가 응축되지 않고 배출되었을 때 잠열을 계산하지 않은 실제 발열량.

Neutral Grounding Resistor

중성점접지저항기. 변압기 또는 발전기의 중성점 접지용 설비이며 전선로 지락 시 접지 전류 제한, 지락계전기 동작을 확실히 하며 전선로의 대지전위 상승억제로 설비 절연을 경감시킴.

Neutralization

중화.

(1) 등량(等量)인 양이나 음의 전기 평균적 위치가 겹쳐, 외부에 전하영향이 전혀 나타나지 않을 때, 양음의 전기는 중화했다고 한다.
(2) 산과 염기가 반응하는 것. 좁은 뜻으로 수용액 중에서 산과 염기가 반응해서 염과 물이 생기는 것을 말하나, 산과 염기의 정의에 의해서는 보다 넓은 뜻으로도 사용된다.

NFB

No Fuse Breaker.

NGR

Neutral Grounding Resistor.

Nitrogen

질소. 원소기호 N, 원자번호 7, 기체의 분자식은 N_2.
공기의 성분으로서는 가장 많아 체적에서 약 78%를 차지한다. 암모늄염, 질산염, 단백질, 알칼로이드 등으로서 생체 내에 존재한다. 공업적으로는 주로 액체공기를 분류하여 얻는다. 순수한 기체를 얻는 데는 염화암모늄과 아질산나트륨의 진한용액을 혼합하고 70℃로 가열하든가, 또는 암모니아를 100℃로 니켈 분말 상에서 분해하고 질소를 냉각동결하여 수소를 분해하면 가장 순수한 것을 얻을 수 있다.

Nitration

니트로화. 니트로기 치환이라고 하며 유기화합물 분자 중의 수소원자를 니트로기로 치환하는 반응이다. 일반적으로 니트로화제는 질산, 발연질산 또는 농황산과 농질산의 혼산을 작용시킨다. 이 반응은 무반응이 일어나기 쉬우며 온도조절이 매우 중요하다.

NLTC

No Load Tap-Changer.

N-Octane

파라핀계열의 사슬형 포화탄화수소. 비점 화씨 258도.

No Fuse Breaker

배선용차단기. Fuse가 없으며 과전류가 흐를 시 전자요소 및 열풍요소에 의해 전기회로를 자동적으로 개방시킴.

Noise

불규칙한 파동으로 이루어지며 불쾌한 느낌을 주는 소리. 원하지 않는 소리나 불쾌하게 느끼는 소리, 방해가 되는 소리의 총칭.

No Load Tap-Changer

무부하변압기. 변압기 전선의 Tap을 정전으로 변경하는 장치. Tap변환기라고도 함.

Nominal dimension

명목치수. 관의 지름을 나타내는 규격. 명목치수가 같은 관은 연결하기가 편리함.

Normal

(1) 정상의, 표준의 뜻임.
(2) 용액의 농도를 나타내는 단위이며 노르말이라고 한다. 기호 N, 용액의 1 L 중에 용질 1그램당량을 함유할 때 이 용액의 농도를 1규정이라고 한다. 용액분석 등에서 늘 사용된다. 이 단위로 표시되는 농도를 규정농도 또는 당량농도라 한다.

Normal-Butane

파라핀계열의 사슬형 포화탄화수소. 비점 화씨 31도, RVP 52.5

Normal Hexane

휘발성이 강한 무색의 액체로서 각종 용제 특히 식용유 제조용 용제로 사용된다.
비중 0.659, 비점 68.742℃, 인화점 32.8℃

Normalization

수직응력. 어떤 면에 수직으로 작용하는 응력이나 응력의 성분

㈜ 수직응력은 힘이 가해지는 방향에 따라 인장응력일 수도 있고, 압축응력일 수도 있다.

NOx

질소산화물. NO_2, NO_3, 대기환경규제물질

Nozzle

파이프, 호스의 주둥이

NPSH(Net Positive Suction Head)

펌프 suction flange에서 이용 가능한 절대압으로 펌프에서 요구되는 최소의 suction pressure를 나타냄.

NPSH is an acronym for **Net Positive Suction Head**

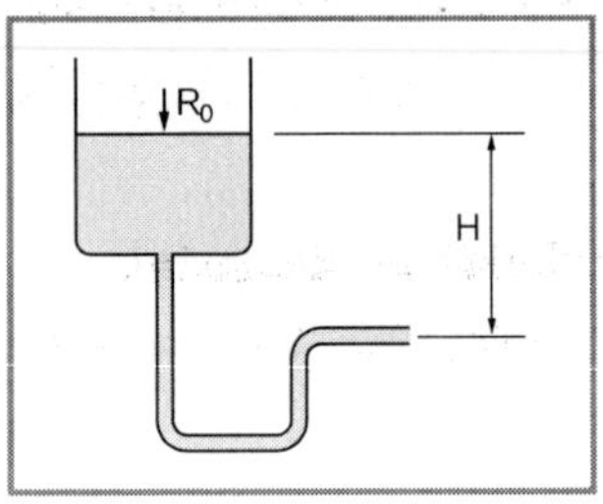

In any cross-section of a generic hydraulic circuit, the NPSH parameter shows the difference between the actual pressure of a liquid in a pipeline and the liquid's vapor pressure at a given temperature.

NPSH is an important parameter to take into account when designing a circuit: whenever the liquid pressure drops below the vapor pressure, liquid boiling occurs, and the final effect will be cavitation: vapor bubbles may reduce or stop the liquid flow.

Centrifugal pumps are particularly vulnerable, whereas positive displacement pumps are less affected by cavitation, as they are better able to pump two-phase flow (the mixture of gas and liquid), however, the resultant flow rate of the pump will be diminished because of the gas volumetrically displacing a disproportion of liquid.

The violent collapse of the cavitation bubble creates a shock wave that can literally carve material from internal pump components (usually the leading edge of the impeller) and creates noise that is most often described as "pumping gravel". Additionally, the inevitable increase in vibration can cause other mechanical faults in the pump and associated equipment.

NRP(New Reformer Plant)

Full Range Naphtha와 Heat cut Naphtha를 도입시켜 C3, C4, LSR, C6, C7 및 Reformate를 생산하는 공정

Nylon

나일론. 원래는 W.H. Carothers에 의해 발명(1935년)되어 듀폰사에서 발표(1938년) 된 합성섬유의 상품이지만 현재는 폴리아미드계 합성고분자의 총칭이다.

나일론 610은 헥사메틸렌디아민(hexamethylene diamine)과 세바스산(sebacic acid)을 축중합하여 얻음. 폴리아미드로 나일론 뒤의 610이라는 숫자는 모노머의 탄소수를 뜻하며 두 작용기 카르복시(-COOH)와 아미노기(NH_2)에서 H_2O가 축합되어야 하는데 두 기는 산-염기 작용을 하므로 쉽게 축중합체가 얻어지기가 어렵고, 높은 온도에서 장시간 반응시켜야 만들 수 있다. 실험실에서는 세바스산의 카르복시기를 산염화물(-COCl)로 바꾸면 실온에서 아민과 쉽게 축합되는 반응이다.

memo

OCB

Oil Circuit Breaker

Occupational Disease

직업병. 직업의 특수성으로 인하여 발생하는 질병으로 작업의 종류, 환경 및 작업방법의 불량으로 인하여 근로자의 건강을 해치는 것을 직업병이라 한다.

Octane Number

옥탄가. 가솔린이 연소할 때 이상폭발을 일으키지 않는 정도를 나타내는 수치를 말한다. Isooctane의 옥탄가를 100으로, n-heptane의 옥탄가를 0으로 설정했을 때, 둘은 혼합한 표준연료와 비교하여 시료와 동일한 antiknock성을 나타내는 표준연료의 isooctane 부피 비율로 옥탄가를 나타냄.

Octafining Unit

Parex공정에서 오는 Raffinate(PX 성분이 없는)를 Paraxylene이 많은 성분으로 만드는 이성화공정.

Octene Resins

Ethylene Monomer와 Octene-1 Comonomer가 중합되어 생산된 Polyethylene.

Off gas

공정으로부터 방출되는 가스.

Off set

(1) 설정치와 공정치의 차이

(2) 공정의 운전조건이 흔들림

Off Sepc'

제품 규격에 불합격 됨.

Off standard

제품의 규정된 질의 최저치에 있으면서 사용 spec의 설정된 기준에 들지 못하는 제품을 말한다.

O/H

over head

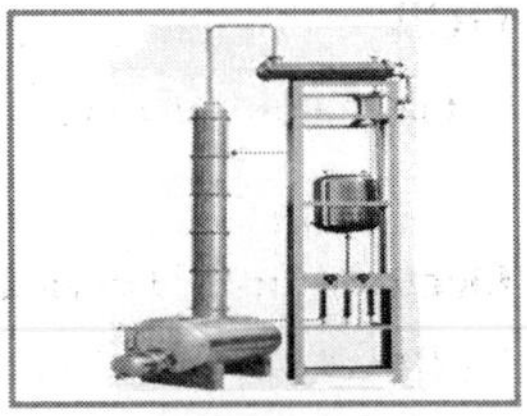

Oil Circuit Breaker

오일차단기 또는 OCB라고도 한다. 대전류(大電流)를 차단할 때 생기는 아크(arc)가 절연유 속에서는 쉽게 사라지는 점을 이용한 장치이다. 즉, 전기회로를 차단할 때 발생하는 아크에 의해 절연유가 분해되면서 메테인·아세틸렌 등과 함께 대량의 수소가스가 생기는데, 이 수소가스의 강력한 냉각작용에 의해 아크가 급속히 발산되어 소호작용(消弧作用)이 촉진된다. 따라서 공기 중에 설치된 차단기에 비해 차단효과가 큰 것이 특징이다.
상대적으로 가격이 저렴하여 많이 보급되었으나, 근래 개발된 다른 차단기에 비해 성능과 보수면에서 뒤지고 화재의 염려가 있어 차츰 자기차단기(magnetic blast circuit breaker : MBCB)나 진공차단기(vacuum circuit breaker : VCB) 등으로 교체되고 있다. 고전압 회로에 주로 쓰인다.

Oil Fence

기름저장시설·탱크·탱크계류시설에서 흘러나온 기름이 퍼지는 것을 막고 제거할 목적으로 일정 수역에 설치한 띄우개로 된 울타리. 유출유의 확산을 방지하기 위한 부유성 가두리. 형상과 구조에 따라 고형형(固形型)·팽창형·칸막이형의 세 가

지로 크게 나눌 수 있다. 발포재료(發泡材料)를 수평원통형의 띄우개로 한 고형형이나 수평원통형 기밀실에 공기를 불어넣어 띄우개로 삼는 팽창형의 것은 충분한 부력과 비교적 가벼운 무게 때문에 파도에 순응성이 좋다. 반면 조류의 영향을 받기 쉬운 단점이 있다.

Oiliness

유성. 두 개의 마찰면 사이가 기름에 의한 액체 윤활상태이면 마찰의 크기에 관여하는 것은 기름의 점성뿐이나, 부분적으로라도 경계윤활상태가 실현되면 점성률 이외의 성질도 영향을 주게 된다. 유성이란 기름의 이런 종류의 성질을 가리키는 공학 용어이며 동일 조건하에서 두 종류의 윤활유를 비교할 때 관측되는 마찰의 차에서 점성류의 차에 입각한 부분을 뺀 나머지를 지배하는 인자라고 정의되고 있다. 유성의 요소는 주로 경계윤활상태에서의 마찰계수의 값과 경계윤활의 강도라고 생각된다. 유성은 윤활유를 구성하는 지방유는 유성이 크고, 또 광유에 약간의 지방산을 가하면 유성이 향상되는 것으로 알려져 있다.

Oil Separation

기름 분리. 그리스를 장시간 방치해 둔다든지 또는 사용하고 있으면 기름이 그리스의 조직에서 분리하여 그리스의 상부와 내부에 괴히는 현상. 단, 그리스 사용 중 소량이 기름분리는 윤활 작용 상 오히려 바람직하다고 한다.

Oil Separator

윤활유 분리기. 윤활유 중에 함유된 수분, 가솔린 등의 불순물을 분리하는 장치.

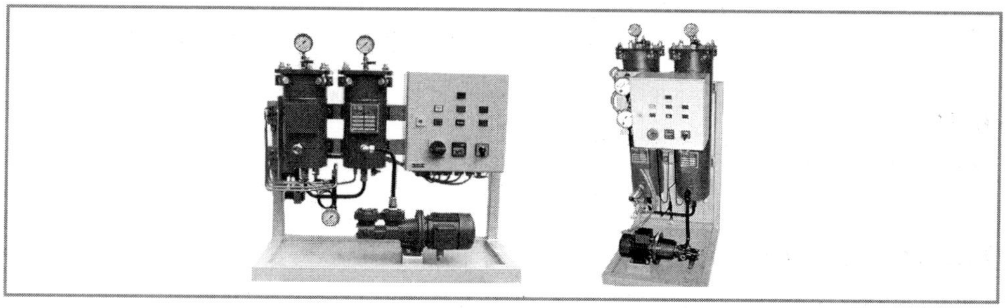

Oil Switch

유입개폐기. 기름에 의한 절연력과 냉각작용에 의해서 개폐 시에 발생되는 아크를 재빨리 끄기 위해 기름을 넣은 개폐기.

(1) 기름으로 분리된 접점들로 구성된 스위치.

(2) 고압 개폐장치내의 기름 속에서 개극하는 접촉자를 가진 개폐기.

OJT

On The Job Training.

Oleamide

올레인산 아미드로 $CH_3(CH_2)_7Ca{=}Ca(CH_2)_7CONH_2$. 상아색을 가진 분말로 폴리에틸렌의 압출에 골제로 이용한다.

Olefin

2중 결합을 갖고 있는 불포화탄화수소.

(1) 고리 부분을 이루는 탄소원자들 사이에 이중결합이 있거나, 열린 사슬로 이루어져 있는 탄소원자들 사이에 이중결합이 있는 경우, 각각 고리형 또는 비고리(지방족) 올레핀이라고 한다.

(2) 각각의 분자가 가지고 있는 이중결합 수에 따라 모노올레핀·디올레핀·트리올레핀이라고 한다.

Olefin Plastics

올레핀으로 만든 중합체 또는 올레핀 및 다른 단량체들과의 공중합체에서 올레핀 성분이 중량으로 가장 많은 중합체를 주성분으로 하는 플라스틱.

Oligomer

단량체로부터 얻어지는 비교적 반복단위가 작은 저분자 생성물을 말한다.

OLTC

On Load Tap-Changer

Once Through Operation

Process Gas나 Liquid Stream이 단일 통로를 통해 지나가는 것.

On-Line

(1) 데이터의 전송과정에 있어서 인력(人力)의 개입을 필요로 하지 않는 상태를 말한다.

(2) 중앙처리장치의 직접 제어 하에 있는 상태.

(3) 제조공정의 흐름 속에 있는 것.

On Load Tap-Changer

부하중변압기. 변압기 전선의 Tap을 무정전으로 변경하는 장치. Tap 변환기라고도 함.

On Spec

제품규격에 합격됨.

On Stream

조업기간. 정유공정이 실제로 가동되고 있는 기간.

On The Job training

부서 내 신입사원 또는 전입사원을 대상으로 상사 또는 선배사원이 업무지식, 기술 등 업무능력을 향상시킬 목적으로 체계적으로 실시하는 교육훈련.

OPEC

석유수출국기구. Organization of petroleum Exporting countries.

Open Loop

LI, TI, PI RPM 등 현장 측정계기에서 조정실에 신호 전달하여 지시기록만 되는 계기의 회로.

Operability Study

Process에서 발생할 수 있는 각종 Trouble원인을 사전에 추측하여 대책을 미리 세움으로써 Trouble의 예방 또는 피해를 최소화하는 방법을 말한다.

Operating Group Display

미리 구성된 여러 개의 Group 중 선택된 하나의 Group에 대해 Group명, Group 번호, 설정치(SP), 변수치(PV), 출력치(Out %) 등 표시.

OPP(Oriented Polypropylene)

대개 Film 종류이다(OPP Film).

Optimum

최적의 상태.

Orifice

액체가 파이프를 통해 흐를 때 그 흐름을 부분적으로 제어하는 장치로 Orifice Plate의 양 측의 압력차이로 파이프를 통해 흘러가는 양을 측정하는 데 사용된다.

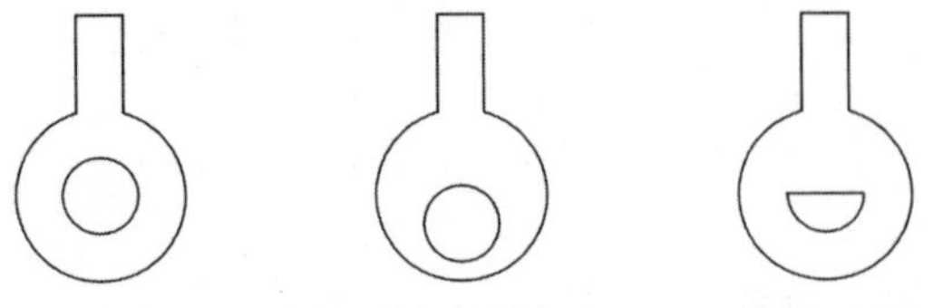

Orifice Meter

오리피스 판(Plate)에서 흐름의 윗부분과 아랫부분의 압력차를 이용하여 파이프에서의 유량을 측정하는 기구.

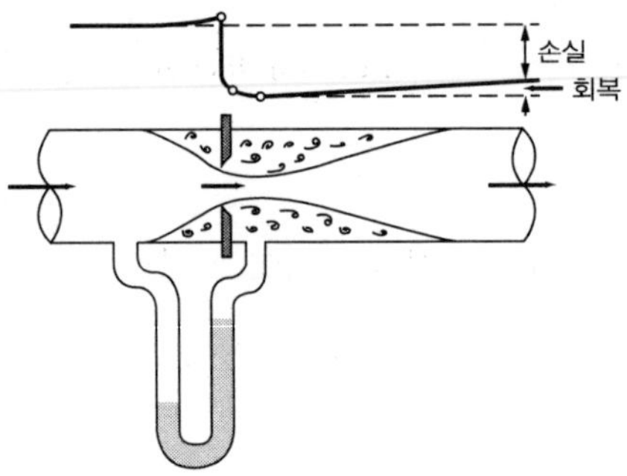

Orifice Plate

배관과 배관의 Flange 연결부위에 설치하여 아래와 같은 기능을 한다.

(1) 유체의 흐름을 제한한다.

(2) 유체가 오리피스 구멍을 통과할 때 전단과 후단의 압력차가 발생되고 이를 이용하여 유량 측정을 한다.

(3) 두 가지 유체의 혼합을 용이하게 하기위해 혼합지점에 설치한다.

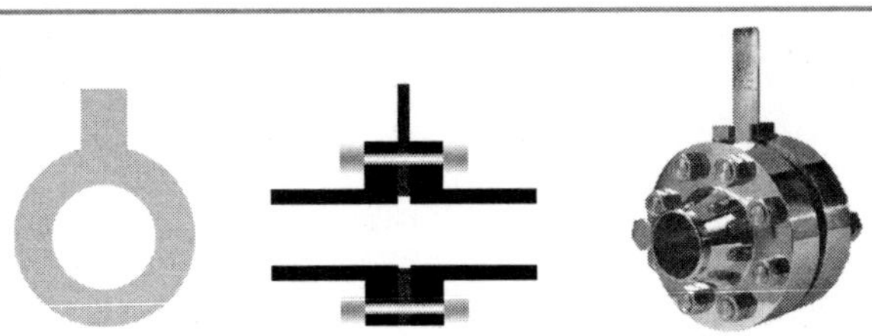

Orsat Analyzer

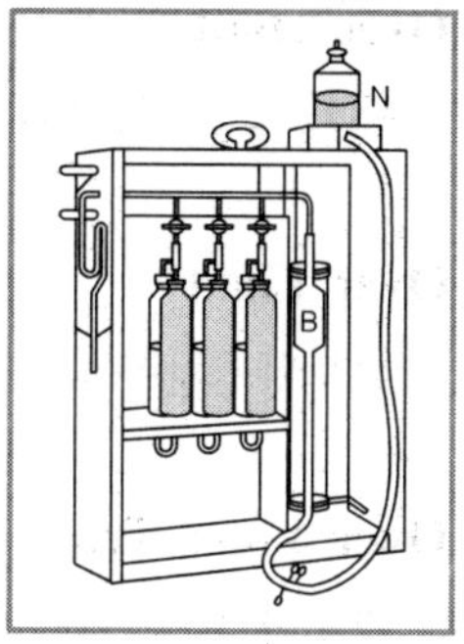

연도가스를 분석하는 기구로서 연도가스에 포함되어 있는 CO_2, O_2, CO의 함유율을 측정한다.

OS

Oil Switch.

Outage

용기의 최상부에서 용기 안에 있는 액체의 표면까지의 거리.

Outage Gauge

탱크 액위 계측의 한 방법으로서 탱크 윗부분의 공간을 계측하여 탱크의 양을 측정한다.

Outlet

(1) 출구.
(2) 전기의 접속구, 소켓, 리셉터클 콘센트의 3종류가 있다.

Out of Service Line

탱크의 Dead Stock 활용을 위해 탱크 Water Drain Line과 Suction Line을 연결한 Line.

Over Current

과전류. 정제공정의 원유탈염장치에서 수위가 높을 때 과도한 물 주입, Over-Mixing 또는 원유 중 지나친 Sludge 함량 시 과전류가 흐른다.

Over Flow

탱크나 용기의 저장능력보다 많이 적재하여 기름이 탱크나 용기 밖으로 흘러 넘치는 것.

Over Head Line

가공선로. 탑정제품이 유출되는 Line.

Over Head Vapor

탑정 증기.

Over Haul

수리 또는 정밀검사를 하기위한 분해, 조립작업.

Over Load

과부하, 초과하중. 기계를 안전하게 운전할 수 있는 허용 하중보다도 큰 작업량.

Over Load Trip

과부하 트립. 정격치 이상의 전기 부하를 연결했을 경우 과전류가 흐르게 되어 이 때문에 기기가 이상 정지된 것.

Over Time

규정시간 초과의 근무.

Overview Display

Group에 관한 일괄표기, 표시 기능.

Oxidation

산화. 산소와 화합하는 반응을 말하는 데 산소의 화합이 없더라도 금속의 원자가가 증가하는 변화나 어떤 화학변화로 전자를 제거하는 것도 산화라 한다.

Oxidation Stability

자동차 휘발유가 저장되는 동안 검(gum)을 형성하는 정도.

Oxygen

산소. 원소기호 O, 원자번호 8, 공기의 주성분(체적 20.8%)으로서 공기를 액화하여 물질별 비등점(액체산소, －183℃)에 따라 액체분류 및 물의 전해로 만든다.
액체질소 비등점 : －196℃.

Packed Tower

충전탑. 기액(氣液) 간의 물질이동, 열 이동을 목적으로 한 대표적인 미분 접촉형 장치로, 효율적으로 하기위해 탑 내에 충전물을 넣어서 기액의 접촉면적을 증가시키고 있다. 주로 흡수, 증류에 사용되고 있다. 여러 가지의 충전물을 탑 내부에 충진 하여 접촉면적을 크게 한 방식으로 기－액을 난류상태로 접촉시켜 흡수속도를 크게 하여 준다. 충전물의 재질은 목재, 도자기, 카본 강철 등 여러 재질을 사용한다. 대형(2～8")인 것은 규칙적으로, 소형(1/4～2")인 것은 불규칙하게 충진하는 것이 보통이다.

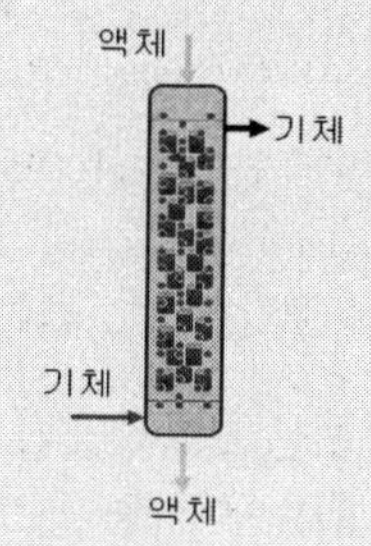

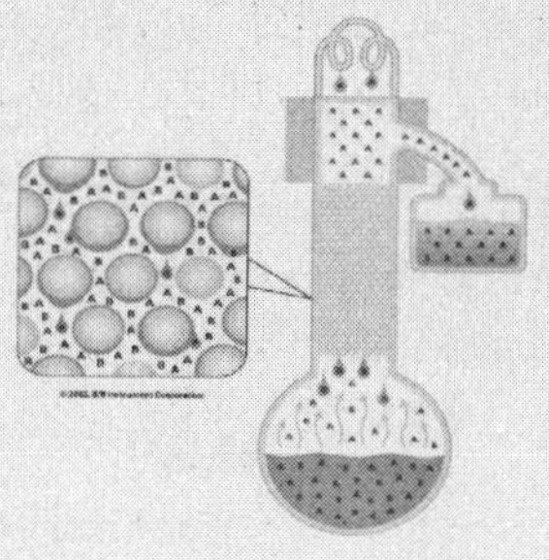

Packed material

흡수탑이나 증류탑에서 기액의 접촉면적을 크게 하여 접촉효율을 상승시키는 목적으로 사용되는 것. 위의 그림은 현장에서 주로 사용되는 충진재로서 a) 벌새들(Berl saddle), b) 인타록스새들, c) 라시히링, d) 레싱링, e) 팔링, f) 텔러렛, g) 2중 나선링, h) 3중 나선링

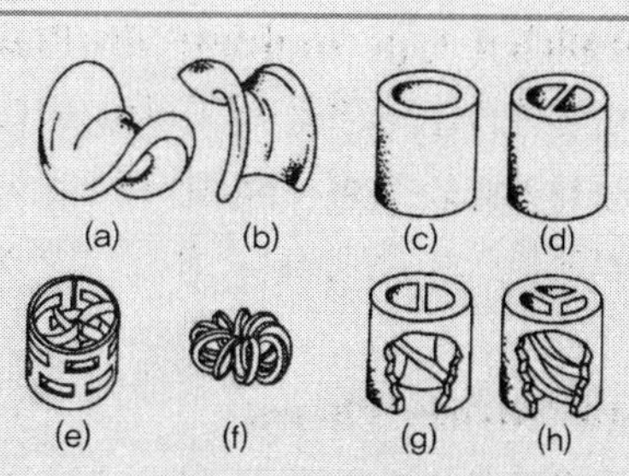

Palladium

원소기호 Pd, 원자번호 46, 백금속 원소의 하나.
은백색, 융점 1,555℃ 비중 21.5. 금과의 합금은 백금대용으로 쓰이는 이외에 해면상의 팔라듐은 촉매로 사용된다.

Panic Button

보통 Board Mounted Push Button으로서 Emergency 경우 장치들의 안전한 보호를 위해 설치한 Button.

Paraffin

이중결합이 없는 포화탄화수소의 일종. 파라핀계 탄화수소를 총칭하여 '파라핀유'라 한다.

Parallel

병렬, 평행.

(1) 직렬에 대한 상대적인 말. 기기를 복수이상의 개개의 열로 배열하는 것.
(2) 여러 개의 전기 기기의 동종단자를 일괄하여 회로 중에 접속하는 법.

Parallel flow

병류흐름. 공정 내에서 두 유체의 흐름방향이 같은 것. 예를 들면, 이중관 열교환기에서 저온유체와 고온유체가 왼쪽에서 오른 쪽으로 흘러 들어오는 경우를 말한다. 그림에서 (a)에 해당하며, (b)는 유체의 흐름방향이 서로 반대인 향류(counter-current flow)이다.

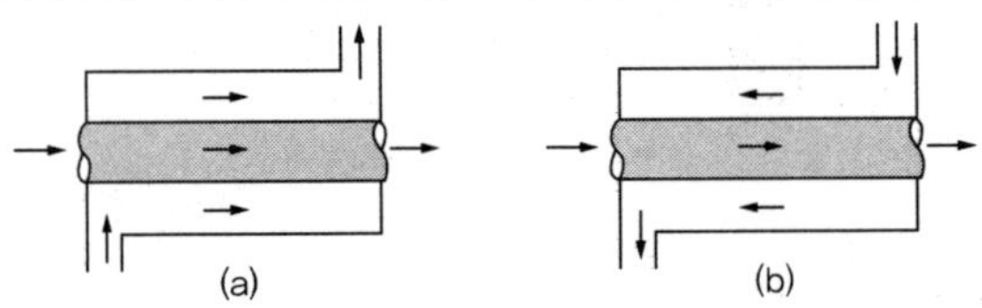

Paralleled type multiple distillation

단증류관을 직렬로 배치하여 원료액을 제1관에 넣고 제1관의 잔액을 제2관, 제3관으로 단계적으로 직렬 이동시키는데, 각 관의 증류분을 각각 단독으로 응축시켜 저장하여 중간제품으로 취급하는 점이 직렬형과 다르다.

Para Nitroso Phenol

중합억제제로서 주로 고온에서 작용하며 Caustic과 접촉 시는 폭발한다.

Para Toluene Sulfonic Acid

유기산의 일종으로 PO/SM공정에서 탈수반응의 촉매로 사용.

Para Xylene

Mixed Xylene에서 Adsorbent를 이용하여 추출된 물질이며 폴리에스텔 섬유와 플라스틱의 원료가 되는 TPA 혹은 DMT의 원료로 사용.

Parex Unit

Paraxylene을 추출해 내는 공정.

Partial Condenser

부분응축기. 탑정에 설치되어 Overhead 증기의 일부를 응축시킬 수 있는 응축기.

Partial Pressure

분압. The amount of pressure exerted by each component in a mixture of gases. The total pressure inside a closed vessel is equal to the sum of the partial pressures exerted by each gas.

혼합기체를 구성하는 성분기체의 개개가 다른 성분을 제거하여 그 자신만으로 전체적으로 차지하였다고 가정했을 때 나타내어야 할 압력을 그 성분기체의 분압이라 한다.

Part Per Million

100만분의 몇인가를 나타내는 분율. 수질오탁으로는 1 L 중에 1 mg 오탁물질이 존재하는 경우의 농도를 1 ppm으로 나타내지만 비중이 1인 경우 1 mg/kg와 1 mg/L를 동일로 간주함.

PAS

주상자동고장구분개폐기. Pole Mounted Auto Sectional Switch. *ASS 참조

PC (Petro Chemical)

석유화학과 그 관련시설의 총칭.

PDC

Process Design Construction Package.

Pellets

펠릿. 수지나 첨가제를 포함한 Resin 혼합물로 되어있는 균일한 Size의 Tablet을 말한다. 이 Pellets는 Molding Operation을 위하여 Pelletizing 기계에서 만들거나 사출하여 작은 조각으로 절단하여 만듦.

Pelletizer

입상의 성형재료를 제조하는 장치.

Pellet Size

일반적으로 100 Pellets당 Gram으로 표시한다.

Penetration

침입도. 규정된 조건 하에서 시료에 표준바늘이나 Cone이 침입되는 정도.

Penetration

과산화물. 2가의 산소단(0－0)을 포함하고 있는 화합물(산소원자가 이온성을 나타내는 화합물)을 말한다. 이러한 화합물은 원자산소를 쉽게 방출한다. 이 원자산소는 강한 산화제이다. 이러한 산화제는 특히 고온에서 연소 물질과 접촉했을 때 화재위험이 크다. Peroxides의 산업체에서 주요 용도는 MI 조절제, 산화제, 표백제 및 Polymer의 Initiator이다.

Perforated plate column

다공판탑. 증류탑에서 기체와 액체의 접촉과 혼합 및 분리효과를 일으키는 장치로서 판에 구멍의 크기를 1/4～1/2 in로 하여 많은 구멍을 뚫어 놓은 것이다. 이 구멍으로 증기가 상승하여 각 단에 머무르고 있는 하강 액체와 접촉하게 되고, 그 액체의 양이 어느 높이 이상이 되면 일류로(down comer)를 통하여 아랫단으로 흘러내리게 된다.

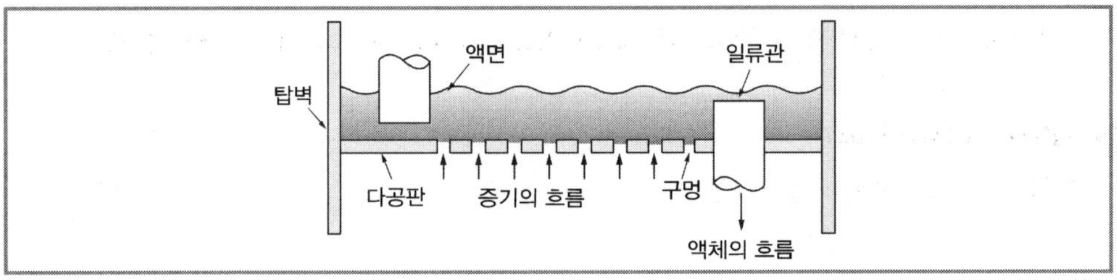

Petroleum

원유 및 그 가공제품의 총칭. 성분은 주로 각종의 액상 탄화수소이지만, 소량의 황화합물, 산소화합물, 질소화합물 또는 미량의 유기금속화합물을 함유한다.

Pentane

C_5H_{12}. 파라핀계 탄화수소에 속하며, 세 개의 이성체가 있다.
n-펜탄($CH_3CH_2CH_2CH_2CH_3$)의 융점은 -131℃, 비등점 36℃, 이소펜탄($(CH_3)_2CHCH_2CH_3$)의 비등점은 30℃, 테트라메틸메탄($(CH_3)_4C$)의 비등점은 9℃이다.

PF

Power Fuse.

PFD

제조공정계통도(Process Flow Diagram). 제조공정(Process)의 작업계통을 표시한 그림이다. PFD에는 각 공정을 구성하는 단위조작기기의 구성과 그 흐름을 간결하게 표시하며, 공정에 포함되는 모든 기기와 정상운전에서 흐름을 갖는 모든 라인을 기입한다. 또한 주요 계장(Control System, Control Valve)이 표시되어 컨트롤 개념을 알 수가 있다. PFD에는 각 흐름의 물질수지와 열수지를 표시함으로써 공정의 내용을 정량적으로 파악할 수가 있다. PFD에는 아래사항을 포함한다.

(1) 모든 단위조작, 반응에 관한 기기가 약속된 표시법에 따라 표시된다.
(2) 설계용량에서의 운전조건(온도, 압력 등)과 물질수지 및 열수지를 기입한다.
(3) 상세설계에 필요한 유체의 상태 및 물성을 표시한다.
(4) 특별한 경우를 제외하고는 정상운전에서 흐름이 없는 라인은 생략한다.
(5) 회분식 공정의 경우에는 Batch Sequence를 표시한다.
(6) 계장은 Control 방식, Control Valve와 계측기 등 주요한 계장만 표시한다.
(7) 기기의 수량에 대해서는 생략할 때도 있다. 예를 들어, Stand-by 기기 등은 1기만 표시한다.

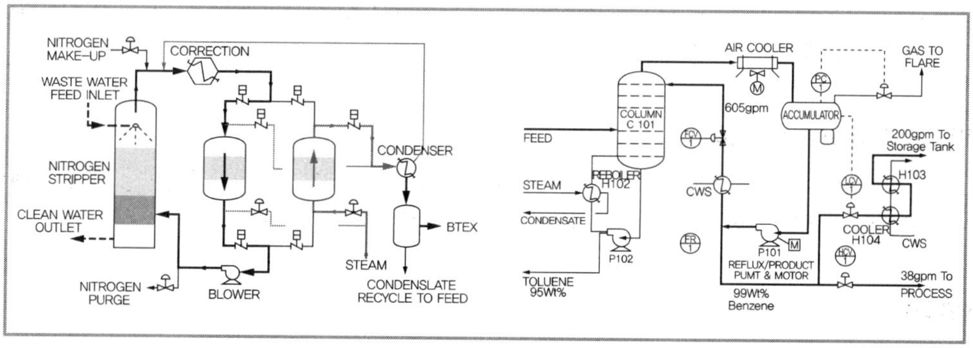

PG process

PI/SM공정에서 생산된 PO를 물과 반응시켜 PG(Propylene Glycol)를 만드는 공정.

pH(Hydrogen Ion Exponent)

액체의 수소이온 농도를 나타내는 기호로서 수소지수라고도 함. 액체 1 L 중의 수소이온 g의 역수의 상용대수. pH 7이 중성 7 이상은 알칼리성, 7 이하는 산성임.

Physical change

A change that does not involve the breakdown or restructuring of a substance's molecules.

Phase Separation

상분리. Solution(Melt Polymer + Hydrocarbon)의 압력 및 온도변화로 인해 "둘" 또는 그 이상의 상(相) 변화가 생기는 현상.

pH Valve

산, 알칼리의 정도를 측정하는 단위. 순수한 물은 pH가 7임.

Phenol

(1) C_6H_5OH. 석탄산이라고도 한다. 히드록시벤젠에 해당하며, 페놀류의 대표적인 것이다. 무색이며, 융점 42℃, 비등점 180℃. 소량의 물을 함유하면 융점은 훨씬 내려간다. 특유한 냄새를 가지며, 유해하다. 물에 녹으며, 알코올, 에테르에는 잘 녹는다.

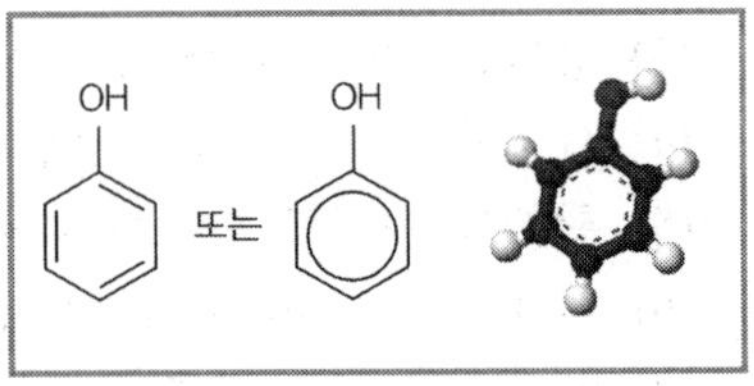

(2) 방향족 탄화수소 핵의 수소원자를 수산기로 치환한 방향족 히드록시 화합물을 일반적으로 페놀이라 한다.

Photo Chemical Smog

태양빛의 에너지에 의해 대기 중의 1차 오염물질과 일련의 복잡한 화학반응에서 유래한 산화물이 어떤 기상조건하에서 시정을 약화시키는 스모그 상태.

P&ID

Pipe & Instrument Diagram 참조.

Pilot

대형선박의 접안을 유도하는 사람. 도선사라고도 한다.

Pilot Burner

파일럿 버너. 점화버너로서 주 연료에 점화하는 장치의 일종.

Pilot plant

신제품의 공업화에 즈음하여 그 예비시험을 하는 중간적 시험공장. 공정, 조작, 제품의 가부(可否), 난이(難易), 등을 판정하는 곳, 새로운 방식의 대공장 건설에 특히 필요하다.

Pimple

결함에 적용하는 말로써 플라스틱제품의 표면에 원추형으로 튀어나온 것.

Pin Hole

주물, 도금, 용접부 등에 발생하는 미소한 기공(氣孔) 또는 미세한 구멍을 말한다. 포어(Pore), 피트(Pit) 라고도 한다.

Pinion Shaft

피니언축. 구동장치에 의한 회전력을 저속 및 고속의 Compressor 회전력으로 바꾸어 주는 장치로서 치차에 의해 전달된다.

Pipe fittings

관을 연결하거나 가지를 붙일 때 관 부속품을 사용하거나 용접함.

(1) 2개의 관을 연결할 때 : 플랜지(flange), 유니온(union), 커플링(coupling), 니플(nipple), 소켓(socket)

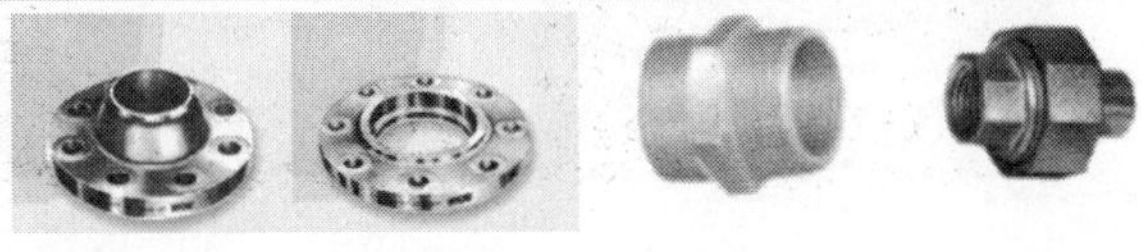

WELDING NECK　SOCKET WELDING　nipple　union

(2) 관선의 방향을 바꿀 때 : 엘보우(elbow), Y지관(Y-branch), 티(Tee), 십자(Cross)

Pipe & Instrument Diagram

Process 전체에 대해 계장, 공정배관 및 Logic과 관련된 Engineering을 각종 기호, 숫자 및 그림으로 나타낸 Dia-gram (Plant 설계에 있어서 일종의 법전과 같은 도면). System Flow Diagram(SFD)을 발전시켜 얻을 수 있는 P&ID는 배관과 계기를 중심으로 표현된다. 머리글자 P가 나타내는 뜻이 Piping이 적합한지 Process가 적합한가를 두고 논의를 하기도 하지만 두 가지 모두 사용에 문제가 없는 듯하다. 분명히 배관을 중심으로 나타내기에 Piping을 쓰는 것이 바람직해 보인다. 하지만 나타난 배관 속에 Process가 녹아 있기 때문에 Process로 표현해도 무리가 없다. 머리글자 D역시 그 의미가 Diagram이냐 Drawing이냐 하는 것도 같은 맥락으로 이해할 수 있다.

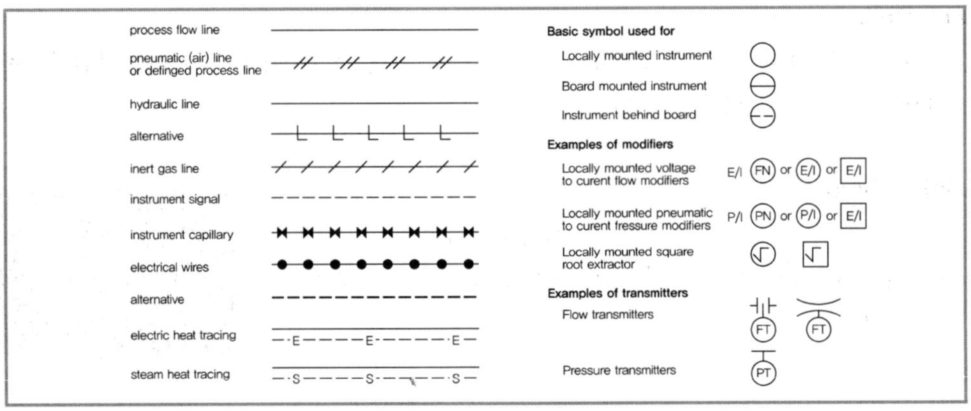

P & ID는 플랜트 건설에 매우 중요한 역할을 담당한다. 시스템의 구성을 나타내는 P & ID는 설계 초기에 정확하게 확정하는 것이 매우 중요하다. 설계 중반에 P & ID 내용을 수정하게 되면 그 동안 진행했던 설계는 쓸모가 없어지는 경우가 있기 때문이다.

P & ID는 축척(Scale)을 사용하지 않는다. 필요에 따라 복잡한 부분은 크게 그릴 수 있다. 또한 P & ID에 배관이 'ㄷ'자 모양으로 그려졌다고 해서 실제 디자인을 'ㄷ'형태로 해야 되는 것이 아니다. 디자인할 때 지켜야 할 룰이 있는 것은 따로 노트를 달거나 주석(Comment)을 달아서 알려야 한다. P & ID는 기호 및 약어를 통해 표현되는데 이때 사용되는 기호와 약어는 그 정의를 반드시 P & ID와 함께 제공되어야 한다.

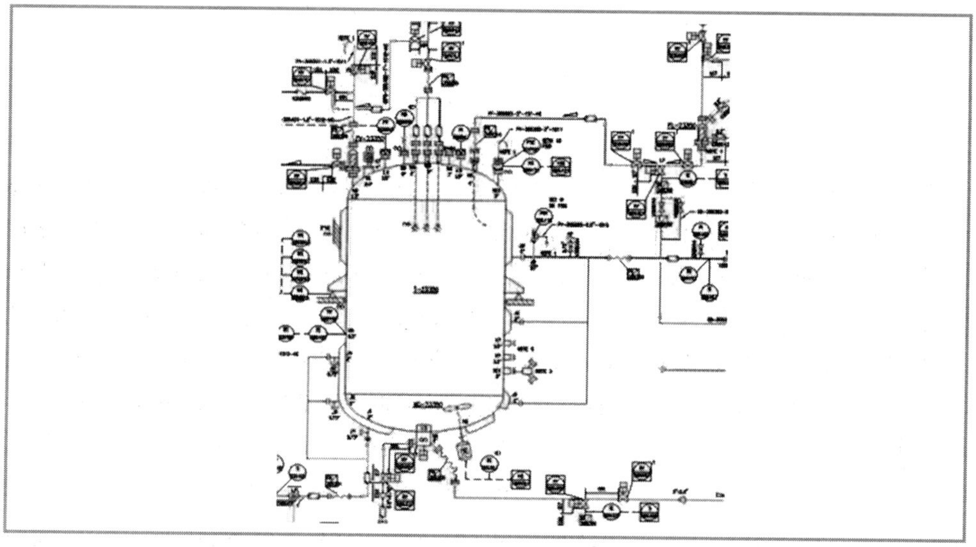

P & ID 기호정의를 참고해서 아래의 그림을 살펴보자. 우선 장치부터 살펴보자. 장치를 나타내는 기호는 Pressurized horizontal vessel과 Pump 두 가지이다. Vessel의 아래 부분의 노즐(Nozzle)을 통해 배관이 연결되어서 밸브가 설치되어 있고 Drain이 설치되어 있다.

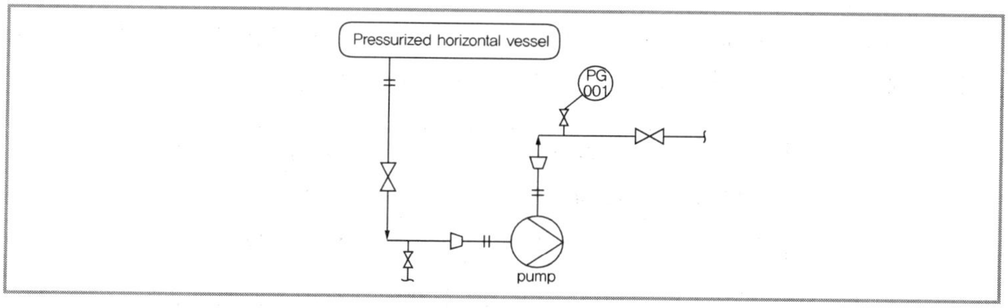

Pump의 흡입부(Suction)와 토출부(Discharge)에는 배관의 크기를 조절하기 위한 Reducer를 설치하였다. 위에 나타난 기호정의와 하나씩 비교해 보기 바란다. 장치를 연결하는 선은 실선으로 그려졌기 때문에 Process flow line을 의미한다. 즉 배관이란 뜻이다. 점선으로 표현되었다면 Instrument signal을 나타낼 것이다. 흡입부 쪽에 설치된 Drain은 Pump를 정지시켰을 때 배관 내의 유체를 비우기 위한 것이다. 토출부 쪽에 동그란 원 안에 PG라고 쓰인 것은 Pressure Gauge를 뜻하고 001은 고유넘버를 나타낸다.

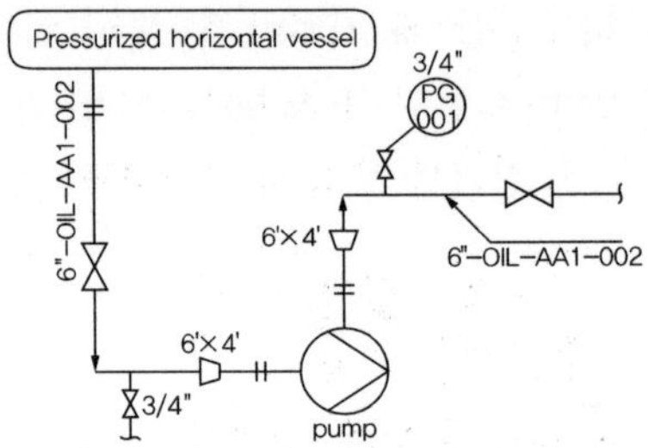

위의 그림에서 나타나지 않은 배관에 대한 정보가 나타났다. 주 배관의 크기, Drain의 크기, Reducer의 크기, Pressure Gauge의 크기를 알 수 있다. 주 배관인 펌프 흡입배관과 토출배관에는 Line Number가 부여되어 있다. Line Number는 시스템을 구성하는 모든 배관에 부여되는 고유넘버이다. 크게는 From/to, 즉 출발지점과 목적지점을 기준으로 하나의 배관으로 Line Number를 부여하고, 재질, 유체, 지역 등의 조건에 의해서 세부적으로 나누어서 부여하기도 한다. 배관 Line number에 대한 정보는 아래와 같이 표현된다.

6"-OIL-AA1-001

하이픈(Hyphen)기호 '-'를 기준으로 한 가지씩 정보를 담고 있다. 첫 번째는 배관의 크기를 나타낸다. 인치(Inch) 단위를 써서 표현할 수도 있고, 미터법(Metric)으로 표현할 수도 있다. 여기서는 인치단위로 표현하였고 배관의 크기가 6인치임을 나타낸다. 두 번째는 배관 내부를 흐르는 유체를 표현한 것이다. 각 유체를 표현하는 것 또한 주로 약어를 사용하며 P & ID와 함께 제공되어야 한다. 세 번째는 배관의 재질을 나타내는 것이다. 배관의 재질은 유체의 종류 및 사용조건, 부식, 마모 등에 의해서 분류되어서 사용된다. 크게 배관의 재질과 Rating 두 가지로 구분해서 사용된다.

	재질	Rating
AA1	Carbon Steel	ANSI 150 lb
AA2	Carbon Steel	ANSI 300 lb
⋮	⋮	⋮
BA1	Stainless Steel	ANSI 150 lb
BA2	Stainless Steel	ANSI 300 lb

Symbol	Name	Symbol	Name	Symbol	Name	Symbol	Name
	Pipe		Thermally insulated pipe		Jacketed pipe		Cooled or heated pipe
	Jacketed mixing vessel (autoclave)		Half piped mixing vessel		Pressurized horizontal vessel		Pressurized vertical vessel
	Pump		Vacuum pump or compressor		Bag		Gas bottle
	Fan		Axial fan		Radial fan		Dryer
	Packing column		Tray column		Furnace		Cooling tower
	Heat exchanger		Heat exchanger		Cooler		Plate & frame heat exchanger
	Double pipe heat exchanger		Fixed straight tubes heat exchanger		U shaped tubes heat exchanger		Spiral heat exchanger
	Covered gas vent		Curved gas vent		Dust trap		Funnel
	Steam trap		Viewing glass		Pressure reducing valve		Flexible pipe
	Valve		Control valve		Manual valve		Back draft damper
	Needle valve		Butterfly valve		Diaphragm valve		Ball valve

네 번째 나타난 것은 고유넘버를 의미한다. 첫 번째, 두 번째, 세 번째 조건이 같은 배관의 경우 구별을 위해 네 번째 고유넘버를 부여하는 것이다.

※ P & ID에 표현되어야 하는 것

P & ID에 모든 정보를 표시한다면 너무 복잡해져서 P & ID를 사용함에 있어서 그 효율이 떨어진다. P & ID에는 꼭 필요한 정보만을 담아야 하는데 그 기준은 각 회사나 단체별로 그 기준은 조금씩 차이가 있을 수 있지만 크게 다음과 같은 사항은 꼭 포함되어야 한다.

- 모든 기계 장치류
- 프로세스 배관에 관련된 모든 밸브
- 프로세스 배관에 관련된 모든 계측기기[벤트, 드레인, 샘플링, 시운전용 플러싱(flushing)배관 포함]
- 모든 장치 및 기기류의 명칭, 계측기기 명칭, 배관 명칭, 밸브 명칭
- 모든 배관의 사이즈 및 확장, 축소 여부
- 유체의 흐름 방향
- 클래스(Class)가 바뀌는 지점의 표시
- 기존의 시스템과 연결되는 지점이 있다면 표시
- Vendor의 공급 범위 및 계약 범위 표시
- 시스템 요구 사항

Piping

배관.

Piping Process Data

Pipe 내를 흐르는 유체종류별로 운전조건(온도, 압력), 설계조건(온도, 압력) 및 기본 재질을 나타낸 자료.

Piston

내연기관 또는 펌프의 실린더 속에서 왕복운동을 하는 원통형 Plunger.

Plant Air

고정용 압축공기. 공기압축기로부터 나오는 압축공기로서 동력으로 사용하며 Air Dryer를 거치지 않는다.

Plasticity

가소제. 수지를 가소화하여 성형가공성을 향상시키고 제품에 유연성을 부여하기 위해 수지에 첨가하는 액상 또는 고상 물질을 말한다. 수지와의 상용성이 좋은 것을 1차 가소제, 좋지 않은 것을 2차 가소제라고 한다. 가소화의 방법으로 측쇄의 알킬기의 탄소수가 많은 단량체를 공중합 시키는 방법을 내부가소화라고 하고 가소제를 첨가하는 방법을 외부가소화라 한다.

Plastics

플라스틱. 열, 압력 또는 이 양자(兩者)에 의해 소성 변형시켜 성형할 수 있는 고분자물질의 총칭. 그 성형품 하나하나를 가르칠 때도 있다. 이와 같은 고분자물질에는 천연수지와 합성수지가 있으나 플라스틱이라 하면 후자를 가리키는 것이 보통이며, 열가소성 수지와 열경화성 수지로 대별된다. 플라스틱을 가소성물질이라고도 한다.

Plate-Out

Processing 중에 저분자량 물질이 기계 밖으로 스며 나온 것과 기계에 부착된 것을 말한다. Plate-Out는 Stearic Acid나 Oligomeric PP와 같은 첨가제와 관련이 깊다.

Plate heat exchanger

열전달 면적이 관상이 아닌 평판형으로 구성된 열교환기를 말한다.

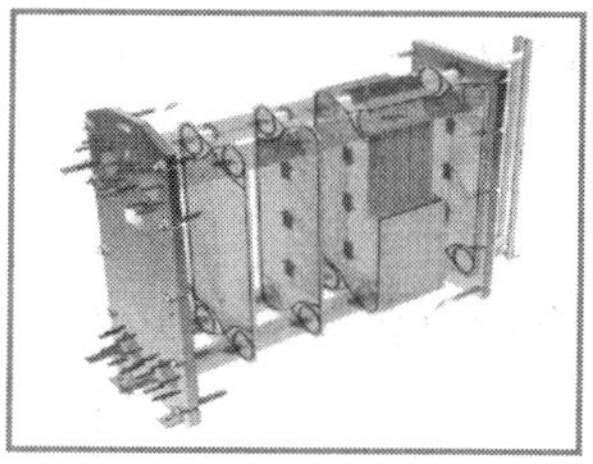

Platfining Unit

에틸렌 Plant에서 부생되는 RPG를 수첨반응시켜 TPG로 전환시키는 공정으로서 First Reactor에는 PF-4, Second Reactor에는 PF-3 촉매를 사용 중이다. 0-3 Unit이라고도 한다.

Platforming Unit

No. 3 Unifining Unit에서 수첨 탈황된 납사중의 Paraffin 및 Naphthene 성분을 아로마틱 성분으로 전환시키는 공정. 0-8 공정이라고도 하며 촉매는 R-18을 사용한다.

PM

Preventive Maintenance.

Pneumatic dryer

기류건조기. 일명 플래시 건조기(flash dryer)로 불린다. 분립체를 열풍 중에 분산 부유시켜 열풍과 병류로 건조시키는 방법.

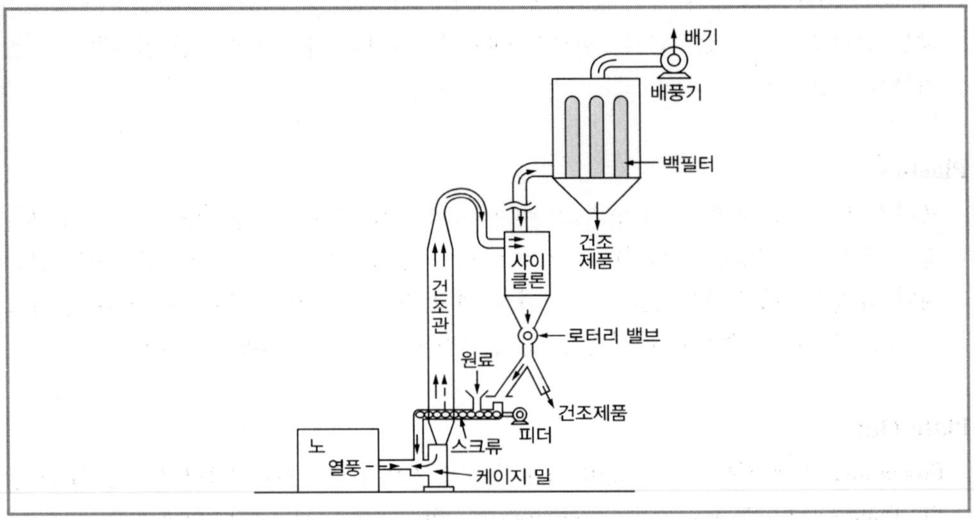

PNP

Para Nitroso Phenol.

PO(Propylene Oxide)

Polyol, PG 등을 만드는 데 원료로 사용.

Point Display

주화면을 보면서 임의 Point 공정치(PV)를 감시할 수 있다.

Poise

점성을 나타내는 단위.

Polisher

순수(純水) 장치로 채수(採水)한 순수의 순도를 더욱 높이기 위하여, 또한 실리콘(Si)과 같은 이온교환수지를 사용한 순수장치로는 제거하기 어려운 성분을 거의 완전히 제거하는, 특수한 순수를 얻는 장치를 말한다.

Polyethylene

에틸렌의 중합체. 투명 또는 반투명의 고체이며, 산, 알칼리, 용제에 견디나 고온탄화수소 및 할로겐화탄화수소에는 녹는다. 전기절연성, 내수성, 방습성, 내한성이 좋으며 대표적인 열가소성수지로서 각종 용기, 전선피복, 파이프, 섬유, 라이닝, 포장재료 등에 사용되고 있다.

Polymer

중합에 의한 생성물. 실제로 중합으로 생성한 것이 아니라도 분자가 기본단위의 반복한 구조를 가질 경우에는 중합체라 호칭할 때가 있다. 기본단위가 되는 분자 또는 중합의 출발물질을 단량체라 하고, 단량체의 수에(중합도) 의해 중합체를 2량체, 3량체 등이라 한다. 중합도가 큰 거대분자는 고중합체라 호칭되며, 이 경우에는 공중합체나 중축합에 의해 생기는 축중합체도 포함하여 중합체라 할 때가 많다. 쇄상분자의 것이나 망상분자의 것도 있다. 천연, 인공의 고중합체의 예는 많고 고중합체란 말을 고분자화합물과 같은 뜻으로 사용할 때가 종종 있다.

Polymerization

중합. 한 종류의 단위화합물의 분자가 두 개 이상 결합하여 단위화합물의 정수배분자량을 갖는 화합물을 생성하는 화학반응을 말한다. 출발물인 단위화합물을 단량체, 생성물을 중합체라 하고, 두 종류 이상의 단량체가 중합하는 것을 공중합이라 한다. 또 축합에 의해 중합이 일어나는 것을 중축합 또는 축합중합이라 하고 보통은 중합과 구별된다.

Polyolefin

올레핀의 중합체.

Polypropylene

프로필렌의 중합체이며 합성수지, 합성섬유로서 사용되는 것을 말한다.

융점 164～170℃, 비중 0.90～0.91, 분자량 10만～20만.

Polyurethane

우레탄 결합을 갖는 합성고분자. 합성섬유, 우레탄 고무, 우레탄 도료, 인조피혁, 접착제, 건재(建材) 등 기타 다양한 용도를 가지고 있다.

PONA

Paraffin. Olefin, Naphtha, Aromatic의 약자.

Pontoon

Floating Roof Tank의 Roof가 유면위에서 부상할 수 있도록 만들어 둔 공간.

Popcorn

반응기에서 생산되는 대단히 큰 Spherical 입자를 말한다.
일반적으로 Catalyst Fine이 과도하거나 Productivity가 과도할 때 생김.

Porosity

다공도. 다공성물질을 특징짓게 하는 양이며, 공극의 전용량을 V_p, 물질전체의 용적을 V로 나타낼 때 $(V_p / V) \times 100\%$로 표시된다.

POS

주상유입개폐기. Pole-Mounted Oil Switch. OS 참조.

PO/SM process

Ethylbenzene을 공기로 산화시킨 후 그 산화물(EBHP)을 이용, Propylene을 Epoxidation 시켜 PO(Propylene Oxide)을 만들고 그 부산물을 이용하여 SM을 생산하는 공정.

Potable Water

음료수. 여과기를 거친 물에 NaOCl(차아염소산나트륨)으로 살균한 물.

Potential Test Terminal

전압시험단자. 변성기 2차측 전압 또는 계기의 시험용 단자.

Potential Transformer

계기용변압기. 고압이나 특별고압의 높은 전압을 배전반용 계기의 정격전압으로 낮추는 변압기.

Pound

파운드. 영국의 중량단위. 약자는 Id. lb = 453.6 g.

Pounds Per Thousand Barrels

탈염장치에서 원유 중에 함유된 염분의 제거상태를 측정하는 단위.

Pour point

유동점. 시료(기름)가 규정된 조건 하에서 냉각될 때 굳지 않고 흐를 수 있는 최저온도. 화씨 5도(3℃)의 배수로써 표시한다.

Pour Point Depressant

유동점강하제. 저온 시 윤활유 중에 함유된 왁스가 결정화하여 응고되는 것을 방지하기 위해 사용되는 첨가제.

Power Cable

전력용 케이블. 나전선의 외피로 합성수지 등의 절연체를 입혀 통전시 외피에 접촉해도 이상이 없게 한 전선.

Power fuse

전력용 퓨즈. 정상 부하전류는 안전하게 통전시키면서 일정치 이상의 과전류는 차단하여 전기 기기나 회로를 보호하는 장치.

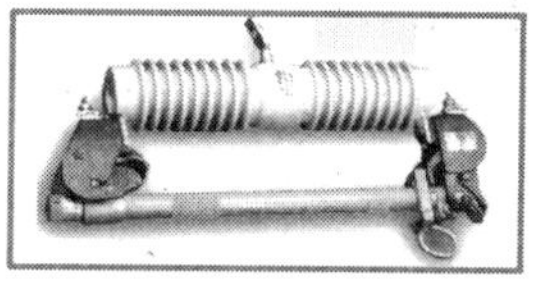

PPG

Polypropylene Glycol. PO를 중합 반응시켜 만든 제품으로 Polyurethane을 만드는 데 원료로 사용.

PPM

Part Per Million.

Pre Alarm

예비경보로서 극히 위험한 상태로 되는 경보가 표시되기 전에 예비로 경보를 표시토록 하는 장치.

Precision

정밀도 정확도를 말하는 경우와 정밀도를 말하는 경우가 있어서 혼용되고 있다. 전자는 측정치의 오차가 작은 정도를 나타내고, 후자는 측정값의 산포도가 작은 정도를 나타낸다. 대개는 전자의 의미로 사용한다.

Precoat Filter

고체와 액체의 혼합물인 Sludge로부터 액체 속에 떠있는 잘 분리되지 않는 미립자나 젤라틴 같은 부유물질을 분리하는 장치로서 진공 하에 운전하는 Drum 형의 연속 여과기를 말한다.

Predictive Maintenance

예지보전, 설비의 운전 상태를 항상 감시하고 경험에 의하여 산전에 진단하고 수리하는 작업.

Preflash Column

원유 중에 함유된 LPG, LSR 성분을 1차적으로 분리해 내는 장치.

Preform

예비성형품. 분말모양, 입상 또는 섬유모양 플라스틱 성형재료를 다져서 형태를 만든 덩어리 또는 수지가 들었거나 들지 않은 섬유상 충진제를 다져서 형태를 만든 덩어리.

Preheater

예열기. 미리 물질을 가열하기 위한 장치를 말한다. 유체를 가열하여 유체온도를 상승시키는 목적에 사용하는 점에서는 가열기와 동일하지만, 유체에 미리 열을 줌으로서 다음 조작으로 효율을 양호하게 하기 위해 사용하는 열교환기이다.

예를 들면, 보일러장치의 경우 급수를 예열하는 이코노마이저, 공기를 예열하는 공기가열기, 연료유를 예열하는 중유가열기 등이 있다.

Premix

플라스틱 성형에 있어서 열경화성 수지를 단섬유, 충전재, 촉매, 착색제, 이형제 등에 혼합한 퍼티(Putty : 일종의 풀) 상의 성형재료.

Prepolymer

중합이 완결되면 성형이 곤란한 경우, 성형을 용이하게 하기 위하여 중합반응을 어느 정도까지만 진행시켜 얻어지는 낮은 중합도를 갖는 중합체를 말한다. 이 중합체에 단량체, 촉매, 가교제 등을 가하여 적당한 조건으로 반응시키면 최종 제품을 얻을 수 있다. 메타크릴수지, 디알릴프탈레이트수지, 폴리우레탄 등의 가공에 사용된다.

Pressure

압력. 단위면적에 작용하는 힘을 말한다. 지구표면에서 대기의 중력에 의한 힘이 작용하는 것을 대기압(atmospheric pressure)이라고 한다. 0℃, 1 기압(760 mmHg)에서 표준대기압을 1기압(atm)이라고 한다. 화학공학에서 사용하는 여러 가지 압력단위는 다음과 같다.

$$\begin{aligned}1\ \text{atm} &= 760\ \text{mmHg} = 29.92\ \text{inHg} = 10.336\ \text{mH}_2\text{O} = 33.90\ \text{ftH}_2\text{O}\\ &= 1.0336\ \text{kg/cm}^2 = 1.0336 \times 10^4\ \text{kg/m}^2 = 14.7\ \text{lb}_f/\text{in}^2 = 14.7\ \text{psi}\\ &= 1.013 \times 10^6\ \text{dyn/cm}^2 = 1013\ \text{mb} = 1.01325 \times 10^5\ \text{N/m}^2\\ &= 1.01325 \times 10^5\ \text{Pa}\end{aligned}$$

Pressure Drop

압력강하. 유체가 파이프, 반응기 혹은 어떤 기구를 통과하게 될 경우, 마찰에 의하여 압력이 감소되는 것.

Pressure Filter

압력여과기. 여과를 할 때 액체에 펌프 또는 압축기로 압력을 가하여 강제적으로 여과재를 통과시키는 여과기.

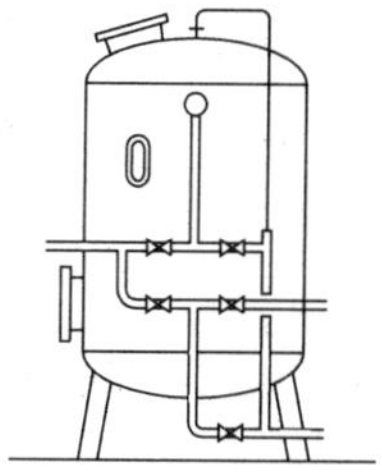

Pressure reducing valve

감압밸브. 1차측에 유입된 고압증기를 2차측에서는 저압증기로 낮추며 1차측의 압력변동에도 2차 측의 압력을 일정하게 유지시키는 자동밸브.

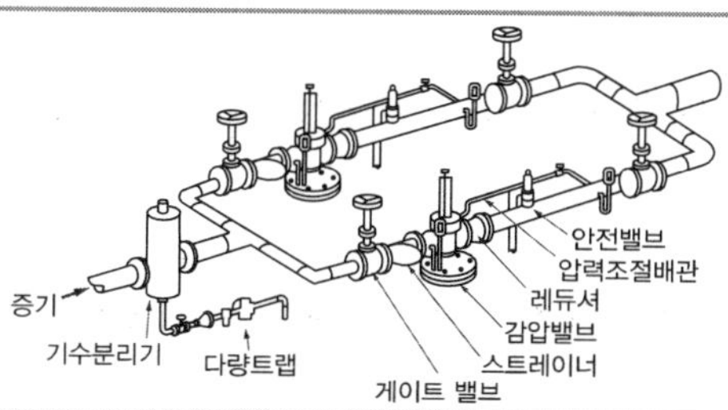

Pressure Vessel

용기내부에 대기압 이상의 압력을 가하여 사용하는 용기.

Preventive Maintenance

예방정비. 사전에 계획된 일정에 따라 설비의 부품, 조정 및 교환, 분해수리, 검사, 주유 등을 하는 작업.

Primary Element, or sensor

A device senses the condition of a process variable, or causes a change in the variable that makes a measurement possible.

Primary Mixing Zone

1차 혼합지역. Raw Water와 Alum, Diafloc을 잘 섞어주기 위해 격렬하게 휘저어 주는 지역.

Priming

기수공발.

(1) 보일러 부하의 급변, 수위의 과잉상승 등에 의해 수분이 증기와 분리되지 않은 채로 보일러 드럼수면에서 심하게 솟아오르는 현상.

(2) 흡입양정계 펌프에서 흡입부에 유체를 채워지는 것.

Process

(1) 과정, 공정. (2) 방법, 방식, 제법의 뜻.

Process Flow Diagram

Process 흐름, 중요기기, Control Scheme, Material/Heat Balance, 운전압력 및 온도를 표시한 도면.

Processing Crude

임가공 원유라 하여, 원유처리능력 최대한 활용 및 경제성제고 목적으로 운영하는 원유.

Processing Crude

임가공 원유라 하여, 원유처리능력 최대한 활용 및 경제성제고 목적으로 운영하는 원유.

Processing Deal

임가공 원료처리를 말하며 주로 유휴공정의 최대한 활용을 위하여 행해진다.

Process Variable

A process condition that can change during the process operation. The four most common process variables are temperature, pressure, liquid level and flow rate.

Process Sewer

프로세스에서 물을 Drain시키는 데 설치된 Line으로 대기와 Close된 상태에서 Sewer System으로 배출된다.

Propane

C_3H_8. 파라핀계열의 사슬형 포화탄화수소이며, 융점 −190℃, 비등점 −45℃.

Prepylene

$CH_3CH = CH_2$. 프로판이라고도 하며, 올레핀탄화수소에 속한다. 비등점 −48℃, 석유분해가스 속에서 농축 분해하여 얻는다.
또 프로판을 탈수소하여 만든다. 에틸렌과 같은 모양으로 2중 결합의 부가반응을 한다. 저온에서 염소화하면 부가반응이 주로 생기며, 염화프로필렌을 생성하고 고온에서는 주로 치환반응이 일어나 염화알릴을 생성한다.
치글러 촉매 등을 써서 중합시키면 입체규칙성의 폴리프로필렌을 생성한다. 또 산화하면 아크롤레인이 되면, 암모니아와 산소로 반응 시키면 아크릴니트릴이 얻어진다. 용도는 연료용 이외에 합성화합물 원료로서 이소프로필알코올 아세톤, 쿠멘, 프로릴렌옥시드, 알릴알코올, 부틸알데히드 등의 제조에 쓰인다.

Protective Relay

보호계전기. 기기 및 전력계통에 고장, 사고, 이상이 생겼을 때 그곳을 검출하여 신속하게 계통으로부터 단절시킴으로써 안전과 고장의 확대를 방지하는 것을 목적으로 하는 계전기.

Prover

유량계 검정기구. 구(Sphere)를 관속에 집어넣어 구가 밀고 간 물량과 동시에 Meter가 나타내는 값을 비교하여 Meter상수를 찾아낸다.

Polystyrene

스티렌의 중합체로서, 스티롤수지라고도 한다.

무색투명한 열가소성수지로서 괴상중합(怪狀重合), 현탁중합(懸濁重合) 등에 의해 합성된다. 열유동성, 열안정성도 좋으며, 아름답게 착색되는 등 대표적인 열가소성수지로서 사출성형에 의해 각종 일상용품으로 이용되고 있다.

PSA Unit

Pressure Swing Adsorption. 고순도 수소(99.99%) 생산 공정.

Pump

펌프. 압력의 작용에 의해 액체 또는 기체를 수송하는 장치.

용도에 따라서 양수, 배수, 압축용 펌프 등이 있다.

PT

Potential Transformer.

PTB

Pounds Per Thousand Barrels.

PTSA

Para Toluene Sulfonic Acid.

PTT

Potential Test Terminal.

Pulldown Valve

Emergency의 경우 Flare로 System을 감압시키거나 비우기 위한 Dump Valve

Punch List

Butt List 참조.

Purge

미연소가스가 노(爐) 속에 또는 기타 장소에 차 있으면 점화를 했을 때 폭발할 우려가 있으므로 점화전에 이것을 노 밖으로 빼내기 위하여 환기하는 것이다.

점화전에 하는 것을 프리퍼지(Pre-Purge), 연소장치 후에 실시하는 것을 포스트퍼지(Post-Purge)라고 한다.

Puritan Hat

Compressor Suction Line에 설치된 Strainer로 Compressor 보호용이다. 생긴 모양이 식민지 개척시대 Puritan의 모자와 비슷하다하여 유래된 용어이다.

memo

QC

Quality Control.

Qualitative Analysis

정성분석. 화학분석의 하나로, 물질이 어떤 성분, 즉 어떤 원소, 기(基) 또는 근(根)으로 되어있는가를 검출하는 분석법을 말한다. 각각, 특유한 화학반응을 하거나 물리적 성질을 지니고 있으므로 그 특성을 이용하여 분석한다.

Quality

품질. 제품 또는 완제품으로 규격에 알맞은 정도를 나타내는 말로 현재는 제품의 품질뿐만 아니라, 인간의 활동 및 그 결과의 질까지도 의미하게 되었다.

Quality Control

품질관리. 구매자의 요구에 부응한 품질의 제품을 경제적으로 만들어내기 위한 수단의 체계.

Quantitative Analysis

정량분석. 시료 중에 포함되는 물질의 양적관계를 명확히 하는 분석을 정량분석이라 하고 특정한 물질과의 양적관계가 알려져 있으며 또한 측정 가능한 물리량의 측정을 통해서 행하여진다.

Quenching

소각로 및 고온반응기에서 배출되는 고온의 가스를 물과 접촉시켜 70℃ 이하로 급속 냉각하는 공정을 말한다.

memo

Radiation

복사. 모든 물체는 절대 0도가 아닌 한 그 온도에서 해당하는 열에너지를 표면으로부터 모든 방향에 전자파로서 복사한다. 이 에너지가 공간을 통해서 물체에 도달하면 일부는 표면에서 반사되고 일부는 투과되며 일부는 흡수된다. 이 때 흡수된 에너지는 그 물체의 온도를 상승시킨다. 이와 같은 열전달 현상을 복사라고 한다.

$$q = \sigma T^4 \text{(kcal / hr)} \quad \sigma \ : \ \text{Stefan-Boltzman 상수} = 5.667 \times 10^{-8}\ \text{W/m}^2 \cdot \text{k}^4$$

Radioactivity

방사능. 물질로부터 완전히 자발적으로 방사선이 방출 되는 성질. 그 물질을 구성하는 원자핵의 상태의 변화(방사능붕괴)에 따라 에너지가 방출되므로 방사능은 핵종(원자나 원자핵의 종류를 나타내는 데 쓰이는 말)에 고유한 성질이다.

자연에 존재하는 물질의 방사능을 천연방사능, 핵반응 등에서 인공적으로 만들어진 물질의 방사능을 인공방사능이라 한다.

방사능을 갖는 핵종을 방사성핵종이라 하며, 일반적으로는 방사성핵종이 α선, β선, γ선을 방출하는 성질을 방사능이라 한다.

Raffinate

(1) Sulfolane Unit에서 방향족 화합물을 제거한 나머지 가벼운 성분.

(2) 추잔물 : 추출공정에서 용제에 용해되지 않고 남은 성분을 말한다.

Rail Tank Car

유조화차.

Random

일정한 법칙이나 규칙 또는 버릇이 붙지 않은, 또는 사람의 의사가 개입되지 않은 무작위한 것을 말한다.

Random Copolymer

불규칙 공중합체. 단량체의 연쇄단위가 불규칙적으로 결합된 공중합체로서 보통 자유라디칼 중합기구로 일어나는 올레핀형 단량체의 공중합 반응으로부터 생성한다.

Range

범위, 허용폭, 존(Zone)을 뜻한다.

Raschig Ring

충진형 분리탑, 흡수탑 등에서 사용되는 원추모양의 작은 링.

Raw Benzene

Thernal Dealkylation Unit에서 생산되는 BTX 혼합물은 주성분이 Benzene이므로 Raw-Benzene이라 하며, 이것은 Sulfolane Unit Fractionation Section의 원료로 사용됨.

Raw Material

원료.

Raw Ryrolysis Gasoline

Ethylene Plant의 Gasoline Stripper Bottom 및 Debutanizer Bottom에서 부생되는 Heavy Hydrocarbon으로서 Platfining Unit의 원료로 사용됨.

Reactor

반응기. 변환(Conversion) 또는 반응의 중요한 부분이나 전체 반응이 일어나는 용기를 말하며, 대부분의 장치에서는 촉매가 충진된 용기가 반응기가 된다.

Reboiler

재가열기. 탑의 낮은 부분에 추가로 열을 공급하기 위해 설계된 보조의 용기를 말한다. 액체는 탑하부에서 회수되어 가열된다. 형성된 증기는 탑으로 되돌아가지만 남아있는 액체는 탑으로 되돌아가지 않을 경우도 있다. 열은 스팀(Steam)에 의해 공급되기도 하며, 다른 탑하부 또는 가열기를 통한 순환 오일에 의해 공급되기도 한다.

Reciprocating Compressor

왕복압축기. 공기압축기의 일종, 피스톤의 왕복운동에 의하여 실린더 내의 기체를 압축하는 기계.

Recovery

회복. 예를 들면, 냉각가공으로 인하여 생긴 내부응력을 저온으로 풀림처리를 하여 제거하는 것.

Rectification

액체 혼합물을 증류할 때 발생하는 증기를 이것과 향류로 강하하는 증기의 응축액과 접촉시켜 증기의 응축열을 이용하여 다시 저비점 성분을 증발시키는 조작을 반복하는 증류.

Rectifying Section

The part of the column above the feed tray where heavy components are condensed out of the vapors.

Tower에서 연료가 들어오는 입구상부 부분.

Recycle

재순환. 계(System)로부터 나오는 생성물이나 계로 되돌아가는 생성물의 일부가 회수되지 않고 연속적으로 순환됨을 말한다.

Red Tide

해수 중에 플랑크톤이 이상 발생하여 해수의 색이 붉은 빛 등의 색으로 변색되는 현상. 흔히 적조현상이라고 일컬음.

Reduced Voltage Starter

감압기동장치. 모터가 정지상태에서 시동할 때는 정격전류의 400∼500% 과전류가 일시 흐른다. 이것을 기동전류라 하며, 모터보호를 위해 기동전류를 억제한다.

Reducing

증류에 의해 가벼운 탄화수소를 제거하는 것.

Reducing valve

유체의 압력이 사용목적보다 높을 때 이것을 감압하고, 또 감압 후 압력을 일정하게 유지하는 밸브. 감압밸브는 압축공기의 압력을 감압하여 2차측의 압력을 일정한 설정값이 되도록 조절함과 동시에 1차측 압력의 변동이나 공기 사용량의 변동이 있어도 설정압력의 변동을 가장 적게 하도록 억제하는 기능을 가지고 있다. 감압밸브는 급수, 급탕, 냉온수, 증기, 에어배관용으로 사용된다.

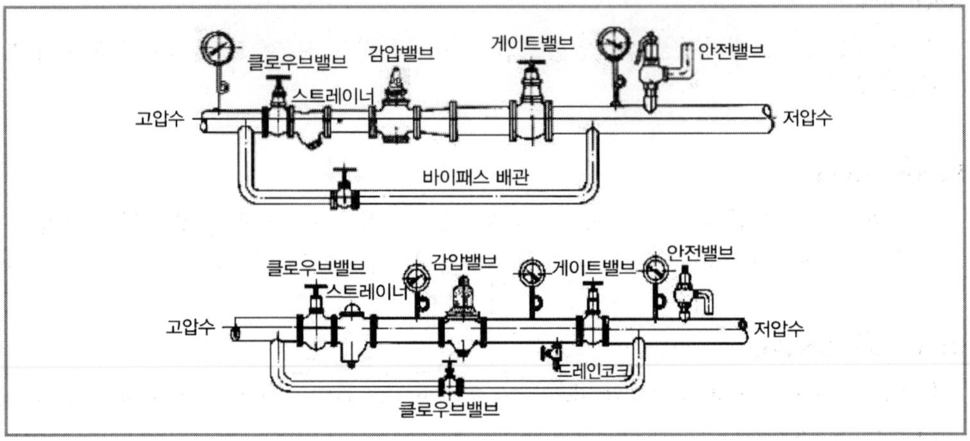

Reduction

환원. 산화된 물질을 본래의 상태로 되돌리는 것을 말하나 일반적으로 산화의 반대과정, 즉 전자를 첨가하는 변화 또는 이에 따른 화학반응을 의미한다. 환원반응은 일반적으로 발열반응으로 이루어지고 있지만 비교적 위험성은 적고 반응성이 높은 경우에는 취급에 주의를 요한다.

Reference Depth

계측 깊이. 계측점으로부터 탱크 밑바닥이나 탱크 밑바닥 가까이에 설치)된 기준판까지의 수직거리.

Reference Point

탱크의 액위를 실측할 때의 기준점으로서 탱크계측구상단부 또는 상단부 가까이에 설정된 고정표시점.

Reflux

환류. A liquid formed by cooling and condensing overhead vapors from a distillation column. This liquid is returned to the tower to remove heat from hot. rising vapors that are contacted on each tray. The exchange between cool reflux and hot vapors keeps each tray in the tower operating at a slightly different temperature.

정류부를 통해 올라가는 끓는점이 높은 성분은 정류탑 상부의 응축기에서 응축되어 기체에서 액체로 변화되고, 다시 저장기에 모였다가 일부는 증류탑의 상부로 다시 유입시켜 정류의 효율을 높여주기 위하여 행하는 것.

Reflux ration

환류비. 정류탑 상부에서 유출된 액량과 다시 증류탑의 상부로 보내어지는 환류량의 비를 환류비라고 한다.

Reforming

개질. 향상된 휘발도와 높은 옥탄가를 얻기 위해 Heavy납사의 탄화수소구조를 재배열시키는 과정을 말한다.

Refractory

열에 잘 견디는 내화물질.

예 내연화 벽돌.

Regeneration

재생. 이온교환수지에 의한 보일러급수의 탈염처리에 있어서 수지의 이온교환능력이 저하한 경우에 그 능력을 회복시키는 일련의 처리를 말한다.

Regulator

조정기기의 총칭. 압력조정, 속도조정, 전압조정, 유량조정 등에 사용되는 말.

Reid Vapor Pressure(RVP)

특정온도 37.8℃(100℉)에서 용기 내 액체 증기압.

Reinforced Plastics

강화플라스틱. 강화재를 가한 불포화폴리에스테르수지 성형물을 말한다. 강화재로서는 유리섬유가 가장 많이 쓰이며, 유리섬유강화플리스틸(약칭 FRP)이라 불린다. 이 밖에 삼, 나일론, 폴리에스테르계섬유 등도 쓰인다. 여러 가지 플라스틱 중에서 내충격성이 가장 크고 자동차, 보트, 안전모, 파이프, 적층판 등에 이용된다. 에폭시수리의 강화플라스틱도 있다.

Research Octane Number

엔진 저속회전시의 옥탄가.

Reservoir

저장탱크. 압축기로부터 나온 압축공기를 저장하는 탱크.

Resin

수지. 수지를 말하며 원래는 주로 식물의 분비물인 송진이라 불리는 천연물의 명칭으로 유지, 밀납과는 다른 성질이다.

물에는 녹지 않으나 유기용제에는 녹으며 도막을 형성한다.

페놀과 포름알데히드 등의 반응에 의해 수지와 유사한 성상을 합성시켜 합성수지라 하며 이것에 반하여 자연계에서 생성된 것을 천연수지라하며 양자를 합해서 수지라고 부른다.

㈜ 합성수지란 에틸렌, 프로필렌 등의 단량체(Monomer)가 여러 개 중합 또는 축합되어 있는 물질(Polymer)로서 플라스틱의 구명이라 할 수 있으며, 열이나 압력 등에 의해 유동상태가 되었을 때 이를 성형할 수 있는 물질을 말한다.

Reversible Process

가역과정. System과 그 환경이 한 상태에서 다른 상태로 움직일 때 원래 상태로 돌아갈 수 있는 방법으로 일어나는 과정.

Reversible Reaction

가역반응. 화학반응에 있어서 원계로부터 생성계로 향해 정반응이 진행함과 동시에 생성계에서도 원계로 향해 역반응을 일으키는 것과 같은 반응을 말한다.

Reynolds number

레이놀즈수, N_{Re}. 원관 내에 유체가 흐르는 경우 관의 내경 D, 평균유속 u, 유체의 밀도 ρ 를 곱한 값과 점도 μ와의 비의 값을 유체의 상태를 층류와 난류로 구별하는 수로 대표적인 무차원의 수이다.

$$N_{\mathrm{Re}} = \frac{D\bar{u}\rho}{\mu}\left[\frac{(L)(L/T)(M/L^3)}{M/LT}\right] = [-]$$

RON

Research Octane Number.

Rotameter

로타미터. 윗 방향으로 갈수록 조금씩 넓어진 유리관(taper tube) 중에서 유체를 밑에서 위로 보내면서 여러 가지 형의 부자(float)를 띄워서 유체 중의 부자의 중력과 부자의 상하 압력차에 의해 부자를 밀어 올리는 상향력과 평행을 이루는 위치에서 정지하게 되는데 이 위치를 유리관의 눈금으로부터 읽어 유량을 아는 면적유량계의 일종이다.

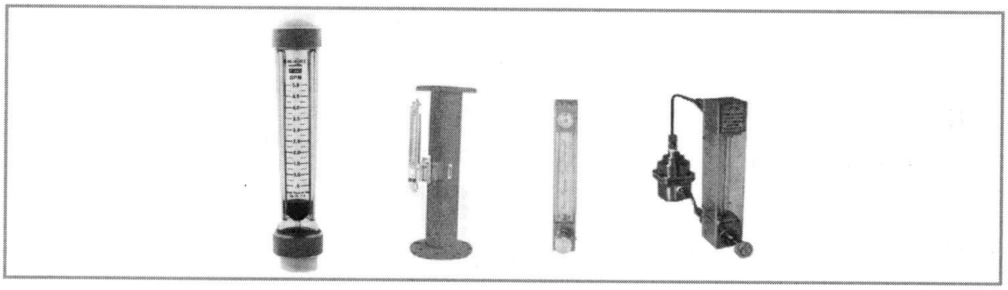

Rotary Feeder (Rotary Valve)

Gas Seal이 유지되는 상태에서 한 System에서 다른 System으로 고체입자를 이송하기 위해 사용되는 장치의 한 부품을 말한다.

Rotary pump

회전펌프. 피스톤 대신에 회전자를 이용하여 유체를 수송하며 점도가 큰 유체를 비롯하여 마모성 고체가 혼입되지 않은 유체는 어느 것이나 이송이 가능하다. 기어펌프(gear pump), 스크루펌프(screw pump), 로브펌프(lobe pump) 등이 있다. 회전펌프는 일정한 유속으로 펄스가 없이 유체를 수송하며, 회전속도를 변화시켜 유량을 조절한다.

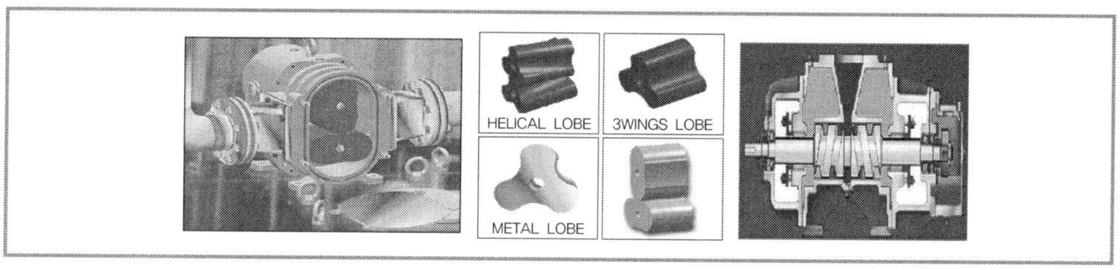

Rotary dryer

회전건조기. 조작이 쉽고, 안정하며, 견고하여 다량의 원료를 건조할 때 많이 사용하는 방법으로 가장 역사가 깊다. 분말, 입상, 괴상 등에 적합하다. 약간 경사진 원통 속을 내려오면서 재료의 진행방향과 향류, 병류로 열풍을 접촉시킴.
원통 내부에서 재료의 체류시간이 최대일 때 재료의 보유량을 최적 보유량이라 하며, 공탑용적에 8～12%가 최적이다. 결점 : 총괄열전달계수가 작다. 적용재료 : 수지분말,

결정염, 비중이 적은 재료에 잘 적용된다.

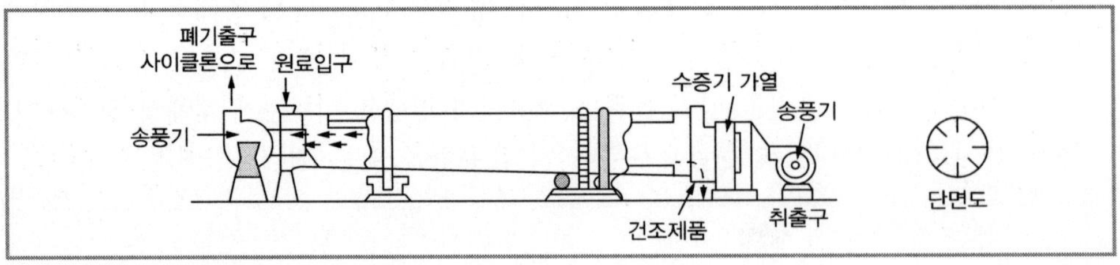

RPG

Raw Pyrolysis Gasoline.

RTC

Rail Tank Car.

Rubber

고무, 고무나무의 분비유액을 응고시킨 생고무를 주원료로 하고 아연화, 탄산마그네슘, 카본블랙 등을 첨가하여 가황시켜 만든 것.

SA

Surge Arrester.

Safety Management

재해에 의한 기회이익의 손실을 최소의 비용으로 방지하는 것.

Safety Process Date

위험물질의 발생가능 기기 및 이들 위험물질에 대한 특성(인화점, 발화점 등)을 나타낸 자료.

Safety Valve

안전밸브. 기기나 관 등의 파괴를 방지하기 위하여 부착되는 최고의 압력을 한정하는 밸브로, 설정압력 이상이 되면 유체를 내뿜어 압력을 설정압력 이하로 한다. 안전밸브의 종류는 여러 가지가 있으나 스프링식 안전밸브가 가장 많이 사용된다.

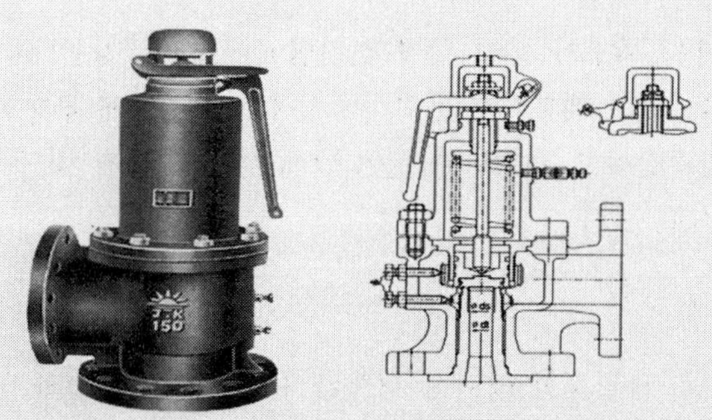

구분	작동형태	용도
Safety valve Relife valve Safety-relife valve	순간적으로 개방 압력증가에 따라 서서히 개방 중간 정도의 속도로 개방	스팀, 공기 액체 가스, 증기 및 액체

Sample

시료. 검사 또는 시험에 제공되는 것으로, 원료 또는 재료와 동일한 재질을 가진 것의 일부분을 말한다.

Sampling

조사대상이 되는 집단 중에서 그 집단의 성질이나 상태를 알기위해 그 중 몇 개를 발췌하는 것.

Sand Filter

중력식여과기 Pressure Filter와 같은 목적이나 인위적으로 압력을 걸어주는 대신 중력을 이용하는 것이 다르다.

Saturated Hydrocarbon

포화탄화수소. 결합기가 모두 수소로서 완전히 채워진 포화상태로 되어있기 때문에 물질과 쉽게 결합하지 않는 탄화수소.

S/B(Solid Bed) Merox Unit

추출탑 내에 고정상 반응탑을 사용하여 납사, 등유성분의 질을 개선하여 항공유 배합에 적합하도록 설계된 장치.

Scale

수중의 용해염류가 용해도차 등에 의해 전열면에 석출, 고착된 것. 열면이 얇아 균일하게 산화된 것, 복수, 급수 계통에서의 부식생성물이 전열면에 부착한 것, 증기 중의 불순물이 터빈 안의 압력강하로 용해도를 잃어 날개 등에 석출된 것 등을 두루 일컫는 말이며 Deposit라 하기도 한다.

Scavenger

스캐빈저. 용액 속의 불필요한 방사성 핵종을 침전시켜서 제거하기 위하여 가하는 운반체(자유 라디칼 스캐빈저 → 라디칼 포착제).

라디칼 포착제(Radical Scavenger) : 유리기 포착제라고도 함. 자유라디칼과 반응하여 안정한 분자 또는 활성이 작은 자유 라디칼을 만들기도 하고 유리원자를 잡아서 반응계에서 없애버리기도 하는 물질.

이를테면, 수소원자를 잘 포착하는 에틸렌, 또는 자유 라디칼을 포착하는 니트로실기(NO), 요오드 등이 대표적이다.

Schedule number

규격번호. 배관의 두께를 나타내는 스케줄은 숫자를 이용해서 표기하는데 5, 5S, 10, 10S, 20, 20S, 30, 40, 40S, 60, 80, 80S, 100, 120, 140, 160 등이 있다. 배관의 크기마다 각 스케줄이 나타내는 두께는 다르다. 예를 들어, SCH 40이라고 하면 NPS 4에서는 6.02mm를 나타내지만 NPS 6에서는 7.11 mm를 나타낸다.

스케줄은 해당 배관의 운전압력(P)을 배관 재질의 최대허용응력(S) 값으로 나눈 값에 1000을 곱한 것으로써 압력과 최대허용응력의 단위는 psi(pounds per square inch)를 사용한 것이다. 즉, 스케줄 번호는 1000 P/S이다.

스케줄 번호가 클수록 더 두꺼운 두께를 의미한다. 스케줄 번호는 배관의 크기를 나타내는 NPS 시스템과 함께 사용된다.

배관의 내경은 NPS 시스템에서 규정된 외경의 크기와 스케줄 번호에 의해서 자동적으로 결정된다. 스케줄 번호 뒤에 S가 붙어 있는 것들이 있는데, 이것은 Stainless Steel을 사용한 배관의 두께를 표현할 때 사용한다.

IPS 시스템에서 배관의 두께를 나타내는 STD, XS, XXS 등의 표현은 스케줄에서 함께 표현된다. 예를 들어, NPS 10 이하의 배관에서는 SCH 40이 STD와 같은 두께를 나타내고 NPS 8 이하의 배관에서 SCH 80은 XS과 같은 두께를 나타낸다.

배관의 재질, 크기에 따른 실제 두께의 자세한 치수는 ASME B36.19M과 ASME B36.10M을 참조하기 바란다. 한편 동관류(copper tubing)는 응축기, 열교환기 배관용으로 주로 사용되며 BWG로 표시한다(Birmingham wire gage; 값이 작을수록 두께 커짐).

$$\text{schedule No.} = 1000 \times \frac{\text{내부작업 압력}}{\text{재료의 허용응력}}$$

Table 1. Dimensions and Weights of Welded and Seamless Wrought Steel Pipe(Cont'd)

NPS	Customary Units			Identification [Standard(STD), Extra-Strong(XS), or Double Extra Strong(XXS)]	Schedule No.	DN	SI Units		
	Outside Diameter in.	Wall Thickness in.	Plain End Weight, lb/ft				Outside Diameter mm	Wall Thickness mm	Plain End Mass kg/m
3½	4.000	0.226	9.12	STD	40	90	101.6	5.74	13.57
3½	4.000	0.250	10.02	···	···	90	101.6	6.35	14.92
3½	4.000	0.281	11.17	···	···	90	101.6	7.14	16.63
3½	4.000	0.318	12.52	XS	80	90	101.6	8.08	18.64
4	4.500	0.083	3.92	···	5	100	114.3	2.11	5.84
4	4.500	0.109	5.12	···	···	100	114.3	2.77	7.62
4	4.500	0.120	5.62	···	10	100	114.3	3.05	8.37
4	4.500	0.125	5.85	···	···	100	114.3	3.18	8.71
4	4.500	0.141	6.57	···	···	100	114.3	3.58	9.78
4	4.500	0.156	7.24	···	···	100	114.3	3.96	10.78
4	4.500	0.172	7.96	···	···	100	114.3	4.37	11.85
4	4.500	0.188	8.67	···	30	100	114.3	4.78	12.91
4	4.500	0.203	9.32	···	···	100	114.3	5.16	13.89
4	4.500	0.219	10.02	···	···	100	114.3	5.56	14.91
4	4.500	0.237	10.80	STD	40	100	114.3	6.02	16.08
4	4.500	0.250	11.36	···	···	100	114.3	6.35	16.91
4	4.500	0.281	12.67	···	···	100	114.3	7.14	18.87
4	4.500	0.312	13.97	···	···	100	114.3	7.92	20.78
4	4.500	0.337	15.00	XS	80	100	114.3	8.56	22.32
4	4.500	0.438	19.02	···	120	100	114.3	11.13	28.32
4	4.500	0.531	22.53	···	160	100	114.3	13.49	33.54
4	4.500	0.674	27.57	XXS	···	100	114.3	17.12	41.03
5	5.563	0.083	4.86	···	···	125	141.3	2.11	7.24
5	5.563	0.109	6.36	···	5	125	141.3	2.77	9.46
5	5.563	0.125	7.27	···	···	125	141.3	3.18	10.83
5	5.563	0.134	7.78	···	10	125	141.3	3.40	11.56
5	5.563	0.156	9.02	···	···	125	141.3	3.96	13.41
5	5.563	0.188	10.80	···	···	125	141.3	4.78	16.09
5	5.563	0.219	12.51	···	···	125	141.3	5.56	18.61
5	5.563	0.258	14.63	STD	40	125	141.3	6.55	21.77
5	5.563	0.281	15.87	···	···	125	141.3	7.14	23.62
5	5.563	0.312	17.51	···	···	125	141.3	7.92	26.05
5	5.563	0.344	19.19	···	···	125	141.3	8.74	28.57
5	5.563	0.375	20.80	XS	80	125	141.3	9.53	30.97
5	5.563	0.500	27.06	···	120	125	141.3	12.70	40.28
5	5.563	0.625	32.99	···	160	125	141.3	15.88	49.12
5	5.563	0.750	38.59	XXS	···	125	141.3	19.05	57.43
6	6.625	0.083	5.80	···	···	150	168.3	2.11	8.65
6	6.625	0.109	7.59	···	5	150	168.3	2.77	11.31
6	6.625	0.125	8.69	···	···	150	168.3	3.18	12.95
6	6.625	0.134	9.30	···	10	150	168.3	3.40	13.83
6	6.625	0.141	9.77	···	···	150	168.3	3.58	14.54
6	6.625	0.156	10.79	···	···	150	168.3	3.96	16.05
6	6.625	0.172	11.82	···	···	150	168.3	4.37	17.67
6	6.625	0.188	12.94	···	···	150	168.3	4.78	19.28
6	6.625	0.203	13.94	···	···	150	168.3	5.16	20.76
6	6.625	0.219	15.00	···	···	150	168.3	5.56	22.31
6	6.625	0.250	17.04	···	···	150	168.3	6.35	25.36
6	6.625	0.280	18.99	STD	40	150	168.3	7.11	28.26

Screen

(1) 체, 혼합물을 선별하거나 모래 등을 입도에 따라서 크고 작은 것을 걸러내는 용구. 동력으로 구동되는 회전체와 진동체 등이 있다. 체의 눈의 대소는 메시로 나타내며, 가장 미세한 것을 여과하는 것을 필터라고 한다.

(2) 영사막.

Screening

체질. 체 분리의 조작을 체질이라고 하며, 체질은 입도의 차이만을 이용한 분리방법이다. 목적에 따라 여러 가지의 체를 사용하며, 체판 위에 있는 입자는 중력에 의해 체 구멍을 통해 아래로 떨어지게 된다. 원심력 또는 솔질(brushing)하도록 되어 있는 체도 있다. 큰 입자는 일반적으로 고정된 체 표면에서 체질되지만 고운 입자의 경우는 체판을 흔들어서 입자가 통과하게 된다.

Scrubber

파형을 겹친 것으로, 그 사이로 증기를 흐르게 하여 증기속의 수분을 제거하거나, 대기 오염물이 섞인 가스 등을 그 사이로 통과시키는 도중에 샤워로 세척하여 가스 속의 오염물을 물에 흡수, 분리하는 장치.

Seal System

기밀장치. Floating Roof Tank의 Vapor 증발손실 방지시설.

Sealing

내부로부터의 누설이나 외부로부터 침입을 방지한 조치.

Sediment

침전물. 액체 속에 함유되어 있는 불순물 등이 바닥에 가라앉는 것. 앙금.

Sedimentation

침강. 액체 속에 현탁 중인 이물질이 원심력 또는 중력에 의하여 아래로 가라앉는 것.

Sedimentation Basin

침전지. Raw Water 중의 부유불순물을 처리제거하는 장치로서 Clarifier보다 부피를 많이 차지하나 운전하기가 쉽다.

SEM(Scanning Electron Microscope)

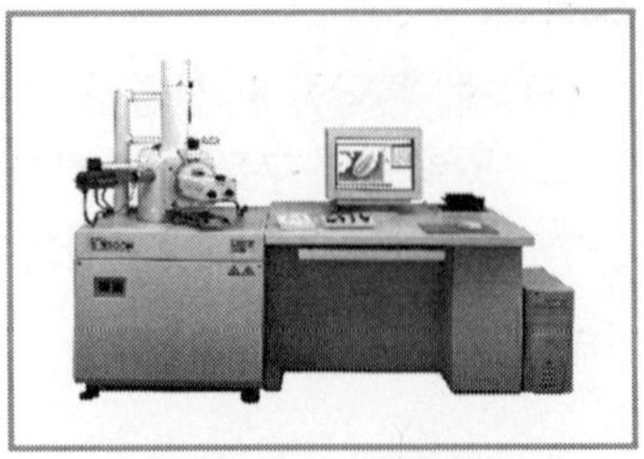

전자 beam이 시료면 위에 주사될 때 시료에서 발생되는 여러 가지 신호 중 그 발생확률이 가장 많은 이차전자(secondary electron) 또는 반사전자(back scattered electron)를 검출하여 이를 이용해 대상 시료를 관찰하는 현미경이다.

Sensible Heat

현열. heat that actually increases the temperature of a substance.
물체의 온도를 높이기 위하여 가해지는 열량. 이에 대하여 융해열이나 증발열은 온도상승을 수반하지 않고 가해지는 열량이므로 잠열이라고 한다.

Separator

분리기. 분리 또는 격리하는 기기 또는 장치 등을 의미한다. 기체 속에 포함되어 있는 고형분을 분리하는 장치.

Separator Slop

석유정제에 있어서 재증류 또는 회수를 위하여 분리기에 모은 폐유.

Set Point

목표값. The desired value for a process variable. 제어계와는 관계없이 외부에서 설정 또는 변화시킬 수 있는 양의 값으로, 제어계의 목적은 이 양과 공정량을 일치시키는 데 있다. 프로세스 제어에서는 목표값을 설정값이라고도 한다.

Sewer

하수를 흘리는 관, 흠, 암거(暗渠)의 총칭.

Shear Stress

전단변형력. 작용면의 접선방향으로 작용하는 변형력. 접선변형력이라고도 한다.

Shell Plate Man Hole

Tank의 Shell Plate에 설치되어 있으며 탱크의 청소 및 검사 등에 사용한다.

Shop Sounding

선박계측. 유조선 유창내의 액체깊이를 측정하는 것.

Shock Bank

충격둑. 가열로 상부의 복사부에서 대류부로 통하는 길목둑을 말하며 복사열과 대류열을 함께 흡수한다.

Short Circuit

단락. 전기회로 중 전원의 양극이 도중에 부하 없이 직접 연결되는 것. 이것을 방지하기 위해서는 회로에 반드시 퓨즈를 삽입한다.

Silo

Polypropylene의 Flake, Spheripol이나 Pellet을 50,000 Pound 이상 저장할 수 있는 고정된 저장용기를 말한다.

Simple distillation

단증류. 일정량의 액체혼합물을 가열하여 생긴 증기를 냉각기로 보내어 응축시켜 저비점 성분이 풍부한 액체를 얻는 방법으로 단증류는 분리도가 나쁘므로 실험실 또는 소규모의 공업에 주로 이용됨.

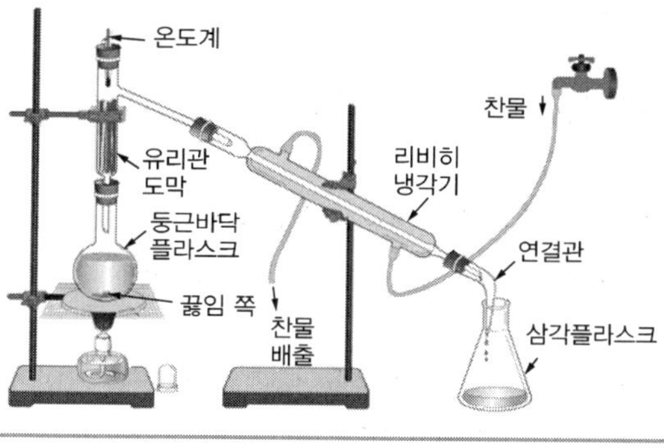

Simulation

복잡한 문제를 해석하기 위하여 모델에 의한 실험, 또는 사회현상 등을 해결하는 데서 실제와 비슷한 상태를 수식 등으로 만들어 모의적(模擬的)으로 연산(演算)을 되풀이하여 그 특성을 파악하는 일. 모방하는 대상에는 자연현상, 경제현상, 전쟁 등 여러 가지가 있지만 공통점은 실체에 의한 실험이 불가능하거나 위험을 수반하거나 현저하게 많은 비용이 드는 경우에 시뮬레이션이 실시된다. 화학공업에서 많이 사용되는 simulation program은 Aspen, ChemCAD, Super prodesigner 등이다.

Single pipe heat exchanger

단관식열교환기. 열전달부에 직관을 사용하여 리턴밴드(return band)와 조합해서 열교환량에 필요한 열전달면적을 사상관의 형태로 조립. 상부에서 냉각수를 적하시켜 열전달관 내의 유체를 냉각하는 트롬본형냉각기 일명 개방액막식 열교환기라고도 한다.

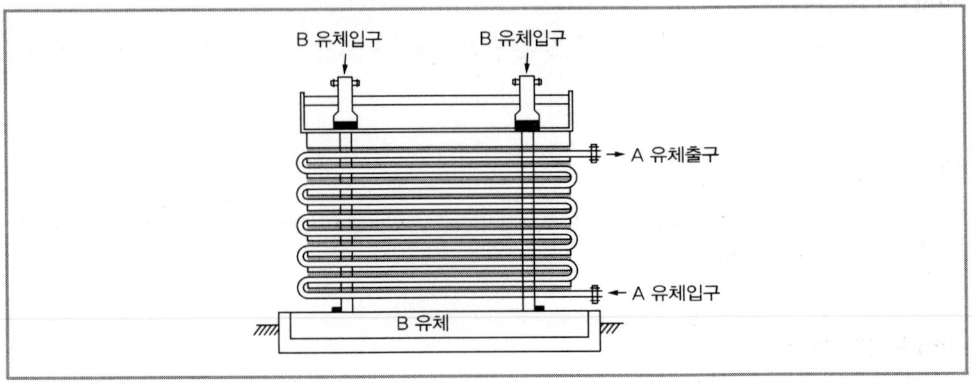

Skimmer

API Separator에서 유화되지 않는 기름을 물에서 분리하는 수차.

Sleeve

동심원을 가진 2개의 Pipe 중 내부 부분을 보호하기 위한 외부 Pipe.

Slip Agent/Slip Additive (Antiblocking Agent)

Plastics Film이나 Sheet가 서로 잘 미끄러지도록 하기 위하여 Polymer에 첨가하는 Modifier.

Modifier는 Processing 중이나 직후에 Plastics 표면으로 스며 나와 제품을 만든다. 이 Coating은 마찰계수를 줄이는 데 필요한 윤활성을 제공하므로 미끄러지는 성질을 개선해 준다. 그리하여 인플레이션필름 제조 시에 Block을 방지하기 위해 사용된다.

Slop Oil

오염 또는 불완전한 정제에 의하여 생성된 품질이 좋지 못한 일련의 석유제품. Tank Sludge나 공정 Drain Oil 등 API에서 처리하여 수거한 폐유로 재증류를 위하여 보통 다른 곳에 보관한다.

Sludge

물이나 기름 등에 혼합된 불순물이 그릇 밑바닥에 침전한 것을 말한다.

Slugging

균일하고 계속적으로 반응기에 Feeding하게 되어있는 촉매와 같은 물질이 잘못 Feeding 되는 것을 말한다.

Slurry

고체의 입도가 작고 또한 고체농도가 높은 진흙모양인 물건의 총칭.

S.M

Styrene Monomer. PS의 원료로 사용.

Snake Skin

Resin 이송 시 Conveying Line 내부에서의 이송시간 증가로 인해 길쭉하고 Ribbon 같은 형태로 형성된 것.

Society of Automotive Engineers

자동차 기술협회.

Society Hexameta Phosphate

6인산소다. 냉각수계통 물의 연화제, 청정제, 결착제로 사용하는 화공약품.

Softening Point

연화온도. 고분자물질에서는 엄밀히 말해 저분자물질에서 일어나는 Melting Point와는 달리 일정한 온도에서 점차로 연하게 되어 더 가열하면 녹게 된다. 이와 같이 녹는 부분의 일정한 폭을 가리켜 연화온도라 한다.

Solenoid Valve

전자식(솔레노이드)의 흡인력을 이용하여 기름 또는 공기의 흐름을 전환하는 방향전환 밸브. 공작기계, 일반기계의 유압 또는 공기압 제어에 이용된다. 솔레노이드 밸브는 전기스위치와 조합하여 원격조작을 할 수 있고 회로를 무부하로 한다든지 시퀀스작용을 자동적으로 할 수 있다.

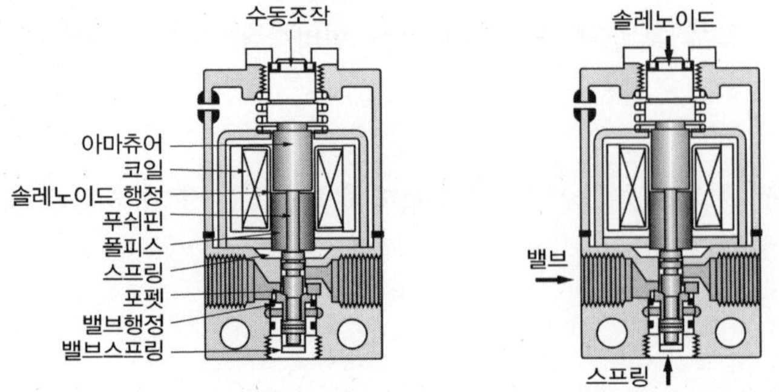

Solid Gauging

계측 줄자의 추를 탱크 밑바닥 또는 기준판까지 내려가게 하여 탱크 내 액체의 깊이를 측정하는 방법으로서 계측 줄자에 묻어나온 액체의 가장 높은 눈금이 Level 값이 된다.

Solubility

용해도. 포화용액 중에서의 용질의 농도를 말하며 포화농도라 하여도 좋다. 고체의 액체에 대한 용해도는 용매 100g에 대한 용질의 량(그램수) 또는 용액 100g 중의 용질량(그램수)으로 표시된다.

Solute

용질. 용체를 구성하는 성분물질 중의 어느 하나의 성분을 특히 용매라 하고 그 외의 성분을 용질이라 한다.

Solution

용액. 용체가 액상으로 되어있을 경우를 용액이라 한다.
또한 고용체(固溶體)를 포함해서 말할 때도 있다.

Solvent

용매. 용체를 구성하는 성분물질 중의 어느 하나의 성분을 특히 용매라 하고 그 외의 성분을 용질이라 한다. 기체 또는 고체가 액체에 섞여서 용액을 만들 경우에는 그 액체를 용매라 하고, 액체와 액체가 용액을 만들 경우 혹은 고체와 고체와의 혼합에 의해 용체가 만들어질 경우에는 대체로 비교적 다량으로 존재하는 쪽을 용매로 본다.

Soot Blower

보일러에서 그을음이나 재를 처리하는 장치. 보일러의 노(爐) 안이나 연도에 배치된 전열 면에 그을음이나 재가 부착하면 열의 전도가 나빠지므로 이따금 증기 또는 공기의 분류(噴流)를 내뿜어 부착물을 청소하는 장치를 말하며, 주로 수관보일러에 사용된다.

SOP

Standard Operating Procedure.

SOP (Start of Run)

공정이 Start Up 되어 그 기능을 최초로 발휘하는 시기.

Sour Crude

유황함량이 많은 원유.

Sour Gas

일반적으로 불쾌한 냄새를 갖고 있는 유황화합물인 메르캅탄 성분을 함유하고 있는 가스를 말한다.

SOx

황화합물(예 : SO_2, SO_3 등). 공장 규제치 850 ppm 이하.

Sparger

액체분산용 Pipe.

In chemistry, sparging, also known as gas flushing in metallurgy, is a technique which involves bubbling a chemically inert gas, such as nitrogen, argon, or helium, through a liquid. This can be used to remove dissolved gases (e.g. oxygen) from the liquid.

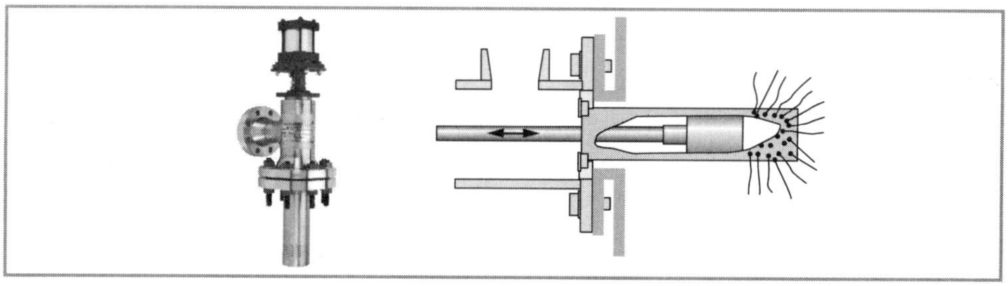

Specific Gravity

비중. 어떤 온도에서, 어떤 체적을 차지하는 물질의 질량과 그것과 동체적인 어떤 표준 물질의 질량과의 비를 말한다.

액체와 고체의 경우 표준물질은 물이며, 기체의 경우 표준물질은 공기이다.

Spec-Tender

실험분석표. Specification Tender.

Spent Caustic

경유중의 메르캅탄, 황화수소, 산성물질 등을 제거하기 위하여 가성소다 세정처리를 한 농후 폐액. pH는 12～13.

Spherical Tank

구형탱크. Propane, Butane, Pentane 등 가스류를 저장하는 Ball Tank.

SPI

The Sociery of Plastics Industries(미국 플라스틱 공업협회).

Spill Way

부두 출하장의 끝부분.

Splash Bar

냉각탑에서 물이 천천히 떨어지게 하고 물은 작은방으로 쪼개서 공기와의 접촉면적을 크게 한다.

Spread

각 휘발유 반제품이 가진 옥탄가 향상제 주입량에 따른 옥탄 행상 정도를 수치화한 것.

Sprinkler

관개수(罐概水)를 펌프로 가압, 파이프로 송수하여 살수기 또는 분수구에서 물을 분사하여 살수하는 장치.

SRU (Sulfur Recovery Unit)

H_2S가스와 SO_2를 반응시켜 S와 H_2O를 얻는 장치.

SS

Suspended Solid.

Stabilizer

(1) 보염기(保炎器)라고도 하며 착화를 확실하게 하고 화염을 안전시키는 역할을 하는 안전장치.
(2) 가솔린의 저장 시 증발손실을 막기 위하여 가솔린으로부터 높은 증기압을 갖는 물질을 분리하여 내는 탑.

Stainless steel pipe

탄소강에 11% 이상의 크롬을 함유시킨 것을 스테인리스 강관이라고 하며, 내식성이 매우 좋으며 특히 크롬의 함유량이 많은 것은 내산화성이 풍부하므로 내식, 내열성 및 고온, 화학공업용 배관에 사용한다. 그러나 스테인리스강은 본질적으로 내식성이 있는 것이 아니며, 열처리가 적당치 않으면 내식이 되지 않는다. 또 표면의 보호피막은 염소이온에 의해 침식되기 쉽다. 용접 시는 불활성가스로 차단한 상태에서 균열이나 경화를 방지하기 위해 Cr-Ni계의 강봉을 사용한다. 스테인리스강은 Cr 8～26 %, Ni 9～22 % 범위 내에서 12종으로 규정되어 있는데 주로 고온용에는 13% Cr페라이트(Ferite)강, 고온 화학장치 재료에는 페라이트강에 Si, Al을 첨가한 시크로말(Sicromal) 12, 기계적, 화학적으로 가장 우수한 내식재료인 18Cr-8Ni 오스테나이트(Austenite)강 등이 사용되며, 용도에 따라 Mo, Ni, Cu 등을 첨가하여 사용한다.

Stair Way

탱크를 오르내리기 위하여 탱크 Shell에 설치한 계단.

Standard Operating Procedure

시설물의 표준운전 절차 또는 표준 작업절차.

Start Up

공정을 가동시키는 것.

Static Condenser

전력용콘덴서. 전압변동에 영향을 주는 무효전력을 줄이기 위한 조상설비의 일종으로서 정치형 무효전력 보상장치이다.

Static Mixer

배관 내에 설치된 고정식 Mixer로 유체를 골고루 섞이게 하도록 고안된 장치.

Static Pressure

정압. 동압(動壓)에 대한 상대적인 말.
유체내부의 단위면적당 작용하는 수직력(압력) 중에서 유체가 흐르고 있는 상태 그대로 지니고 있는 것. 측정에는 피토정압관을 사용한다.

Steam

수증기. 액체나 고체가 증발 또는 승화하여 생긴 기체.

Steam Exhaust

어떤 목적에 이미 쓰여 졌던 저압수증기.

Steam distillation

수증기 증류. 비점이 높아서 분해의 우려가 있으며 전열이 나쁜 물질 중의 비휘발성 불순물의 분리를 목적으로 하고 있는 경우가 많으며 증류기 내의 액에 직접 수증기를 불어 넣기 때문에 물에 용해하기 힘든 물질의 처리에도 적합하다. 수증기는 열원과 증류물질의 분압을 낮추어 비점을 떨어뜨리는 역할을 한다.

Steam-Live

비말 동반된 작은 물방울을 포함하지 않은 수증기. 보통 고압.

Steam Superheated

주어진 압력 하에서 포화온도를 넘어서 가열된 수증기. 보통 Tower, Heater, Stripper에 쓰임.

Steam Trap

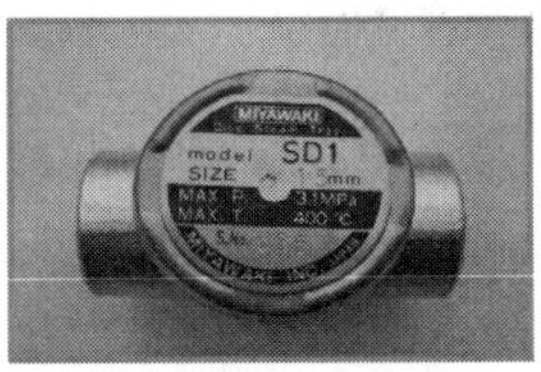

증기트랩. 증기배관 중의 응축수, 침입공기 등을 배출시켜 증기의 건조도를 높이고 수격작용(Water Hammer)을 방지하는

장치. 응축수와 공기의 비중차를 이용한 Type, 응축수의 온도변화를 이용한 Type 및 응축수와 증기의 열역학적, 유체역학적 성질을 이용한 Type으로 대별.

Steam Turbine

회전식의 증기력 원동기. 보일러에서 발생한 고압의 증기를 노즐로부터 분출시켜 고속의 증기분류(蒸氣噴流)를 만들고 이것을 회전하는 날개차에 내뿜어 동력을 얻는 열기관의 일종으로 진동이 적고, 능률이 좋으며, 고속, 큰 마력을 얻을 수 있어 화력발전, 선박의 주기관 등에 널리 사용되고 있다.

Steam Wet

비말동반 된 작은 물방울을 포함한 수증기.

Stereoregularity

입체규칙성. Polymer의 반복단위(mer)의 배열에 있어서 입체배열에 따른 규칙성을 말한다.

Sticky Resin

점착성수지. Spheripol 반응기에서 단단한 Ball 형태로 압축되어서 생산되는 Resin을 말하며 압축된 형태로 반응기에 존재했던 것이다. 공정 중 Comonomer나 온도의 Trouble로 생긴다.

Stiffness

강성. 하중에 대한 저항을 말하는 것으로, 이것은 가로탄성계수 또는 휨탄성계수와 세로탄성계수 또는 종탄성계수로 평가한다. 인장강도와는 무관하다.

Stock

재고품, 저장품, 소지품, 구입품의 뜻.

Storage

저장, 축적. 그래픽 디스플레이에서 사용될 때는 관면에 도형 등을 축적하여 기억시킬 수 있는 것.

Storage Tank

저장탱크. 필요한 시간동안 공급하는데 충분한 양의 물이나 유류 등을 저장하는 탱크를 말한다.

Straight-Run

원유를 증류하여 얻어지는 물질로 크래킹이나 또 그 구성탄화수소의 구조를 변화시키는 과정을 거치지 않는 제품.

Strain

변형. 물체에 외력을 가했을 때 나타나는 형이나 체적의 변화를 말한다.

Strainer

먼지나 기타 불순물 등을 여과하는 기기 또는 여과망

Stress-crack

응력균열. 수지자체의 순간 기계적 강도보다 낮은 Tensile Stress에 의하여 야기되는 외부적이나 내부적인 수지의 균열을 말한다. 이러한 crack이 쌓이게 되는 경우 crack을 야기 시키는 환경에 노출되었을 때 더욱 가속화한다. cracking을 일으키는 stress는 수지의 내부나 외부 또는 내외부가 같이 존재한다. 망처럼 된 잔잔한 crack의 형태를 crazing이라 부른다.

Stress-strain curve

응력－변형도 곡선. 응력과 변형에 대응하는 값을 각각에 대하여 플롯해서 그린 그림표.

㈜ 응력의 값을 종축(수직)으로 취하고 변형도의 값을 횡축으로 잡는 것이 보통이다.

Stress-Whitening

polymer에 stress가 가해짐에 따라 polymer가 희어지는 현상이나 가는 금이 가는 현상(crazing)을 말한다.

Stripping

가열, 감압 등의 방법에 의해서 액체 중의 용존 기체나 휘발성분을 기상 중으로 날려버리는 조작.

Stripping section

The part of the column below the feed tray where light components are vaporized out of the liquid.
증류탑의 원료 도입단 아래 부분. 비교적 비중이 높은, 무거운 성분이 남는 부분.

Suceptibility chart

휘발유 반제품별 spread를 옥탄가 향상제 주입량에 따라 도표화 한 것.

suction

흡입. 혼합 가스나 공기 등을 빨아들이는 것. 또 우물 속의 철관 등으로 공기를 배제하여 대기압의 힘으로 물을 빨아올리는 것을 말한다.

Sulfolane unit

sulfolane 용제의 특성을 이용하여 방향족 탄화수소인 벤젠, 톨루엔, 자이렌을 추출하여 생산한다.

Sulfonation

술폰화. 술폰기를 지닌 화합물을 술폰산이라 하고 이 기를 도입하는 반응을 술폰화라고 한다. 술폰화의 주요 방식은 농황산 또는 발연황산을 사용하여 술폰기를 치환하는 방법과 아황산염 및 중아황산염을 사용하는 방법이 있다. 대부분의 반응이 농황산을 사용하여 고온에서 이루어지고 발열반응이라 위험이 따르고 취급에 주의하여야 한다.

Sulfur

유황. 원소기호 S, 원자량 32.06, 단체황화물, 황산염으로 산출되는 황색의 고체 물질로 용도는 이황화탄소, 이산화유황, 황산의 제조에 사용되고, 성냥, 화약, 고무 등을 만드는데 사용된다.

Sulfuric acid

황산. H_2SO_4 및 그 수용액을 말한다. 보통은 수용액인 경우가 많다. 무색유상의 무거운 액체로 수용액은 강산성이며, 아황산가스를 산화하여 만든다. 용도는 염료, 폭약의 제조나 석유정제, 유기화합물의 합성 등에 사용된다.

Super heater

과열기. 보일러 안에서 발생한 증기를 그 압력을 바꾸지 않고 더욱 가열하여 열량이 높은 증기로 만들기 위해 사용.

Surface active Agent

계면활성제. 액체에 조금만 첨가하여도 그 액체의 계면장력이 급감하는 물질을 말한다. 세제 이외에 유화제, 분산제, 가용화제, 대전방지제 등 여러 가지 산업분야에서 이용되고 있다.

Surface Tension

표면장력. 액체는 액체분자의 응집 때문에 그 표면을 가급적 작게 하려는 성질이 있으며, 이 때문에 액체의 표면을 따라 생기는 장력을 말한다.

Surge

Flow, 액체의 높이, 온도, 압력 등의 갑작스런 변화

Surge Arrester

Surge 전류를 방출시킴으로서 장비에 가해지는 surge 전압을 제한하는 보호 장치.

Surge drum

계(System)를 통하여 흐르는 액체의 일시적인 저장소로 사용되는 용기 또는 축적조. 공정 내의 전·후단 장치의 유체 흐름의 혼란을 극소화 한다.

Surging

맥동현상. 공기의 속도와 유량이 요구되는 배출압력에 도달할 만큼 충분하지 못할 때 일어나는 순간적인 역류 현상으로 매우 불안정한 상태이며 이를 해소하기 위해서는 공기유량을 증가시켜 주어야 한다.

Surveyor

공인 검증인.

Suspended solid

현탁고체. 수중에 부유하는 고체물질 또는 미생물 덩어리. 물에 탁도를 유발하는 원인물질이다.

Suspension

현탁액이라고도 한다. 액체 중에 고체 입자가 콜로이드입자 또는 현미경으로 보일 정도의 입자로서 분산한 것으로 이를테면 점토를 함유한 탁한 물과 같은 것이다.

SV30 (Sludge Volume After 30 minutes)

1 L의 메스실린더에 포기조액을 30분간 정치하여 침강한 고형물 층이 차지하는 체적.

Sweet crude

유황함량이 적은 원유.

Sweet Gas

유황성분이 제거된 가스. 닥터시험에 음성을 나타냄.

Swing check valve

스윙 체크 밸브. 밸브 디스크가 핀을 지지점으로 하는 암에 의해 원호 모양의 운동을 하고, 유체의 역류에 의해 밸브 시트면에 수직으로 압착하는 체크 밸브로 유체의 흐름은 거의 직선적이다.

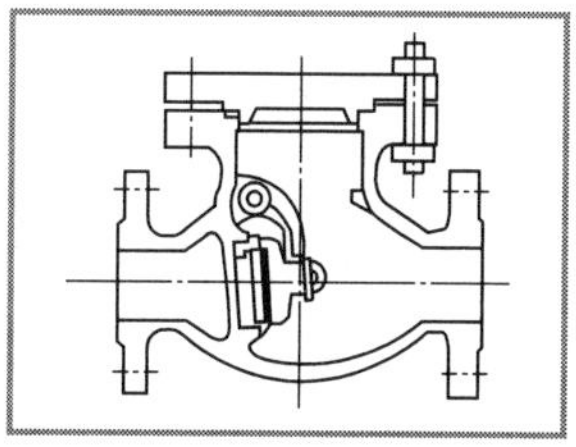

Swing Gauging

공간계측, 계측점에서 탱크내의 액체표면까지 공간거리를 측정하여 계측 깊이에서 공간거리를 공제하여 탱크 내 액체의 Level을 계산하는 계측방법.

Swivel Joint

회전연대. 어떤 두 개의 고정물체(주로 Pipeline) 사이에 설치하여 연결 상태를 상하좌우로 변형 가능하도록 하기 위한 장치. Floating Roof Tank의 Drain Line에 사용.

SWTU

Sour Water Treating Unit

Synchronizing

동기화. 두 대의 발전기를 병렬 운전하거나 발생처가 다른 2개의 전원회로를 결합하기 위해 전압, 주파수, 위상, 팔형 등을 일치시키는 것.

Synergism

수지에 2가지 이상의 안정제를 첨가하는 경우 각각 안정제의 효과로 기대되는 안정성보다 더 많이 향상되는 경우 2가지 이상의 안정제를 함께 사용하게 될 때 사용하는 용어이다.

Synthesis

합성. 단체에서 출발하여 화합물을 만드는 일. 또한 일반적으로 비교적 간단한 화합물에서 복잡한 화합물을 만드는 일. 생체 내에서 이루어지는 합성을 생합성이라 한다.

memo

Tachometer

회전속도계. 고속도로 회전하는 물체의 회전수를 측정하는 기기.

Tacticity

입체규칙도. 고분자 사슬의 입체규칙성을 말하고 신디오탁틱(Syndiotactic), 이소탁틱(Isotactic), 아탁틱(Atactic) 으로 나눠짐.

Tactic Polymer

탁틱중합체. 매 기본단위마다 적어도 한 개의 입체이성이 주사슬 위에 존재할 때, 그 배치가 규칙적인 구조를 하고 있는 중합체.

Tag

꼬리표. Sample Tag에는 시료채취 시 반드시 시료명칭, 용기번호, 채취 연월일을 기입해야 한다.

Tail

증류 시 맨 끝부분 가까이서 증발하는 중질 유분.

Talc

활석. 탈크라고도 한다. 화학조성은 $Mg_3(si_4O_{10})(OH)_2$.
단사정계 (單斜晶系). 보통 엽편상 (葉片狀), 인상 (鱗狀). 무르고 만곡성 (彎曲性)이 있다. 단구 (斷口)가 불규칙 또는 다편상 (多片狀)인 것은 스테아타이드 또는 동석이라 한다. 모

두 썩 무르고 매끄러운 촉감을 갖는다. 경도 1～1.5, 비중 2.7～2.8, 주로 2차적 생성물로서 활석편암, 사문암 속에서 산출된다.

Tank Lorry

유조트럭.

Tank Mixer

제품을 Blending하여 Tank 내에서 섞어주고 Crude Tank Slurge 감소를 위해 Heating하여 혼합하는 데 사용.

TCB

T형 극소유입차단기. T-Type Minimum Oil Circuit Breaker. (= MOCB 참조)

TEL

Tetraethyl Lead. 사에틸납. 화학식 $Pb(C_2H_5)_4$. 녹는점－135℃, 끓는점 152℃(290.5 mmHg)이다. 실온에서 서서히 분해되고, 125～150℃에서 급속히 분해된다. 모든 유기용제에 녹으나 물, 묽은 산, 묽은 알칼리류에는 녹지 않는다. 염화에틸 또는 브로민화에틸과 납－나트륨 합금을 반응시키면 생긴다. 독성이 특히 강하다 .앤티노크제(劑)로서 가솔린에 가하는데, 시판되고 있는 것은 흔히 에틸액이라 하며, 사에틸납 외에 상당량의 이브로민화에틸렌과 소량의 석유 등이 들어 있고, 현재는 사용을 하지 못한다.

Temperature

온도.

Tensile Modules

인장율. 인장하중을 건 상태에서 비례한계 내에서 주어진 수지에 대한 Stress와 Strain의 비를 말한다. 단위는 PSI로 나타낸다.

Tensile Strength

인장강도. 인장시험에서 시험편이 견딜 수 있는 최대하중.

Terpolymer

삼원공중합체. 3개 모노머의 동시중합으로 얻어진 중합체.
대표적으로 ABS수지, EPDM 등을 들 수 있다.

Test Water

각 종의 수질실험을 하기위해 채취한 물.

Tetra-Ethyl Lead

옥탄가 향상제.

Thermal Conductivity

열전도도. 물질 내의 등온면의 단위면적을 거쳐 단위시간에 수직으로 흐르는 열량과 이 방향의 온도 기울기와의 비를 말한다. 일반적으로 물질에 대해서는 상수이나 온도, 압력에 따라 변화한다.

Thermal Decomposition

열팽창. 물체의 체적이 온도가 상승함에 따라 증가하는 현상.

Thermocouple

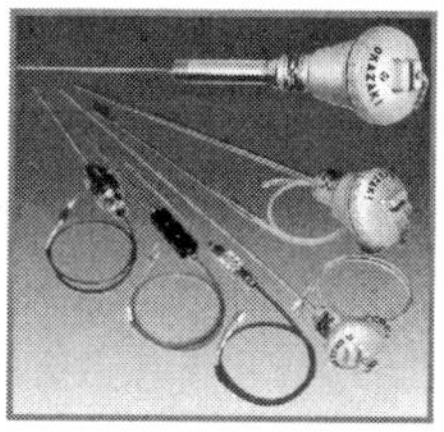

열전대. 두 종류의 금속을 조합하였을 때 접합 양단의 온도가 서로 다르면 이 두 금속사이에 전류가 흐른다.

이 전류로 2접점간의 온도차를 알 수 있다. 이 열전기의 현상을 이용하여 고열로 (高熱爐)의 온도를 측정하는 장치를 열전대라고 한다. 백금－백금로듐 열전대, 크로멜－알루멜 열전대, 철－콘스탄탄 열전대 등이 있다.

Thermosetting Plastics

열경화성플라스틱. 열에 의해 변형, 재생이 불가능한 플라스틱으로 단단한 가교구조를 갖고 있다.

고온과 물리적 힘에 의해 매우 안정성이 높다.

Thermowell

Thermocouple이나 온도계를 보호할 목적으로 Vessel, 파이프, 가열로 등에 넣는 한 쪽이 막힌 튜브.

TLV(Threshold Limit Value)

8시간 근무 중 인체 폭로 한계치.

Toluene

$C_6H_5CH_3$. 톨루올이라고도 하며, 메틸벤젠에 해당한다. 융점 －95℃, 비등점 110.8℃인 무색의 액체. 처음에 톨루발삼을 건류해서 얻었기 때문에 이 이름이 붙었다. 콜타르의 분류, 석유의 분해, 개질 등에 의해 생긴다. 산화하면 안식향산이 되며, 트리니트로톨루엔, 벤즈알데히드, 그 밖에 다양한 방향족화합물의 원료로서 사용된다.

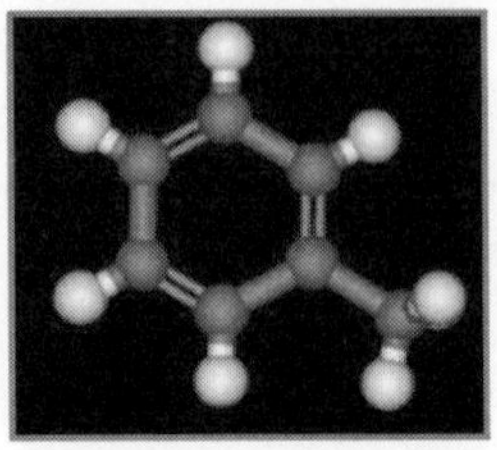

Top Angle

Cone Roof Tank 제작 시 Shell Plate상단과 Roof Plate를 연결하는 Angle.

Topping Unit

상압 증류시설을 지칭하며, 원유가 처음 증류되는 공정.

TOR

Total Chlorine Residual.

Total Chlorine Residual

형태에 관계없이 존재하는 염소 잔류물의 총칭.

Total Solid

총고형물. 시료수를 증발, 건조시켰을 때 남는 물질로서 보통 현탁물질과 용해성 고형물이 주가 된다.

TPA

Terephthalic Acid.

T/R

Transformer.

Transfer Line

Furnace로부터 Tower나 Flask Drum으로 나가는 Line.

Transformer

변압기. 전자유도를 이용하여 교류의 전압을 높이거나 낮추는 장치를 말한다. 철심에 코일을 감은 1차코일과 2차코일로 이루어져 있다.

Transition

전이. 일반적인 물질의 하나의 상태에서 어떤 다른 상태의 변화를 뜻하지만, 흔히 집합 상태의 변화, 이를테면 동소체변화, 다형변화, 포정변화 (包晶變化), 공정변화 등이나 상전이를 말한다.

Transition region

전이영역. 레이놀즈수가 2,100~4,000 사이를 말한다. 층류에서 난류로 전이되는 부분. NRe가 2,100일 때의 유속을 임계속도라고 한다.

Tray

A plate inside a distillation column where vapor-liquid contact takes place. Different types of hardware can be used to create this contact.
보일러의 탈기장치 등에서 낙하하는 물의 표면적을 증대시키기 위하여 고안된 장애판을 말한다. Tray는 원래 얕은 접시, 쟁반 등의 뜻.

Tray dryer

상자 모양의 건조기 내에 괴상, 입상의 원료를 넣고 가열기체 또는 가열공기를 송입. 대체로 회분식이 많다.

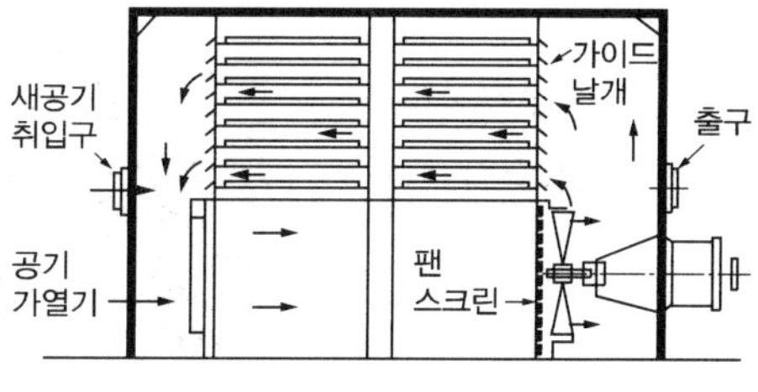

(a) 병행류 상자형 건조장치

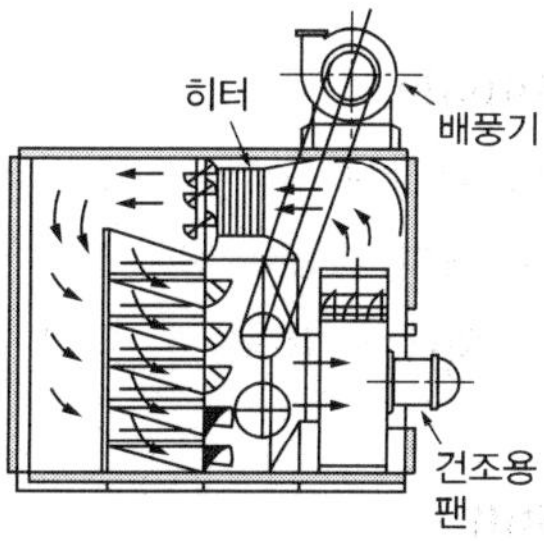

(b) 통기류 상자형 건조장치

Treating

Oil에 화학적인 처리를 하여 색상, 냄새, 안정성 등을 향상 시키는 것을 말한다.

Trend Display

Group에 등록되어 있는 8 Point 중 임의의 한 Point(Single) 또는 2 Point(Dual)의 지나간 경력을 나타낸다.

Trend Group Display

임의로 편성된 7가지 색깔로, 작업자의 지나간 경력이 나타난다.

Terephthalic Acid

폴리에스텔 섬유와 플라스틱 원료.

Trim Correction

선적량의 정확한 계산을 위해 선박 기울기를 반영하는 것.

Trouble

기기가 그 기능이나 작동에 있어서 지장을 초래하는 것.

Trouble Shooting

신뢰성 관리에 있어서는 고장의 진단을 말하지만, 일반적으로 고장이나 트러블의 원인 탐구활동을 가리킨다.

TS

Total Solid

Tube Bundle

관다발. 다발로 묶어진 고정된 평형튜브로서 열교환기에 사용되어 진다. Tube Bundle은 Tube, Baffles(방해판), Tube Sheets, Spacer Rods가 포함된다.

Tube Still

관증류기. 코일이나 연속된 코일들 또는 적당한 연소실에 설치되어 관을 통해 펌핑 되는 동안 열이 기름에 가해지는 증류기의 하나이다.

Turbidity

탁도. 물의 흐름의 정도를 나타내는 지수로서 정제 카올린이나 이산화규소 1 mg이 물 1000 mL에 풀려 있을 때의 흐린 정도를 1 로 한다.

Turbulent flow

난류. 유체의 정상적인 흐름에서도 한 점에서의 속도, 압력 등이 불규칙적으로 변하는데, 이와 같은 흐름을 말한다. 레이놀즈수가 4,000 이상일 경우를 말한다.

Turn-Around

정상조업 후 정제장치에 대한 수리를 돌발사고의 미연 방지를 위하여 사전계획에 의거 정기적으로 수행하는 정비작업(= 정기보수작업).

Tunnel dryer

터널 건조기. 이동용 차에 재료를 싣고 건조기 내의 터널에서 이동시키며

건조를 실시. 공기흐름은 병류, 향류방식. 다량의 재료를 천천히 건조시켜야 할 벽돌, 내화제품, 목재에 주로 이용된다. 목재를 건조할 경우 열풍 입구에서 빠른 건조를 막기 위해 증습할 필요가 있다.

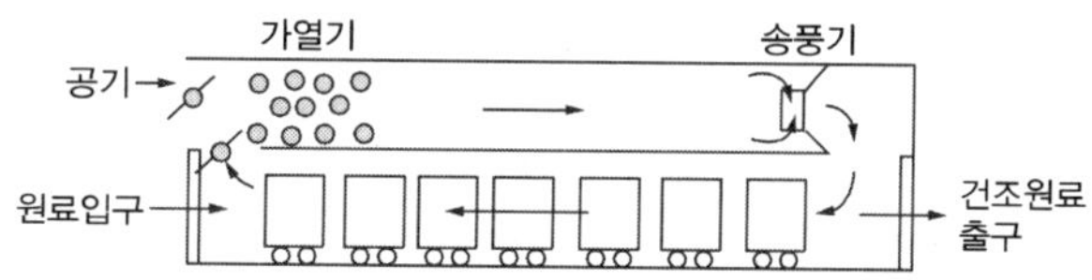

TWI (감독자직무교육)

Training Within Industry for Supervisor.

memo

U/C

Unicracker

Ullage

Outage와 같은 말. 탱크나 Vessel의 채워진 부분을 제외한 부분.

ULCC

Ultra Large Crude Cargo.

Ultra Large Crude Cargo

320,000 DWT 이상 크기의 원유선.

Ultra-Violet Light Absorber (자외선흡수제)

Polymer의 빛에 의한 열화를 방지하기 위해 첨가하는 Additive.

4000μ 이하 장파의 흡수 능력을 갖고 있고, 흡수한 광의 에너지를 어떠한 형태로 안정하게 방출시켜야 한다.

※ 대표적 : 분자 내에 페놀성의 OH기를 가지고 있는 것.

예 열화되는 광의 파장 : PP : 370 mμ 이하, PE : 300 mμ 이하.

Unicor

부식방지제. H_2S로 인한 관의 부식을 방지하기 위하여 관 내부로 주입하여 관 내부벽에 피막을 형성시킨다.

Unicracker

VGO를 촉매 반응시켜 Naphtha, Kerosene, L/S Diesel 등을 제조하는 공정. Unocal사의 특허공정 이름. HOU 공정의 일부.

Unifining Unit

제 3수첨탈황시설. Raw 납사 중의 유황, 질소, 산소, 지방족, 할로겐, 금속화합물을 전환, 제거시키는 공정으로서 주목적은 다음에 Feed 될 No.2 Platfining Unit의 백금 촉매를 보호하기 위해 납사를 Clean-Up 하는 데 있다.

Hydrotreating Unit와 동일한 역할을 하는 공정으로서 0−7 공정이라고도 하며, 촉매는 HR-306이다.

Unification

Sometimes, you need to combine smaller hydrocarbons to make larger ones - this process is called unification. The major unification process is called catalytic reforming and uses a catalyst (platinum, platinum-rhenium mix) to combine low weight naphtha into aromatics, which are used in making chemicals and in blending gasoline. A significant by-product of this reaction is hydrogen gas, which is then either used for hydrocracking or sold.

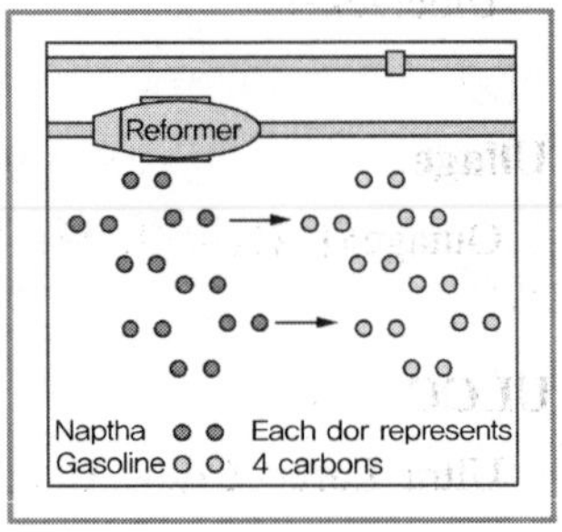

Uninterruptible Power Supply System

무정전으로 전원을 계속 공급해 주는 장치로 컴퓨터 등 주요 설비를 위해 설치.

Unit operation

단위조작. 각종 화학제품을 생산하는 화학공정은 여러 공정으로 이루어져 있는데, 이들 공정 중에서 물리적 처리를 위한 기본 조작을 단위조작이라고 한다. 각종 공업에 있어서 처음의 원료가 변형 또는 가공되어 최종물질로 만들어지기까지 수반되는 화학, 물리 또는 생물학적 공정은 외견상 달라 보이지만 많은 유사점을 가지고 있다. 이들 공정은 단위조작이라고 하는 독립된 별개의 단계들로 나누어지며 또는 공정전반에 걸쳐 공통된 요소이다. 예를 들면, 증류(distillation)라는 단위조작은 음료공업에서는 알코올을, 석유정제공업에서는 탄화수소의 정제나 분리에 사용된다.

- 유체 조작 : 유체수송, 유량측정
- 열전달 조작 : 열교환, 증발

• 물질전달 조작 : 증류, 흡수, 추출, 흡착
• 분체 조작 : 분쇄, 분체, 수송, 분급, 여과, 침강, 건조

Unloader

기체의 압축이 이루어지지 않도록 하여 압축기의 부하를 경감하는 장치.

Unsaturated Hydrocarbon

불포화탄화수소. 탄소와 결합되어야 할 수소가 부족하기 때문에 다른 분자와 쉽게 결합하려는 성질을 가진 탄화수소. 이 분자들은 탄소원자 사이에 이중결합을 갖고 있다.

Unwashed Gum

현존 검(Existent Gum)과 비휘발성 첨가제로 구성된 자동차기름의 증발 잔류물.

UOP

Universal Oil Products Company.

UPS

Uninterruptible Power Supply System.

Utility (동력)

공정조업에 부수적으로 사용되는 연료, 스팀, 전기, 용수 등의 통칭.

memo

V

전압. Voltage.

Vacuum Breaking Valve

압력감소 밸브에 반대로 작동하는 밸브로서, 만약 외부압력이 용기 내 압력보다 높으면 이 밸브가 열려 같아지게 된다.

Vacuum Circuit Breaker

진공차단기. 진공통 내에서 접점의 개폐가 이루어지도록 한 차단기.

Vacuum Column

A column that operates under a partial vacuum.

Vacuum Distillation

진공증류. 1기압 이하의 감압 하에서의 증류조작.
비점이하에서 증류시킬 수 있는 이점이 있기 때문에 고비점의 액체나 열분해하기 쉬운 액체의 증류에 적합하다.

Vacuum Jets

공기와 비응축 가스를 제거하기 위한 증기배출기를 말한다.

Valve

관속을 흐르는 기체 또는 액체의 유입, 유출 및 이를 조절하는 장치 또는 부품의 총칭.

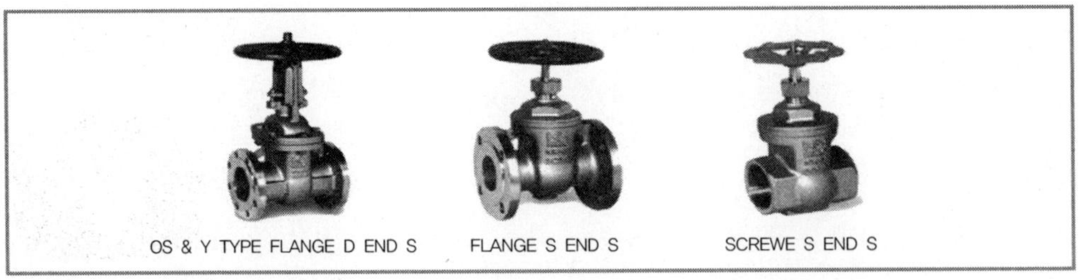

Vapor

증기. 기체와 같은 뜻의 말이지만 보통은 비등점이 그다지 높지 않고 비교적 쉽게 액화할 수 있는 물질에 대해서 사용된다.
수증기, 알코올, 증기 등.

Vapor Lock

엔진의 기화기나 연료분사장치 등의 연료장치에, 연료에서 나온 증기나 공기 등이 파이프 내부에 정체되어 연료의 공급을 저해하는 현상을 말한다. 증기폐색이라고도 한다.

Vapor Pressure

증기압.
pressure exerted by the molecules in a liquid as they attempt to escape from a liqued to a vaporized state.
일정한 온도에 있어서 액상 또는 고상한 평행한 증기상의 압력을 말하며, 증기장력이라고도 한다. 일반적으로 포화증기압을 의미할 때가 많다.

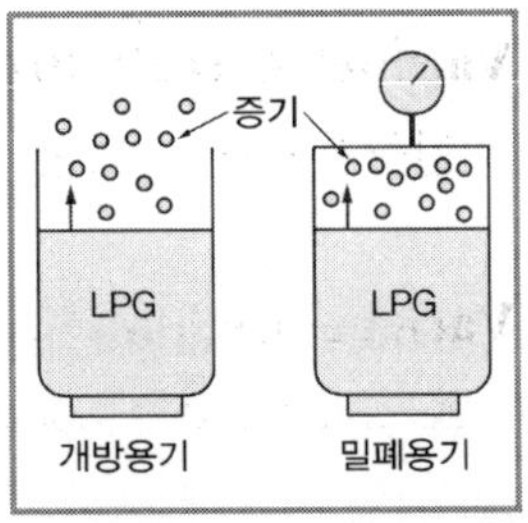

VCB

Vacuum Circuit Breaker. 진공 중에서의 높은 절연내력과 아크(Arc)의 급속한 확산을 이용하여 아크를 소호하는 것으로 고압 및 특고압에서 가장 많이 사용한다.

VCFX

Vertical Combined Feed Exchanger.

VCS

진공개폐기. 부하전류만 차단할 수 있는 개폐기.

Velocity

단위 시간 동안에 이동한 위치 벡터의 변위로서 물체의 빠르기를 나타내는 벡터량이다. 물체의 빠르기를 이동한 방향과 함께 나타낸다는 점에서 속력과 차이가 있다.

Vent Nozzle

Tank Operation 시 대기의 압력과 탱크내의 압력을 균등하게 유지하여 탱크의 파손을 막는 장치.

Vent Valve

관속의 유체의 양이나 압력이 필요 이상으로 되었을 때, 자동적으로 유체를 밖으로 흘려보내거나 또는 되돌려 보내는 밸브.

Vertical Combined Feed Exchanger

수직 열교환기로서 열전도 효율도 크고 고온에서 사용하며 Fouling 형성이 잘 되지 않으나 Start Up, Shut Down 시 열팽창 수축으로 주의가 요망된다.

Venturi meter

오리피스 유량계와 같이 차압유량계로 노즐 후방에 확대관을 두손실을 적게 하고 압력을 회복하도록 한 것.

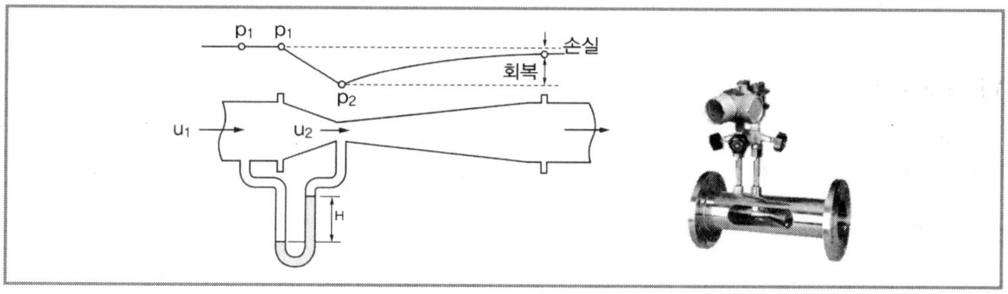

Vessel

용기. 그릇의 뜻.

Visbreaking (Viscosity Breaking)

상압 잔사유 및 감압증류 장치 잔사유를 Thermal Cracking시켜 Heavy Oil의 Viscosity를 낮춰주고 LPG, 납사 및 디젤 등의 Light Oil을 생산해내는 공정을 말하며, 그 수율은 20% 정도이다.

Viscoelasticity

점탄성. 응력과 변형사이에 탄성과 함께 점성을 나타내는 물질의 성질.

Viscosity

점성. 정지하고 있는 유체 중에 임의의 평면을 생각할 때, 그 면을 통하여 양쪽의 유체부분에 미치는 힘은 항상 면에 직각이며 층밀리기 변형력은 존재하지 않는다. 그러나 운동하고 있는 유체에서는 속도기울기가 있는 경우, 속도를 고르게 하여 일정하게 하도록 한 방향의 접선변형력이 나타난다. 이 성질을 유체의 점성이라 한다.

점도의 차원은 [M/LT]가 되고, CGS단위로 표시한 [g/cm · s]를 포아즈(poise, p), 이의 1/100을 센티포아즈(cp)라 함. SI계에서 점도는 Pa · s [N · s/m^2 혹은 kg/m · s]로 표시한다.

Viscosity Coefficient

점성계수. 물질에 단위 흐름 속을 일어나게 하는데 필요한 전단응력.

㈜ 실제 측정에 있어서 어떤 물질의 점성도 계수는 전단응력과 전단속도의 비로부터 구한다. 그 비는 일정한 전단응력과는 독립적이라고 가정한 것으로 뉴턴 유체인 경우에만 만족되는 것이다. 따라서 다른 모든 경우에 있어서 얻어진 값을 겉보기이고 유체곡선의 한 점을 나타내는 것이다. CGS 단위에서는 점성도 계수는 DYNES-SEC/cm으로 표시되는 국제단위로는 N-s/m으로 표시한다.

Viscosity Index

점도지수. 오일의 점도가 온도에 따라 변화하는 율을 측정하기 위한 수치로서 화씨 212도, 210도, 104도와 100도에서의 점도로서 계산한다. 점도지수가 크면 온도에 의한 점도변화는 상대적으로 적다.

Viscosity Index Improver (VI Improver)

윤활유의 점도지수를 높여 온도 변화에 따른 점도변화를 감소시키는 것.

Viscosity Ratio

점성도비. 동일온도에서 중합체 용액의 점성도와 순수한 용매의 점성도와의 비. 용액/용매 점성도비라고도 한다.

VLCC (Very Large Crude Cargo)

160,000～320,000 DWT 크기의 원유선.

VLDPE

초저밀도폴리에틸렌. 투명성 및 연성이 기준 폴리에틸렌보다 우수함.

Void

공극. 고체 중에서 원자, 이온, 분자가 충전되어 있지 않은 빈틈, 분립체 등에서는 분체 간의 틈새를 말함.

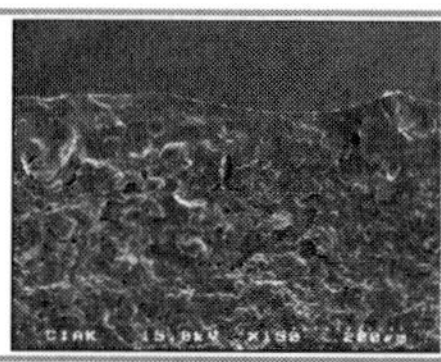

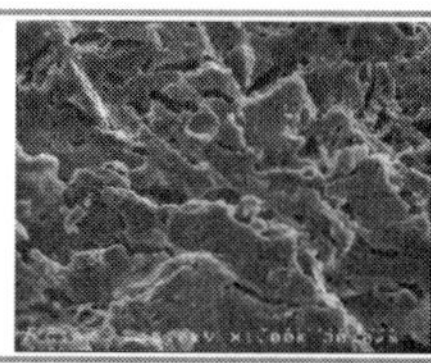

Volatility

휘발성. 통상의 온도에서 액체가 기체로 되어 증발하는 성질.

Volume

(1) 체적, 용적.

(2) 양, 용량.

Volute

(1) 맴돌이, 소용돌이라는 뜻

(2) Diffuser로부터 나오는 공기를 모아서 출구방향으로 공기를 유도하는 역할을 하는 장치이며, 이 부분에서 공기의 속도를 더욱 감소시킴으로써 속도에너지의 대부분을 압력에너지로 바꾸어 준다.

Vortex Breaker

Vessel의 Outlet Flow의 소용돌이를 방지하여 주는 장치.

Voyage Charter

항차용선. 선박용선 계약 시 화물량에 따른 용선료를 지불하는 방식으로 용선한 선박.

VRDS

Vacuum Residuum Desulfurization. 상압증류 공정 및 감압증류 공정의 잔사유를 촉매 반응 시켜 Sulfur를 제거하고 L/S DSL을 제조하는 공정. Chevron사의 특허공정. HOU 공정의 일부.

VTB

Vacuum Tower Bottom.

Wacker process

와커법. 아세트알데히드 등, 카르보닐화합물을 공업적으로 제조하는 방법.

Walkie Talkie

휴대용의 소형 송수신기.

Walk Way

파이프 Line 사이를 사람이 다닐 수 있도록 인위적으로 만든 길.

Warming Up

엔진이나 고온용 송풍기 등을 가동하여 전에 미리 소정의 온도까지 서서히 예열하는 것.

Waste disposal

폐기물처리. 폐기물을 파쇄, 압축, 소화, 여과, 흡수, 흡착, 소각 등의 물리적, 화학적 조작에 의하여 감량화(減量化), 무해화(無害化), 혹은 재생 이용을 도모하는 일련의 공정.

Waste disposal cost

폐기물처리비용.

Waste disposal facility

폐기물 처리시설.

Waste heat

폐열.

(1) 사업장에서 열을 쓰고 더 쓸 수 없는 열을 버리게 되는 것을 말함. 보일러 가동 후 연통으로 손실되는 열.

(2) 연소장치나 배소로, 용해로, 원동기 등에서 배출하는 폐가스의 여열.

Waste heat boiler

폐열보일러. 폐열을 열원으로 하여 증기 발생을 시키는 보일러.

Wastewater treatment

폐수처리. 공장, 도시 등으로 부터 나오는 폐수 중에는 유독물질이나 유해물질이 대량으로 함유되는 경우가 많기 때문에 이것을 정화하거나 회수하여 소정의 허용한계수질(수질오염방지법)로 처리하는 것을 말하며, 처리법으로서는 물리적 처리법, 화학적 처리법, 물리화학적 처리법 등이 있다.

Waste Water

폐수. 사용한 물에 액체상 또는 고체상 폐기물이 혼입되어 그대로 사용할 수 없는 물.

Water Box

원통의 용기 속에 냉각수를 채워 흐르게 하고 뜨거운 시료를 채취하는 곳에 설치되어 있으며 시료채취 코일이 내부에 내장되어 있다. 일종의 Cooler이며, Water는 Box의 밑바닥에서 들어와 탑정으로 넘친다.

Water gauge

수면계. 수면의 위치를 측정하는 기구. 양수표(staff gage)에 의해 직접 수면을 측정하는 법. 부표(float)에 의한 법. 전기적 방법 등이 있고 실험용에는 포인트게이지(point gage), 훅 게이지(hook gage), 터치 인디게이터(touch indicator)등이 있다.

Water Hammer

밸브의 급격한 개폐, 또는 액체배관의 경우에는 기체의 혼입, 기체배관의 경우에는 액체의 혼입 등에 의하여 관내의 유속이 급변하는 경우에 발생하는 이상 압력으로, 진동과 높은 충격음을 발생하는 현상.

Water head

물높이 압.

Water Scrubber

물속에 용해되어 남아있는 가스성분을 제거하기 위해 물속으로 가스를 기포화 시켜 주는 장치.

Water Sump Box

Tank 내 저장유 속에 함유된 수분이 침전되면 배수하는 장치.

Wax

밀랍, 왁스.

Weathering

오일의 대기 방출을 말하는 것으로서 보통 가벼운 유분이 증발에 의해 손실되는 것을 말한다.

Weather Shield

Floating Roof 위의 빗물이나 이물질이 탱크 내부로 스며들지 않도록 roof와 Shell 사이에 설치한 막.

weak acid

약산. 이온화도가 작아 물에 녹았을 때 작은 비율의 수소 이온만을 내어 놓은 산. 예를 들어 아세트산이나 탄산은 물에 녹아 수소이온을 내는 물질로 산에 속하지만 그 정도가 매우 약하다. 이렇게 산에 속하지만 물에 녹아 수소이온을 내는 능력이 미약한 산을 약산이라고 한다.

Weather Shield Cover

공정에서 뜨거운 Heat Exchanger에 갑자기 눈, 비가 맞아서 냉각되는 것을 방지하기 위해 설치한 Cover. 일기 방패물 이라고도 한다.

Weight

무게, 중량, 추, 분동. 지구나 달과 같은 거대한 물체가 있음으로 인해 다른 물체를 끌어당기게 되는 중력(重力)의 크기. 어떤 물체의 지구 남극점에서의 무게는 적도에서보다 약간 더 큰데, 그것은 지구의 극 반지름이 적도 반지름보다 약간 작기 때문이다. 이와 같이 물체의 질량은 일정하지만 무게는 위치에 따라 변한다. 달의 질량과 반지름이 지구에 비해 작기 때문에, 동일한 물체라도 달에서의 무게는 지구에서의 무게의 1/6에 지나지 않는다.

Weight fraction

무게분율

Weight ratio

무게비.

Weir

둑. Tank나 Vessel 내에서 액체를 분리하고자 하는 곳에 사용되는 Plate.

Welding

용접. 일반적으로 열을 가하여 2개의 금속재료를 접합하는 기술. 용접법은 대형 강판을 연속적으로 이으려는 필요에 의해 급성장했다. 리벳 이음은 특히 보일러와 같은 밀폐용기에는 부적당하다. 가스 용접(gas welding), 아크 용접(arc welding), 저항용접(resistance welding) 등이 19세기말에 등장했으나 실제 대규모의 용접공정을 실용화하려는 시도는 제1차 세계대전 중에 처음 이루어졌다. 1916년에 이르러 가스 용접의 한 종류인 산소-아세틸렌 용접(oxy-acetylene welding)이 개발되었는데, 이 용접법은 아직까지도 사용되고 있다. 이후 용접법이 더욱 개량되고 사용이 증대됨에 따라 용접장비는 발전하고 안전도는 높아지게 되었다. 소모성 용접봉을 사용하는 아크 용접도 이 시기에 도입되었으나, 초기에 사용된 비피복(非被覆) 용접봉을 사용한 용접은 접합부가 쉽게 깨어졌다. 이 문제는 비피복 용접봉에 석면이나 알루미늄선을 감아 해결했다. 1907년에 도입된 현대식 용접봉은 비피복 용접봉에 광물과 금속으로 복합·피복되었다. 제2차 세계대전의 발발과 함께 발전소·수송수단·구조물 등의 신속한 제작이 요구되었는데, 이때 아크 용접이 널리 사용되었다. 1877년 E. 톰슨이 발명한 저항용접은 아크 용접이 보급되기 전까지 박판의 접합에 오랫동안 사용되었다. 1920년대에는 체인을 만들거나 막대를 연결하기 위한 맞대기 저항용접이 개발되었으며, 1940년대에는 용접에 비소모성 텅스텐 용접봉을 사용하는 비활성기체 텅스텐 아크 용접(inert gas tungsten arc welding/TIG)이 도입되었다. 최근에는 전자 빔 용접(electronic beam welding), 레이저 용접(laser welding), 확산용접(diffusion welding), 마찰용접(friction welding), 초음파용접(ultrasonic welding) 등의 여러 가지 고상(固相) 용접법이 개발되었다.

Wet analysis

습식분석.

Wet bulb temperature

습구온도.

Wet basis

습량기준.

wet crushing

습식분쇄.

wet desulfurization process

습식탈황공정.

Wet Gas

수분 혹은 가솔린 증기를 함유한 석유가스.

Wet gas meter

고정 수평원통 중에 절반은 물에 잠긴 회전드럼이 있고, 가스는 중심 O로부터 화살표방향으로 D실에 들어가며 그 부력에 의하여 드럼을 회전시켜 상부로 나가게 한다. 회전수는 기계적으로 계기의 눈금에 지시되도록 하였다. 이 유량계는 어떤 기간 내의 전 유량을 측정하는 것으로 평균유속을 계산할 수 있으나 순간적 유속은 계산할 수 없다.

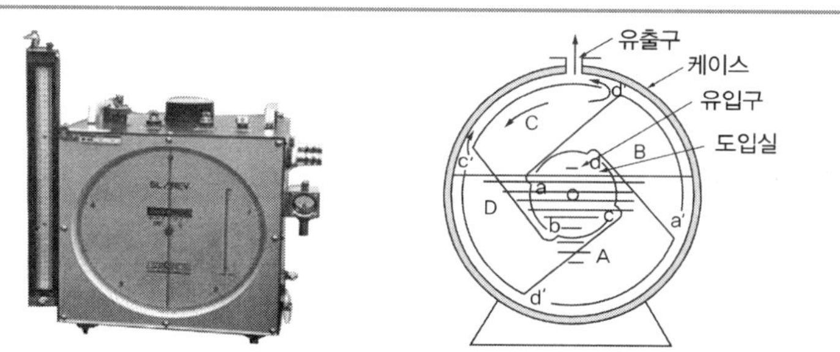

wind Girder

바람막이. Floating Roof Tank에서 Roof가 가라앉았을 때 Tank Shell에 미치는 풍압을 줄이기 위해 Shell상단에 설치한 시설.

Wet process

습식공정.

wetted wall

젖은 벽.

white heat

백열.

wind erosion

풍식.

wind speed

풍속.

Wire

철사, 길게 이어진 금속선. 굵기 및 용도에 따라 여러 가지 종류가 있다.

Wire bonding

결선.

Wired glass

철망유리.

Working pressure

작업압력.

X-Rays

X선. 1895년 뢴트겐에 의하여 발견되어 명명된 방사선이다. 보통의 빛과 마찬가지로 반사, 굴절 및 편차를 나타내며, 회절격자를 사용하여 파장을 정밀하게 측정할 수 있다. 윤활유 중의 금속 함량을 분석하는 데 사용하고 있다.

Xylene

자이렌. $C_6H_4(CH_3)_2$. 크실롤, 크실렌이라고도 한다. 디메틸벤젠에 해당한다.
o-크실렌 (비등점 144℃), m-크실렌 (비등점 139℃), p-크실렌 (비등점 138℃)의 세 이성체가 있는데, 모두 무색의 액체이며 용매나 합성원료 등으로 사용된다.

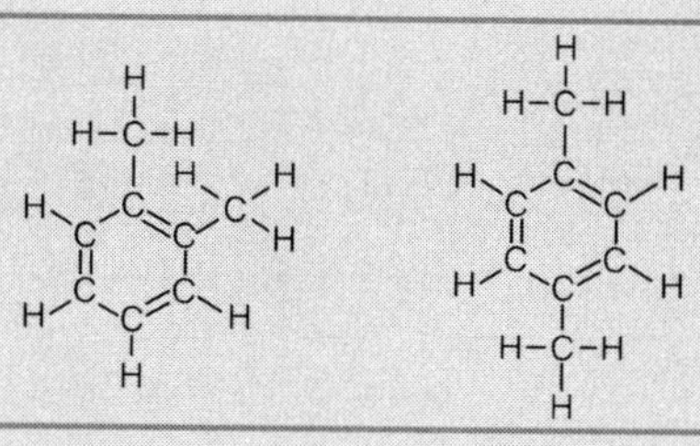

Xylene Solubles

시료의 일부로서 특정의 분석방법에 따라 Xylene에 용해되어 남아있는 부분을 말한다.

memo

Yarn

실. 직물·편물·봉제품 등의 재료. 솜·양모·생사 등의 천연섬유나 인견·합성섬유 등 인공적으로 만든 섬유를 길게 한 것으로 여러 가지 섬유를 가지런히 모아 꼬임을 주어 무한히 긴 섬유 다발로 만들어 일정한 굵기와 강신도(强伸度)를 가지게 가공한 것과 견(絹)과 같이 연속된 사조(絲條)를 제사공정으로 집속(集束)한 것, 또는 비스코스나 합성섬유와 같이 화학적으로 방사(紡絲)하여 연속된 사조를 만들어 이것을 집속·가연(加撚)한 것의 총칭이다. 어느 것이나 굴곡성이 있고 균일한 굵기와 연속된 길이를 가진 것으로, 주로 직물 편성물의 원료로 쓰이는 목적으로 적당한 강도와 신도를 가진다.
제조방법에 따라 방적사(紡績絲)와 필라멘트사로 구분된다.

Yield

이익률, 성공률. 제품가공의 경우 합격품과 불합격품의 비율을 말한다. 100개를 제작하여 80개가 합격품이면 성공률을 80%라고 한다.

Yield coefficient

수율계수

Yield Point

항복점. 금속재료의 인장시험 때 신장의 종점으로, 하중이 증가하지 않고 재료가 급격히 늘어나기 시작할 때의 응력을 말한다.

Yield strength

항복강도. 탄성변형이 일어나는 한계응력을 말한다. 즉, 하중을 받아 탄성변형이 발생한 재료가 원상태로 복구될 수 있는 한계점을 의미하는 것이다.

Yield stress

항복 응력. 어떤 물체에 응력을 가하여 변형시킬 때 응력이 작을 때는 응력에 비례하여 변형(탄성변형)이 되고 응력을 제거하면 원래의 상태로 되돌아간다. 그러나 응력이 어떤 한계를 넘었을 때 변형이 급격히 증대하는 경우가 생긴다. 이 현상을 항복이라 하고 그 한계응력을 그 물질의 항복응력 또는 단지 항복값 또는 항복점이라고 한다. 항복응력 이상에서는 물체 내부에 미끄럼이 생기기 때문에 응력을 제거하여도 물체는 먼저의 모양으로 되돌아가지 않고 영구변형이 남는다. 이것을 (가)소성이라 하고 그 변형을 소성변형이라고 한다. 또한 소성을 나타내는 물체를 소성체라고 한다. 고분자의 고농도용액이나 콜로이드의 고농도 분산액의 유동에 있어서도 항복현상이 나타난다. 즉, 가해지는 전단응력이 작은 경우는 유동하지 않고, 어떤 값 이상의 전단응력에 의해 비로소 유동을 일으킨다. 정지상태에서의 분자 또는 입자 사이의 구조형성(→ 구조점성)이 강하고 그 구조를 파괴하여 유동을 일으키게 하기 위해서는 일정값 이상의 전단응력을 가하지 않으면 안 되기 때문이다.

Yield value

항복값. 물체에 힘을 가하여 변형시킬 때 고체는 작은 힘으로는 탄성적 거동을 보이지만 어떤 한계(탄성한계)를 넘으면 힘을 조금만 증가시켜도 변형은 급격히 커져 외력을 제거하더라도 원래의 상태로 되돌아가지 않게 된다. 유동성이 있는 고분자 고농도용액은 응력이 작을 때는 유동하지 않지만 어느 정도 크기 이상의 응력이 가해지면 유동하기 시작한다. 이 응력의 한계치를 항복값 또는 항복점이라고 한다. 빙햄소성 유체(Bingham plastic fluid)에서는 항복값은 1점이지만 일반적인 소성유동에서 전단속도와 전단응력의 관계는 어떤 한도까지는 곡선을 이룬다. 이 점(f_m)을 상한항복값이라 하고, 유동개시한계점(f)을 하한항복값이라고 한다. 직선부분을 외삽하여 얻어지는 점(f_B)은 빙햄항복값이다.

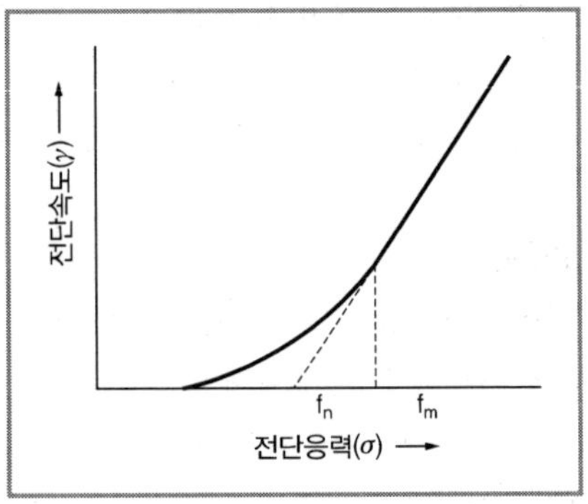

Young's modulus

물체를 양쪽에서 잡아 늘일 때, 물체의 늘어나는 정도와 변형되는 정도를 나타내는 탄성률로 18세기 영(T. Young)에 의해 도입되었으며, 길이탄성률이라고도 한다.

ZCT

Zero Phase Sequence Current Transformer.

Zeolite

제올라이트. 실리콘(Si)과 알루미늄(Al)으로 이뤄진 다공성 결정으로 강한 산성을 띠어 다양한 석유화학 반응의 촉매로 활용된다. 이외에도 흡착력이 강해 담배 필터, 세제, 탈취제, CPU 냉각장치 등에 사용된다.

Zero emission

무배출, 무방출

Zero order reaction

영차반응. 반응물의 반응속도가 반응물의 농도$[A]$에 0차인 것이다. 그러므로 반응속도는

$$v = k \circ [A]^0 = k$$

즉, 농도에 관계없이 속도가 항상 일정한 것이다.

Zero point

영점

Zero Phase Sequence Current Transformer

영상변류기. 3상 배전선로의 지락전류를 검출키 위해 사용하는 변류기. 지락사고 시 차

단기를 Open하기 위한 신호를 얻는 데 사용.

Zeta potential

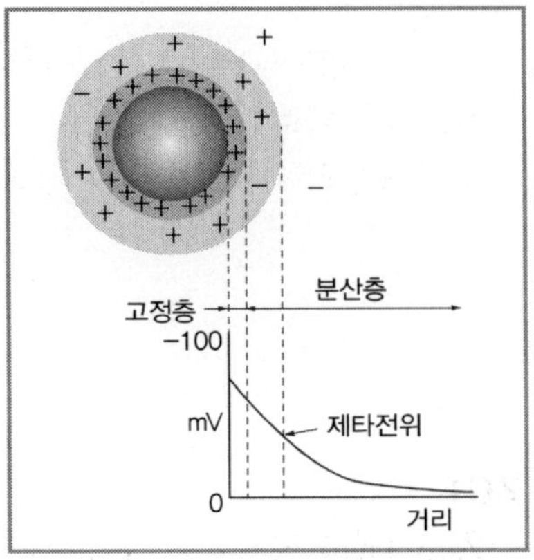

제타전위. 서로 다른 상(相)이 접촉할 경우 계면 양쪽에 나타나는 전위차. 2개의 상이 접해서 경계면이 형성되면, 액상/액상의 경우는 양쪽, 액상/고상의 경우는 액상 쪽에, 계면의 영향으로 이온의 분포에 변화가 생기며 전기확산 2중층이 형성된다. 전기적으로 중성인 벌크상에 기준을 두고 보면, 전위는 계면에 향하여 산을 이루고 계곡을 형성하여 변화하고 있다. 넓은 뜻으로 이 전위의 전모가 계면전위이지만, 관측점에서 보아 다른 상(相)의 내부의 영향을 받지 않은 부위에 있어서의 전위를 계면전위라고 하는 경우가 있다. 또한 활주면의 전위를 θ전위라고 한다. 이 밖에도 상술한 전위분포의 특정 산정이나 계곡 바닥의 전위에 특정한 명칭을 붙여 부르기도 한다.

ZPT

영상변압기. Zero Phase Sequence Potential Transformer.

※ GPT 참조.

Ziegler

독일의 철학자. Kassel시의 교외 Helsa태생. 1925년 Frank-Furt대학, 1962년 Heidelberg 대학원수료, 1936년 Hall 대학 화학연구소 정교수 겸 소장역임. 1943년 Kaiser -Wilhelm(현 Max-Planck)석탄연구소 소장. 3가의 탄소원자를 갖는 유리기의 연구와 이것을 사용한 고리형 화합물의 합성을 시도하고, 1930년 금속리튬과 할로겐화탄화수소에서 리튬유기화합물을 합성하고, 이후 유기금속화합물의 연구를 기초로 새로운 반응의 계통적 연구를 하였다. Ziegler 유기금속화합물 합성법, Ziegler 환화반응 외에 고분자합성 분야에서의 Ziegler촉매, Ziegler 반응의 발견으로 유명하다. 1952년 $A1(C_2H_5)_3$와 $TiC1_4$를 조합한 촉매에 의해 에틸렌이 상온상압에서 중합하는 것을 발견하였는데, 이것은 저압 폴리에틸렌 합성법으로서 공업화되었다. 1963년 이 업적으로 G. Natta와 함께 노벨 화학상을 받았다.

Zieglar-Natta Catalyst

치글러－낫타촉매. 중합반응의 촉매로서 사용되는 유기금속화합물(금속은 주기표 I, II, III족에 속하는 것)과 천이원소염화물과의 착물(錯物)을 말한다. 트리알킬알루미늄과 염화티탄으로 되는 계가 대표적인 것이다. 1952년 K. Ziegler 들은 트리에틸알루미늄 ($Al(C_2H_5)_3$)과 4염화티탄($TiCl_4$)를 촉매로 하여 저압(수 kg/cm^2)으로도 갈래 적은 고결정성의 에틸렌중합체를 얻는 데 성공하였다(치글러법). 이어서 1955년 G. Natta 들은 치글러촉매를 개량하여 폴리프로필렌을 얻었다. 낫타법은 그 후 α-올레핀만이 아니고 여러 방면에 응용되고 있다.

Zinc dust

아연 가루.

Zinc galvanizing

아연 도금. 용융아연 도금은 옛날부터 사용되어져 온 도금법으로 양철관 외에도 선, 관, 송전선 철탑재 등의 대형 구조물재, 관이음, 절연애자용 금속기구 등에 흔히 쓰인다.

ㄱ

가스코크스 gas coke
가공 Processing
가교 bridge
가교제 crosslink agent
가는 체 fine screen
가동 run
가루 powder
가르개 splitter
가리기 masking
가마 kiln
가상운전 dummy run
가성소다 caustic soda
가스 가열기 gas heater
가스 발전소 gas power plant
가스화 gasification
가습 humidification
가시 광선 visible ray
가연성 combustibility
가열 면적 heating area
가열 불꽃 heating flame
가열판 hot plate
간극 clearance
갈림점 junction
경계윤활 Boundary Lubrication
개방 회로 open circuit
개시 initiation
개질 modification
거름(여과) filtration
거름액(여과액) filtrate
거품 억제제 antifoaming
검사 inspection
겉보기 밀도 apparent density
격리 isolation
견적 estimate
견적서 quotation
결합 bonding
결합 combination
결합 coupling
경도 Hardness
경유 Diesel
경유 Light Oil
계기용변성기 Metering Out-Fit
계기용변압기 Potential Transformer
계기용 압축공기 Instrument Air
계량기 Meter
계면활성제 Surface Active Agent

계수측정 Gauge Correction
고밀도폴리에틸렌 HDPE
고중합 High Polymerization
공기압축기 Air Compressor
공기예열기 Air Preheater
공기조절장치 Air Register
공동현상 Cavitation
공시험 Blank Test
공액계 Conjugated System
공액이중결합 Conjugate Double Bond
공정용 압축공기 Plant Air
공중합 Copolymerization
공중합체 Copolymer
과부하 트립 Over Load Trip
과산화물 Peroxide
과열기 Super Heater
관다발 Tube Bundle
관 증류기 Tube Still
교반기 Mixer
교정 Calibration
구형탱크 Spherical Tank
극소형유입차단기
Minimum Oil Circuit Breaker
극압제 EP Agent
기계유 Machine Oil
기름분리 Oil Separation
기밀장치 Seal System
기수공발 Priming
기압 Atmospheric Pressure
기압계 Barometer
기어유 Gear Oil
기준판 Datum Plate
꼬리표 Tag

ㄴ

나사 screw
나사 구멍 tapped hole
난류 turbulent flow
나일론 Nylon
난연제 Flame Retardant
내부 에너지 internal energy
내부 환류 internal reflux
내열 heat proof
내열온도 Heat Resisting Temperature
냄새 odor
냉각기 Condenser
냉각기 Cooler
냉각수 Cooling Water
냉각탑 Cooling Tower
넘침관 overflow pipe
넘침둑 overflow weir
노 (爐) Furnace
노관 Furnace tube
노말농도 normal concentration
노즐 nozzle
노점 Dew Point
노통 Flue
노하우 know-how
노화 aging
농축 concentration
농축 enrichment
농축기 thickener
높이 level
누설 leak
누적 accumulation
누적 분포 accumultive distribution

ㄷ

다가산 polybasic acid
다결정 polycrystal
다공도 Porosity
다공질 벽돌 foam brick
다단 cascade
다단 공정 multistage process
다단제어 cascade control
다단조작 multistage control
다단펌프 Multistage Pump
다색성 Bloom
닥터시험 Doctor Test
단면 cross section
단면적 cross-sectional area
단면축소 contraction of area
단물(연수) sweet water
단락 Short Circuit
단량체 Monomer
단로기 Disconnecting Switch
단위체단위(머) Monomeric Unit(MER)
단일중합체 Homopolymer
닻 Anchor
대기오염 Air Pollution
대류 Convection
동결 Freezing
동기화 Synchronizing
동력 Utility
동질 Homogeneous

ㅁ

마감계측 Closing Gauging
마모방지제 Anti-Wear Agent
마이크로브라운운동
Micro-Brownian Motion
마크로브라운운동
Macro-Brownian Motion
맥동현상 Surging
맹판 Blind
목표값 Set Point
무부하변압기 No Load Tap-Changer
무정형상태 Amorphous State
밀도 Density

ㅂ

바렐 Barrel
반응기 Reactor
발열반응 Exothermic Reaction
발전기 Generator
발포제 Blowing Agent
발화점 Ignition Point
방류제 Dike
방사능 Redioactivity
방화벽 Fire Wall
방향족성 Aromaticity
방향족화반응 Aromatization
방향족화합물 Aromatic Compound
배선용차단기 No Fuse Breaker
배선용차단기 Molded Case Ciruit Breaker
배수밸브 Drain Valve
배압밸브 Back Pressure Valve
배의기울기 Heeling
배합 Blending
벌크밀도 Bulk Density

변류기 전향장치 Deflector
변압기 Transformer
변형 Strain
병렬 Parallel
보충수 Make up Water
보호계전기 Protective Relay
부가중합 Addition polymerization
부동지붕식탱크 Floating Roof Tank
부분응축기 Partial Condenser
부산물 By-products
부식 Corrosion
부식방지제 Corrosion Inhibitor
부식시험 Corrosion Test
부착부하개폐기 FLBS
부하율 Load Factor
부하중변압기 On Load Tap-Changer
분리기 Separator
분산 Dispersion
분석 Analyzer
분압 Partial Pressure
분압의 법칙 Law of partial Pressure
분자 Molecule
분자량 Molecular Weight
분자량 분포
Molecular Weight Distribution
분출 Blow Out
불규칙공중합체 Random Copolymer
불활성가스 Inert Gas
블록공중합체 Black Copolymer
비등점 Boiling Point
비상용전원 Emergency Power
비점범위 Boiling Range
비중 Specific Gravity
비중계 Hydrometer
비활성제 Inerts
비활성화 Deactivation

ㅅ

사출성형 Injection Moulding
산 Acid
산도 Acidity
산소 Oxygen
산업재해 Industrial Losses
산화 Oxidation
산화방지제 Anti-Oxident
삼원공중합체 Terpolymer
상분리 Phase Separation
상압증류탑 Atomospheric tower
생물학적산소유구량
Biological Oxygen Demand
생체고분자 Biopolymers
석유수출국기구 OPEC
선경경영관리체계 SKMS
선로개폐기 Line Switch
선박계측 Ship Sounding
선박내연기관유 Marine Engine Oil
선형저밀도폴리에틸렌 LLDPE
선형중합체 Linear Polymer
성형 Moulding(process)
성형수축 Moulding(Process)
성형수축 Moulding Shrinkage
세탄가 Cetane Number
손실법 Loss Method
송풍기 Blower
수소 Hydrogen

수소첨가 Hydrogenation
수은 Mercury
수증기 Steam
수지 Resin
수직응력 Normal Stress
수화 Hydration
순환 Circulatiton
시료 Sample
신축이음 Expansion Joint
실험분석표 Spec-Tender

ㅇ

아닐린점 Aniline Point
아스팔트 Asphalt
아이조드충격강도 IZOD Impact Strenght
안전밸브 Safety Valve
안티노크성 Anti-Knock Property
안티노크제 Anti-Knock Agent
알칼리 Alkali
알킬화 Alkylation
압력강화 Pressure Drop
압력계 Manometer
압력여과기 Pressure Filter
압축기 Compressor
압출가공 Extrusion
압출기 Extruder
압출성형 Extrusion Molding
액체 Liquid
양이온중합 Cationic Polymerization
억제제 Inhibitor
에너지절감 Energy Conservation
에틸렌, 프로필렌고무
Ethylene Propylene Rubber
에폭시화 Epoxidation
여과기 Filter
연도 Flue
연료 Fuel
연료가스 Fuel Gas
연료유 Fuel Oil
연소실 Fire Box
연쇄중합 Chain Polymerization
연화온도 Softening Point
열경화성플라스틱 Thermosetting Plastics
열교환기 Heat Exchanger
열분해 Thermal Decomposition
열손실 Loss of Heating
열전대 Thermocouple
열전도도 Thermal Conductivity
열팽창 Thermal Expansion
염기 Base
염기도 Basicity
염기성 Basic
염소 Chlorine
영상변류기
Zero Phase Sequence Current Transformer
영상변압기 ZPT
예방정비 Preventive Maintenance
예비성형품 Preform
예열기 Preheater
옥탄가 Octane Number
왕복압축기 Reciprocating Compressor
외관 Appearance
요오드수 Iodine Number
용량 Capacity
용매 Solvent

용액 Solution
용융온도 Melt Temperature
용융지수 Melt Index
용질 Solute
용해 Dissolution
용해도 Solubility
우회배관 By-Pass Line
운점 Cloud Point
원소 Element
원심분리기 Centrifuger
원심압축기 Centrifugal Compressor
원유 Crude Oil
원자 Atom
월류관 Down Comer
유도통풍 Induced Draft
유동점 Pour Point
유량계 Flow Meter
유산반토 Alum
유성 Oiliness
유수분리시설 API Separator
유입개폐기 Oil Switch
유입차단기 Oil Circuit Breaker
유체 Fluid
유체차단 Blank Off
유출물 Effluent
유화 Emulsion
유화제 Emulsifier, Emulsifying
유황 Sulfur
윤활 Lubrication
윤활기분리기 Oil Separator
윤활유 Lube Oil
윤활제 Lubricant
융점 Melting Point
음료수 Potable Water
응고 Freezing
응고점 Freezing Point
응력·균열 Stress-Crack
응력-변형도 곡선 Stress-Strain Curve
응축수 Condensate Water
이성체 Isomer
이온교환 Ion Exchange
이온교환물질 Ion-Exchange Material
이온교환체 Ion Exchanger
이온중합 Ionic Polymerization
이질 Heterogeneous
인장강도 Tensils Strength
인장율 Tensile Madulus
인화점 Flash Point
일산화연 Litharge
입체규칙도 Tacticity
입체규칙성 Stereoregularity
입출력법 Input-Output Method

ㅈ

자기차단기 MBB
자동계측 Auto Level Gauging
자동전압조절장치
Automatic Voltage Regulator
자동전환스위치
Automatic Transfer Switch
자외선흡수제
Ultra-Violet Light Absorber
작동유 Hydraulic Oil
잔류염소 Chlorine Residual
잔류탄소분 Carbon Residue

잠열 Latent Heat
재가열기 Reboiler
재생 Regeneration
재순환 Recycle
저밀도폴리에틸렌 LDPE
저장 Storage
저장탱크 Storage Tank
전기전도 Electri Conduction
전단변형력 Shear Stress
전도율 Conductivity
전력용 케이블 Power Cable
전력용 콘덴서 Static Condenser
전압시험단자 Potential Test Terminal
전이 Transition
절연 Insulation
점도지수 Viscosity Index
점성 Viscosity
점성계수 Viscosity Coefficient
점성도비 Viscosity Ratio
점착성수지 Sticky Resin
점탄성 Viscoelasticity
점화버너 Pilot Buner
점화원 Ignition Source
접지사고 Grounding 사고
접지용변압기
　Grounding Potential Transformer
정량분석 Quantitative Analysis
정수조 Clarifier
정압 Static Pressure
정전집진장치 Electrostatic Precipitation
정확도 Accuracy
제어실 Control Room
제어장치 Motor Control Center
조업기간 On Stream
종류점 End Point
주도 Cone Penetration
주상유입개폐기 POS
주상 자동 고장 구분 개폐기 PAS
주철 Cast Iron
주형 Casting
중간냉각기 Inter Cooler
중력식여과기 Sand Filter
중성 점접 지저항기
　Neutral Grounding Resistor
중심 맞추기 Alignment
중유 Heavy Oil
중유 LRFO
중합 Polymerization
중합도 Degree of Polymerization
중화 Neutralization
증기 Vapor
증기선도 Molier Diagram
증기압 Vapor Pressure
증기트랩 Stream Trap
증류 Distillation
증류분 Distillate
지느러미관 Fin Tube
지락보호유입개폐기
　Grounding Oil Switch
진공개폐기 VCS
진공증류 Vacuum Distillation
진공차단기 Vacuum Circuit Breaker
진동수 Frequency
질소 Nitrogen

ㅊ

치글러-낫타촉매 Zieglar-Natta Catalyst
차단기 Circuit Breaker
첨가제 Additive
청정제 Detergent
체선료 Demurrage
초유점 Initial Boiling Point
초저밀도폴리에틸렌 VLDPE
촉매 Catalyst
촉매독 Catalytic Poison
촉매활성도 Catalyst Activity
총고형물 Total Solid
축적조 Accumulator
축전기 Condenser
충격둑 Shock Bank
충돌 Impingement
충전제 Filler
충전탑 Packed Tower
침강 Sedimentation
침식 Erosion
침입도 Penetration
침전물 Sediment
침전지 Sedimentation Basin

ㅌ

탁도 Turbidity
탁틱중합체 Tactic Polymer
탄성 Elasticity
탄성변형 Elastic Deformation
탄성율 Modulus of Elasticity
탄소강 Carbon Steel
탄화수소 Hydrocarbon
탈기기 Deaerator
탈수 Dehydration
탈수소반응 Dehydrogenation
탈이온수 Deionized Water
탈이온장치 Deionizer
탈착제 Desorbent
투명도 Clarity

ㅍ

팽창계수 Coefficient of Expansion
포화소화제 Foamite
포화탄화수소 Saturated Hydrocarbon
폭광 Detonation
폭발 Explosion
폭발한계 Explosive Limit
표면장력 Surface Tension
품질 Quality
품질관리 Quality Control
플라스틱 Plastics
피니언축 Pinion Shaft
피로 Fatigue
피뢰기 Lightning Arrester

ㅎ

한국공업규격 Korean Industrial Standars
합성 Synthesis
항공휘발유 Aviation Gasoline
항복점 Yield Point
항부식제 Anti-Rust Agent
항차용선 Voyage Charter

항포발제 Anti-Foaming Agent
해초 Algae
헵탄 Heptane
현열 Sensible Heat
현존검 Existent Gum
현탁고체 Suspended Solid
형태학 Morphology
혼합성 Miscibility
화학세정 Chemical Cleaning
환경 Environment
환류 Reflux
환산증기량 ESS Ton
활석 Talc
활성알루미나 Activated Alumina
활성 감소제 Deactivator
활성착화합물 Activated Complex
활성탄여과기 Activated Carbon Filter
황산 Sulfuric Acid
회복 Recovery
회전속도계 Tachometer
회전여대 Swivel Joint
후냉각기 After Cooler
후처리공정 Down Stream
휘발성 Volatility
흐름도 Flow Diagram
흡광도 Absorbance
흡수 Absorption
흡수제 Absorbent
흡열반응 Endothermic Reaction
흡입 Suction
흡입공기여과기 Inlet Air Filter
흡착 Adsorption
희석 Dilution

A

abradability 마모성
abrader[abraser] 연마기, 마모시험기
abrasion 마모, 마쇄 마모
abrasion hardeness 마모 경도
abrasion resistance 마모 저항, 내마모성
abrasion tester 마모 시험기
abrasive 연마제, 연마재
abrasive paper 연마지
abscissa 가로[횡]좌표, 가로축
absolute alcohol 무수 알코올 무수알콜
absolute average 절대 평균
absolute capacity 절대 용량
absolute configuration 절대 배열
absolute density 절대 밀도
absolute entropy 절대 엔트로피
absolute error 절대오차
absolute ether 무수에테르
absolute filter 절대[완전]
absolute humidity 절대 습도
absolute insulation 절대 절연
absolute pressure 절대 압력
absolute reaction rate theory 절대 반응
absolute saturation 절대 포화(도)
absolute stereostructure 절대 입체구조
absolute temperature 절대 온도
absolute unit 절대 단위 절대조, 절대 단위
absolute unit system 절대 단위계
absolute velocity 절대 속도
absolute viscosity 절대 점도
absolute volume 절대 부피[체적]
absolute zero 절대 영도

absolute zero potential 절대 영전위
absorbance 흡수도, 흡광도 흡광도
absorbance index 흡수 지수, 흡광 지수
absorbate 피흡수질
absorbed dose 흡수선량
absorbent 흡수제, 흡수체
absorbent cotton 탈지면
absorber 흡수기
absorbing species 흡수종, 흡수 화학종
absorbtance 흡수율, 흡수능, 흡광능
absorptiometry 흡광측정법, 흡수측정법
absorption 흡수, 흡광 흡수
absorption band 흡수띠, 흡수대
absorption cell 흡수 용기
absorption chiller 흡수 냉각기
absorption chromatography 흡수크로마토그래프법
absorption coefficient 흡수 계수
absorption column[tower] 흡수탑
absorption curve 흡수 곡선
absorption edge 흡수단
absorption factor 흡수 인자, 흡광 인자
absorption filter 흡수여과기
absorption line 흡수선, 흡광선 흡수선
absorption machine 흡수 (냉각)장치
absorption maximum 흡수 최대점
absorption mode 흡수 방식
absorption peak 흡수 피이크
absorption photometry 흡광 광도측정법
absorption rate 흡수 속도
absorption resonance 흡수 공명
absorption spectrophotometry 흡수분광광도측정법
absorption spectroscopy 흡수 분광법
absorption tower 흡수탑
absorptivity 흡수도, 흡광도
AC circuit 교류 회로
AC electromotive force 교류 기전력
AC galvanometer 교류 검류계
AC generator 교류 발전기
AC motor 교류 전동기[모터]
AC potentiometer 교류 전위차계
AC voltage 교류 전압
AC welder 교류 용접기
AC[alternating current] 교류
accelerant 촉진제, 가속제
accelerated motion 가속 운동
accelerating agent 촉진제, 가속제
acceleration 가속(도)
acceleration of gravity 중력 가속도
accelerator 가속기
access 접근
accessory 부속(품)
accumulation 축적(량)
accumulation clock 축적시계
accumulation layer 누적층
accumulation test 축적시험
accumulator 누산기
accuracy 정확도
acetal resin 아세탈 수지
acetification 아세트화(반응) 초화
acetylating agent 아세틸화제
acetylation 아세틸화(반응)
acetylene 아세틸렌
acid 산
acid anhydride 무수산

acid catalysis 산촉매작용,
acid catalyst 산촉매
acid chloride 산 염화물
acid dye 산성 염료[물감]
acid earth 산성 백토
acid egg pump 달걀꼴[계란형]
acid form 산성형
acid gas 산성 가스
acid indicator 산성 지시약
acid rain 산성비
acid reaction 산성 반응
acid resistance 내산성
acid resisting material 내산 재료
acid salt 산성염 수소염, 산성염
acid soil 산성 토양
acid strength 산세기, 산강도
acid treatment 산처리
acid value 산가
acid-base indicator 산-염기 지시약
acid-base site 산-염기점
acid-base titration 산-염기 적정
acid-forming 산발생(성)
acidimetry 산도측정(법) 산적정
acidity 산(성)도 산성도
acidity constant 산도 상수
acryl resin 아크릴 수지
actinide contraction 악티늄족
actinide element 악티늄족 원소
actinoid 악티늄족(원소)
actinometer 광량측정기, 광량계
action 작용, 동작
activated adsorption 활성(화) 흡착
activated alumina 활성 알루미나
activated carbon 활성탄
activated carbon adsorption 활성탄흡착법
activated clay 활성 백토
activated complex 활성화물, 활성 복합제
activated sludge process 활성 오니법
activation entropy 활성화 엔트로피
activation overpotential 활성화 과전위
activator 활성화제
active area 활성 면적, 유효 면적
active carbon 활성탄
active center 활성 중심(부)
active coke 활성 코크스
active current 유효 전류
active hydrogen 활성 수소
active mode 활성형
active power 유효 동력, 유효전력
active site 활성점, 활성자리
activity coefficient 활동도 계수
activity concentration 방사능 농도
activity factor 활동도 인자
activity ratio 활동도비,
actual gas 실제 기체[가스]
actual size 실제 크기[치수]
actual velocity 실제 속도
actuating signal 구동 신호, 작동 신호
actuator 구동기, 작동기
acute poisoning 급성 중독
acute toxicity 급성 독성
adaptation 적응, 순응
adaptation syndrome 적응 증후군
adapter 수용기, 연결기[연결관]
addition agent 첨가제
addition polymerization 첨가 중합(반응)

addition product 첨가 생성물 부가생성물
addition reaction 첨가 반응 부가반응
additive 첨가제[첨가물], 부가물
adhesive 접착제, 점착제
adhesive force 접착력
adiabatic efficiency 단열 효율
adiabatic expansion 단열팽창
adiabatic flame temperature
단열 불꽃[화염] 온도
adiabatic flow 단열 흐름
adiabatic humidification 단열가습
adiabatic line 단열선
adiabatic process 단열 과정
adiabatic reaction 단열 반응
adiabatic reactor 단열 반응기
adiabatic saturation temperature
단열 포화 온도
adjustable resistance 가변 저항
adjusting bolt 조정 볼트[수나사]
adjusting device 조정 장치
adjusting nut 조정 너트[암나사]
adjusting spring 조정 스프링[용수철]
adjustment 조정
administrative expense 관리비
admittance 어드미턴스 완전전도도
admixture 첨가물, 혼합물
adsorbability 흡착능, 흡착성
adsorbate 피흡착질, 피흡착제
adsorbed film 흡착막
adsorbed system 흡착계
adsorbent 흡착제
adsorption 흡착
adsorption capacity 흡착 용량
adsorption chromatography
흡착 크로마토그래프법
adsorption equilibrium constant
흡착 평형 상수
adsorption heat 흡착열
adsorptive power 흡착력 흡착능(력)
adsorptive water 흡착수
adsorptivity 흡착능, 흡착도 흡수률
advancement of reaction 반응 진척도
aeration tank 폭기조
aerator 폭기[통기]장치
aerification 공기첨가
aerobic oxidation 호기성 산화
aerodynamics 공기역학
afterburner 후연소기
aftercooler 후냉각기
agglomerater 응집체, 응집입자 응집체
agglomeration 응집 덩어리로 엉킴
agglutinating coefficient 접합 계수
agglutinating number 접합수
aggregate 집합체, 응집체
aggregated distribution 집중 분포
aggregation 집합, 응집
aggregative flulidization 응집 유동화
aging 숙성
aging tank 숙성조[탱크]
agrichemicals 농약
agricultural ecology 농생태학
air accumulator 공기 축적기
air cooler 공기 냉각기
air cooling 공기 냉각
air cooling fin 공냉핀
air drying 공기 건조

air duct 공기 도관
air hose 공기 호스
air inlet 공기 입구
air inlet cam 공기 입구 캠
air inlet valve 공기 입구 여닫개[밸브]
air insulation 공기 절연
air jacket 공기 재킷
air ratio 공기비
air receiver 공기 받게, 압축공기 탱크
air thermometer 공기 온도계
air valve 공기 여닫개[밸브]
air vent 공기 배출구, 배기구
air vessel 공기실
air washer 공기 세척기
air-acetylene welding 공기-아세틸렌 용접
alarm device 경보 장치
alarm lamp 경보등
alarm signal 경보 신호
albite 소다장석, 조장석
alchemist 연금술사
alchemy 연금술 련금술
alcohol meter 알코올(비중)계, 주정계
allowable value 허용값[치]
allowable voltage 허용 전압 허용전압
allowance 허용차
allowance unit 허용차 단위
allowed quantum state 허용 양자 상태
allowed reation 허용 반응 허용반응
allowed transition 허용 전이 허용전이
alloy 합금
alloy iron 합금철
alloy steel 합금강
alloy wire 합금선
alloying agent 합금제
anchoring 고정
anodic oxidation method
양극 산화법 양극산화
apparent density 겉보기 밀도
arc welding 아크 용접
area 넓이[면적]
area base distribution 면적 기준 분포
area meter 면적계
arithmetic mean 산술 평균
aromatic compound 방향족 화합물
aromatic hydrocarbon 방향족 탄화수소
aromatic solvent 방향족 용매
aromatics 방향족화합물
asphalt 아스팔트
asphalt cement 아스팔트 시멘트
asphalt concrete 아스팔트 콘크리트
asphalt emulsion 아스팔트 에멀젼
atmospheric distillation tower 상압 증류탑
automatic batch centrifuge
자동 회분식 원심분리기
auxiliary boiler 보조 보일러
average temperature 평균 온도
average value 평균값[평균치]
average velocity 평균 속도[유속]
Avogadro's law 아보가드로의 법칙
axial flow compressor 축류 압축기
axial flow fan 축류홴
axial flow turbine 축류 터빈
azeotrope 공비(혼합)물 공비혼합물
azeotropic mixture 공비 혼합물
azeotropic point 공비점
azeotropic solution 공비 용액

B

back current 역류, 배류
back donating 되주기, 역제공
back electromotive force 역기전력
back extraction 역추출
back flash 역인화
back flushing 역(급)류세척
back mixing 역혼합
back pressure 배압, 역압 역압력
back titration 역적정
backfire 역화, 맞불
backflow 역류, 배류
background 바탕, 배경
backward feed 역류 공급
backward reaction 역반응
backwash 역세척
backwater 배수
baffle 방해(판) 격판
baffle column [tower] extractor 방해판 탑추출기[추출탑]
baffle plate 방해판
baffle plate mixer 방해판 혼합기
bag filling machine 자루 충전기
bag filter 자루 여과기
ball bearing 볼베어링
ball mill 볼밀, 볼분쇄기
ball valve 볼밸브
ballast 안정저항, 안정기, 밸러스트
band 띠[대], 피대
barometric condenser 대기압식 응축기 대기압 응측기
barometric distribution 기압 분포
barometric equation 기압식
barometric head 대기 높이압
barometric pressure 대기압
barrier 장벽, 보
base 염기, 바탕, 밑면 염기, 기초
base catalyst 염기 촉매 염기촉매
base centered lattice 밑면심 격자
base equivalency 염기 등가성
basicity 염기도
basis 기준, 기저
basket-type evaporator 바구니형 증발기
batch chemical reactor 회분식 화학 반응기
batch distillation 회분식 증류 회분증류
batch grinding 회분식 미분쇄
batch mixer 회분식 혼합기
batch operation 회분식 조업
batch process 회분식
batch reactor 회분식 반응기
batch rectification 회분식 정류
batch technique 회분식 기법
batch tray dryer 회분식 단건조기
batch type 회분식
bath 중탕 욕, 욕조
Beckmann thermometer 베크만 온도계
bed 층, 상 지층
bed contraction 층수축
Beer's law 베르[비어]의 법칙
beeswax 밀랍 꿀(벌)밀
bell-type manometer 종(형) 마노미터[차압계]
bellows flowmeter 벨로즈[주름관] 유량계
bellows pressure gauge

벨로즈[주름관] 압력계
belt 벨트, 띠 피대, 벨트
belt conveyer
벨트 콘베이어, 띠이송기 벨트콘베아
belt drive 벨트 구동(기)
belt feeder 벨트 공급기
bench scale unit 벤취 규모 장치
bend 굽힘, 굽은관
bending 굽힘, 휨
bending force constant
굽힘 힘상수 구부림힘상수
bending mode 굽힘 방식 구부림모드
bending vibration 휨진동 구부림진동
bent bond 굽은 결합 구부림결합
bent pipe 굽은관
bentonite 벤토나이트
benzenoid 벤젠류, 벤젠형
benzenoid band 벤젠형띠, 벤젠형 흡수띠
benzoin condensation 벤조인 축합(반응)
berl saddle 버얼 쌔들 (충전물)
Berlin blue 베를린 블루[감청]
binary flash distillation
이[2]성분 훌래쉬 증류
binary multistage separation
이[2]성분 다단 분리
binary scaler 이진 계수기 이진환수장치
binary separation 이[2]성분 분리
binary solution 이[2]성분 용액 이원용액
binary solvent 이[2]성분 용매 이원용매
binary system
이[2]성분계, 이진법 이원계, 이성분계
binder 바인더, 결합제
binding energy 결합 에너지
binding material 접착 재료 접합제, 결합제
binding site
결합 자리, 결합점 결합자리, 결합부위
Bingham plastic fluid 빙햄 소성 유체
biochemical oxygen demand [BOD]
생화학적 산소 요구량
black ash 흑회
black body 흑체
blade 날, 깃
block diagram 블럭 선도
blow 송풍, 블로우 송풍
blowoff valve 방풍 여닫개[밸브]
blowpipe 불대, 방출관, 송풍관 불대
BOD 생물학적 산소 요구량
Bode diagram 보드 선도
body 물체, 본체 물체
boiled oil 보일유
boiler 보일러
boiler capacity 보일러 용량
boiler pressure 보일러 압력
boiler room 보일러실
boiler tube 보일러관
boiler water 보일러 용수
boiling 끓음 [비등] 끓음, 비등
boiling bed 끓음층 [비등층]
boiling chip 끓음쪽 [비등석] 비등목편,
비층치프, 비등소편
boiling heat transfer coefficient
끓음[비등] 열전달 계수
boiling point 끓는점 [비(등)점], 비점
boiling point diagram 끓는점 선도
boiling point elevation
끓는점 오름[비(등)점 상승]

boiling range 비등점 구간
Bollmann extractor 볼만 추출기
bolometer
　볼로미터, 복사 에네르기 측정기
bolt 볼트[수나사]
Boltzmann constant 볼츠만 상수
bomb calorimeter 봄베 열량계
bonding 결합
bonding agent 결합제, 접합제
bonding material 결합 재료
bonding molecular orbital
　결합성 분자 궤도 함수 결합분자궤도,
　결합분자궤도함수
bone black 골탄
bone charcoal → bone black 골탄
Brownian movement[motion] 브라운 운동
brush 브러쉬, 솔
brush stationary phase 빗모양 정지상
bubble 기포 거품, 기포
bubble bed 기포층
bubble breaker 기포 파괴기
bubble cap 기포캡, 포종(정류탑의 부속품)
bubble cap plate 포종판
bubble cap tower 포종탑
bubble cap tray 포종단
bubble chamber 기포실
bubble column 기포탑
bubble diameter 기포 지름
bubble fluidization 기포 유동화
bubble fractionation
　기포분획, 기포분별분리
bubble phase reactor 기포상 반응기
bubble point (혼합물) 끓는점

bubble pressure 기포 압력 거품압력
bubble tray 기포단
bubble tube 기포관
bubble-type meter 기포식 미터
bubbler 발포기
bubbling absorber 발포 흡수기
bubbling carburetter 발포 기화기
bucket conveyer
　버킷형 콘베이어 바가지콘베아
bucket elevator 버킷형 엘리베이터
buffer solution 완충(용)액
built-up gas 축적 가스
bulk density 총괄[벌크] 밀도 부피밀도
bulk flow 총괄[벌크] 흐름[유량]
bulk modulus 부피 탄성율
bulk transport 벌크 수송
bulk velocity 총괄[벌크] 속도
bulk viscosity 총괄[벌크] 점도
bulking 벌킹, 팽화
buoyant force 부력
buret(te) 뷰렛, 뷰레트
buret(te) clamp 뷰렛 집게
burner 버너, 연소기 버너
by-product 부산물 부산물
by-product costing 부산물 계정
by-product recovery 부산물 회수
bypass 우회 (흐름)
bypass flow 우회 흐름
bypass injector 우회 주입기
bypass loss 우회 손실
bypass valve 우회 여닫개[밸브]
bypassing flow 우회 흐름

C

cable 전선, 케이블 케블
calciner 소성기
calcining furnace 소성로 가소로
calcite 방해석 방해석
calender 캘린더 윤내기 기계, 칼렌다
calendering
캘린더링[캘린더 가공] 칼렌다가공
calibrating constant 보정 상수
calibration
보정, 검량, 검정, 눈금 매기기 눈금맞추기, 교정
calibration curve
보정 곡선, 검량선, 검정 곡선
calorie [calory] 칼로리 칼로리
calorific power 열량, 발열량
calorific value 열량, 발열량
calorimeter 열량계, 측열기
calorimetry 열량 측정(법) 측열, 열량측정
canal ray 양극선
candela 칸델라
capacitance 정전용량 [커패시턴스]
capacity 용량, 능력
capacity current 용량전류
capacity factor 용량 인자
capillarity 모세관현상
capillary (tube) 모세관
capillary column 모세관
capillary electrometer 모세관 전위계
caprolactam 카프로락탐
capture 포착, 포획
capture cross section
포착 단면, 포획자름면적
capture velocity 포착[포획] 속도
carbon cycle 탄소 순환
carbon efficiency 탄소 효율
carbon electrode 탄소 전극 탄소전극
carbon fiber 탄소 섬유
carbon material 탄소 재료
carbon packing 탄소 충전
carbon refractory 탄소 내화물
carbon resistor 탄소 저항기
carbon rheostat 탄소 가감저항기
carbon rod atomizer 탄소 막대 분무기
carbon rod furnace 탄소 막대로
carbon skeleton 탄소 골격 탄소골격
carbon source 탄소원
carbon steel 탄소강
carcinogen 발암물질
carcinogenic 발암성
carriage 왕복대
carrier 담체, 운반체
carrier gas 담체 기체, 운반 기체
carrier protein 운반 단백질 수송단백질
carrier system 운반계, 담체계 반송체계
carrier technique 담체법, 운반체법
carryover 캐리오버, 동반배출
carryover loss 동반배출 손실
cascade impactor 다단 충격기
cascade system 다단계
cast iron 주철
cast iron boiler 주철 보일러
cast steel 주철강
catalyser 촉매
catalysis 촉매작용, 촉매반응

catalyst 촉매(제) 촉매, 접촉제
catalyst activity 촉매 활성
catalyst carrier 촉매 담체
catalyst deactivation 촉매 불활성화
catalyst deposit 촉매 퇴적물
catalyst life 촉매 수명
catalyst particle 촉매 입자
catalyst poison 촉매 (피)독
catalyst reaction 촉매 반응
catalyst regeneration 촉매 재생
catalytic activity 촉매 활성
catalytic amount 촉매량
catalytic bed 촉매층
catalytic constant 촉매 상수
catalytic conversion 접촉[촉매] 전환
catalytic conversion equation
　접촉[촉매] 전환 방정식
catalytic converter 접촉[촉매] 전환기
catalytic cracking
　접촉[촉매] 분해(반응) 접촉분해
catalytic cracking process
　접촉[촉매] 분해법
catalytic current 접촉[촉매] 전류
catalytic decomposition
　접촉[촉매] 분해(반응)
catalytic dehydrochlorination
　접촉[촉매] 탈수소염소화(반응)
catalytic desulfurization
　접촉[촉매] 탈황(반응)
catalytic exhaust system 촉매 배기 장치
catalytic hydrogenation
　접촉[촉매] 수소화(반응) 접촉수소첨가
catalytic poison 촉매 독
catalytic polymerization
　촉매 중합(반응) 촉매중합
catalytic rate equation 촉매반응 속도식
catalytic reaction 촉매 반응 촉매반응
catalytic reactor 촉매 반응기
catalytic reforming
　접촉 개질(반응) 접촉개질
catalytic site 촉매점, 촉매 자리 접촉자리
catalytic unit 촉매 장치
catalyzed chemical reaction
　촉매 화학 반응
catalyzer 촉매 촉매, 접촉제
cataphoresis 전기영동
catena compound 사슬 화합물
tenated dimer 사슬 2량체
catenation 사슬화(반응)
cathode 음극, 환원전극 음극
cathode copper 음극 구리[동]
cation exchange resin 양이온 교환 수지
cavitation 공동화
ceiling temperature 천정 온도
Celsius scale 섭씨(온도) 눈금
center line 중심선
center of air pressure 풍압 중심
center of buoyancy 부력 중심
center of flotation 부면심, 부유 중심
center of gravity 무게 중심
center of inertia 관성 중심
center of mass 질량 중심
center of oscillation 진동 중심
center of pressure 압력 중심
center of rotary inversion 회전반전중심
center of symmetry 대칭 중심 대칭 중심

centigrade scale 섭씨(온도)
central force field approximation
중심력장 근사(법)
central heating 중앙난방법
central line 중심선
central metabolic pathway 중추 대사 경로
centrifugal atomizer 원심 분무기
centrifugal blower 원심 송풍기
centrifugal brake 원심 제동장치
centrifugal casting 원심력 주조
centrifugal classifier 원심 분급기
centrifugal compressor 원심 압축기
centrifugal dehydrator 원심 탈수기
centrifugal diffuser 원심 확산기
centrifugal distortion 원심 일그러짐
centrifugal dust collector 원심 집진기
centrifugal effect 원심 효과
centrifugal extractor 원심 추출기
centrifugal fan 원심퓃, 원심 송풍기
centrifugal field 원심력 장
centrifugal filter 원심 여과기
centrifugal filtration 원심 여과
centrifugal force 원심력 원심력
centrifugal gas washer 원심 가스 세척기
centrifugal hydroextractor 원심 탈수기
centrifugal mill 원심 분쇄기
centrifugal molecular still
원심 분자 증류기
centrifugal pump 원심펌프
centrifugal sedimentation 원심 침강(분리)
centrifugal separator 원심분리기
centrifugal settler 원심 침강기
centrifugal settling 원심 침강
centrifugation 원심분리(법) 원심분리
centrifuge 원심 분리기 원심(분리)기
centrifuging 원심력화, 원심분리
centripetal force 구심력
ceramic fiber 세라믹 섬유
ceramic industry 세라믹 산업
ceramic packing 세라믹 충전(물)
ceramic refractory 세라믹 내화물(질)
ceramics 세라믹, 요업 제품 요업의
cetane number 세탄가
chain 연쇄[사슬], [체인]
chain block 사슬 블럭
chain branching 사슬[연쇄] 가지화
chain carrier 사슬 운반체
chain chemical reaction 연쇄 화학 반응
chain cohesion 사슬 결합[접합]
chain conformation 사슬 형태
chain conveyer 사슬 콘베이어
chain hoist 체인 호이스트[감아올리개]
chain length 사슬 길이
chamber 실, 방, 용기
charging 충전, 장입
charging curve 충전곡선
chelation 킬레이트화(반응)
chemical cell 화학전지
chemical change 화학변화
chemical complexing 화학 착화
chemical composition 화학조성
chemical constant 화학상수
chemical control 화학 방제 화학조정
chemical conversion 화학 전환(율)
chemical cotton 화학솜
chemical data 화학자료

chemical derivatization
화학 유도체화(반응)
chemical energy 화학 에너지
chemical energy storage 화학 에너지 저장
chemical engineer 화학 공학자, 화공인
chemical engineering 화학공학
chemical engineering standard
화학 공학 표준
chemical equation
화학반응식, 화학방정식
chemical equilibrium 화학평형
chemical equivalent 화학당량
chemical exchange 화학교환
chemical formula 화학식
chemical heat pump 화학열펌프
chemical kinetics 화학반응속도론
chemical microscopy 화학현미경
chemical oxygen demand[COD]
화학적 산소 요구량
chemical physics화학물리학
chemical plant 화학공장
chemical potential 화학 포텐셜
chemical precipitation 화학 침전(법)
chemical process 화학처리공정
chemical process engineering
화학처리공학
chemical product 화학제품
chemical pulp 화학 펄프
chemical purification 화학 정제
chemical reaction 화학반응
chemical reaction equilibrium
화학반응평형
chemical reaction flux
화학 반응 플럭스[선속]
chemical reaction rate 화학 반응 속도
chemical reactor 화학 반응기
chemical resistance 내약품성, 내화학성
chemical shift 화학변위, 화학이동
chemical similitude 화학적 유사성
chemical species 화학종
chemical structure 화학 구조
chemical substance 화학 물질
chemical synthesis 화학합성
chemical system 화학계
chemical technology 화학 기술 공업화학
chemical thermodynamics 화학 열역학
chemical thermometer 화학 온도계
chemical treatment 화학처리
chemical weathering 화학적 풍화
chemical yield 화학적 수율
chemicals 화학제품, 화학약품
chemico-drum-type concentrator
화학드럼형 농축기
chemiluminescence 화학발광
chemimechanical pulp 화학기계 펄프
chemiosmotic theory 화학삼투압론
chemisorption 화학흡착
chemistry 화학
chemoautotroph 화학합성독립영양주
chemoheterotroph 화학합성종속영양생물
chemostat 항화조
chemotaxis 주화성, 화학자극운동
chemotroph 화학합성영양생물
Chile saltpeter 칠레초석
chill mold 냉각 주형
chiller 급냉기

Chilton-Colburn analogy
칠튼-콜번 유사성
chimney 굴뚝[연돌]
chimney draft 굴뚝 통풍
chimney stack 굴뚝, 연돌
china 도자기, 사기그릇
china clay 백토, 카올린
chip 칩, 쪽, 부순돌
chipper 쇄목기
chirality 키랄성, 손대칭성
chlorate 염소산염
chlorination 염소화(반응, 처리) 염소화
chlorite 아염소산염
chloromethylation 클로로메틸화(반응)
chlorophyll 엽록소
chloroplast 엽록체
chlorosulfonation 클로로썰휜화(반응)
choke 쵸크
choking 쵸킹, 졸림, 질식
choking gas 질식성가스
chromate 크롬산염
chromatogram 크로마토그램
chromatograph 크로마토그래프
chromatography 크로마토그래프법
chrome pigment 크롬 안료
chrome steel 크롬강
chromite 아크롬산염, 크롬철광
chromogen 색원체
chromophore 발색단, 색소포
chromophoric group 발색단 발색단기
chromoprotein 색소단백질
chromosome 염색체
chromosome aberration 염색체 이상
chronic bronchitis 만성 기관지염
chronic disease 만성 질병
chronic poison 만성 중독
chronic pulmonary emphysema
만성 폐기종
chronic toxicity 만성 독성
chronoamperometry
대시간전류법 크로노암페아메터반전기술
chronopotentiometry
대시간전위차법 크로노포텐쇼메터법
chute 활송장치, 슈트 수채
chylomicron 유미입자, 카일로미크론
cinder 재, 회분
cine substitution 옆자리 치환
circuit 회로, 순환로 회로
circuit breaker 회로 차단기
circuit controller 회로 제어기
circuit tester 회로 시험기
circular birefringence 원편광 복굴절
circular chart recorder
원판형(도표지)기록계
circular dichroism 원편광 2색성
circular fin 원형 지느러미[휜]
circular magma crystallizer
순환 마그마 결정화조
circular orifice 원형 오리피스
circular saw 원형톱
circular weir 원형 위어[물넘이둑]
circularity 원형성, 원형도
circulating fluidized bed 순환 유동층
circulating pump → circulation pump
circulating water 순환수
circulation 순환

circulation pump 순환 펌프
circulation rate 순환 속도
circulatory flow 순환 흐름
cis-trans isomerism 씨스-트랜스 이성질
cistron 씨스트론
citric acid 구연산 레몬산
citrus 감귤류
city gas 도시 가스
clamp 집게 클램프
clamp holder 클램프잡개
Clapeyron equation 클래페이이른 방정식
clarifier 정화기, 정화 장치
clarifying filtration 청정 여과
Clarke number 클라크 수
class 급, 족 류
classification 분급, 분류
classifier 분급장치
Clausius-Clapeyron equation
클라우지우스-클래페이른 식
clay 점토[진흙]
clay mineral 점토 광물
clean energy 청정 에너지
clean fuel 청정 연료
clean water reservoir 정수지
cleaner 세정기, 청소기
cleaning 세정, 세척
cleaning hole 청소 구멍
cleaning mixture 세정제 세척혼합물
cleaning solution 세정액 세척액
cleanliness class 청정도 등급
clear point 맑음점
clearance 틈새, 여유, 간극
clearance volume 틈새 부피
cleavage 분해, 절단, 분열, 틈새
climatic classification 기후 분류
climatic element 기후 요소
climatic factor 기후 인자
climatic indicator plant 기후 지표 식물
climatic phytometer 기후 (지표) 식물계
climatic province 기후구
clinical trial 임상 시험
clinker 클링커 클링카
clip 클립
clockwise rotation 시계방향 회전
closed system 폐쇄계[닫힌계]
closed test 밀폐 시험
closed vessel 밀폐 용기
closed water heater 밀폐 온수기
closed-circuit grinding
폐(쇄)회로 (미)분쇄, 순환 분쇄
closed-loop control 닫힌 고리[루프] 제어
closed-loop response
닫힌 고리[루프] 응답
cloud point 흐림점, 구름점
cluster 송이, 떼, 클러스터
cluster compound 송이 화합물
coagulant 응집제 응결제
coagulation 응집, 응고, 응결, 응석
coal 석탄
coal acid 석탄산
coal ash 석탄재
coal briquette 성형탄, 연탄
coal gas 석탄 가스
coal gasifier 석탄 가스화 장치
coal liquefaction rate 석탄 액화 속도
coal preparation 석탄 전처리, 선탄

coal pyrolysis 석탄 열분해
coefficient of permeability 투과 계수
coefficient of roughness 조도계수
cogeneration 열병합발전
cohesive force 응집력
cohesive strength 응집 강도
coke 코크스
collodion 콜로디온
colloid 콜로이드
colloid mill 콜로이드밀
colloid polymer 콜로이드 중합체
column diameter 탑경 [탑지름]
column efficiency 탑효율, 컬럼 효율
column elution 관유출
column linear capacity 컬럼 선형 용량
column radiator 탑방열기
column still 증류솥
combustion 연소
combustion analysis 연소 분석
combustion chamber 연소실
combustion chemistry 연소 화학
combustion efficiency 연소 효율
combustion gas turbine 연소 가스 터빈
combustion rate 연소 속도
combustion reaction 연소 반응
combustion recorder 연소 기록계
combustion temperature 연소 온도
combustion zone 연소 영역, 연소구역
combustor 연소기
composition 조성, 성분비, 합성 조성
composition analyzer 조성 분석기
compressed oxygen 압축 산소
compressibility 압축률, 압축성,
compressibility coefficient 압축계수
compressibility factor 압축 인자,
compressible cake 압축성 케이크
compressible fluid 압축성 유체
compressible fluid flow 압축성 유체 흐름
compression 압축
compression molding 압축 성형
compression process 압축 공정[과정]
compression ratio 압축비
compression stroke 압축 행정
compression testing 압축 시험
compression-rarefaction wave 소밀파
compressive strength 압축 강도
compressor 압축기
concentration 농도, 농축
concentration ratio 농도비, 집광비
concentrator 농축기
concurrent 병류
condensate water 응축수
condensation 응축
condenser 응축기, 냉각기
conductance meter 전도도계
constant 상수
consumer 소비자
contact surface 접촉(표)면
contact time 접촉 시간
container 용기
contaminant 오염물, 불순물 오염물질
continuous freezer 연속 냉동기
continuous mill 연속 분쇄기
continuous mixer 연속 혼합기
continuous operation 연속 운전
continuous phase 연속상, 분산매

continuous plug flow reactor
연속 플러그 흐름 반응기
continuous stirred tank reactor[CSTR]
연속흐름 교반 탱크 반응기
contraflow 역류
contraflow heat exchanger
역류 열교환기 향류열교환기
contributing structure to resonance
공명 참여 구조
control 제어, 조절
control agent 조절제
control algorithm
제어 연산논리[알고리즘]
control circuit 제어 회로
control configuraticn 제어 (배치)구조
control design element 제어 설계 요소
control device 제어 장치
control effect 제어 효과
control element 제어 요소
control gain 제어 이득
control index setting 제어 지수 설정
control instrument 제어 기기
control law 제어 법칙
control mass 대상 질량, 관할 질량
control mechanism 조절 메커니즘[기작]
control panel 제어판, 관제판
control point 제어점, 조절점
control ratio 제어비
control relay 제어 계전기
control response 제어 응답
control room 제어실, 관제실
control scheme 제어 골격, 제어 체계
control structure 제어 구조
control surface 대상 표면
control switch 제어 개폐기
control system 제어계, 대상계
control system design 제어계 설계
control valve 제어 밸브
control variable 제어 변수
control volume 대상 부피
controlled system 제어계
controller 제어기, 조절기
controller adjustment 제어기 조정
controller function 제어기 기능
controller gain 제어기 이득
controller lag 제어기 뒤짐
controller response 제어기 응답
controller tuning 제어기 조율
controlling force 제어력
convection 대류
convection current 대류 전류
convective heat transfer 대류 열전달
convective transport 대류 전달
convector 대류방열기
converter 전환기, 변환기 전로
conveyer dryer 콘베이어 건조기
conveyer[conveyor] 콘베이어, 이송기
cooling coil 냉각 코일
cooling crystallizer 냉각 결정화기
cooling curve 냉각 곡선
cooling effect 냉각 효과
cooling fin 냉각휜
cooling pipe 냉각관
cooling plate 냉각판
cooling pond 냉각 연못
cooling process 냉각 공정

cooling rate 냉각 속도
cooling spray 냉각 분무
cooling surface 냉각 표면
cooling system 냉각계
cooling tower 냉각탑
cooling water 냉각수
cooling water pump 냉각수 펌프
cooling zone 냉각 영역
coordination compound 배위 화합물
coordination covalent bond 배위공유결합
copper wire 구리선, 동선
Coulomb's law 쿨롱의 법칙
counterflow 역류, 향류
counterflow heat exchanger 향류열교환기
cracked gasoline 분해휘발유
cracker 분해장치
cracking 분해, 균열 분해증류(석유의)
cracking reaction 분해 반응
critical flow 임계 흐름, 임계 유량
critical humidity 임계 습도
critical load 임계 부하, 임계 하중
critical moisture 임계 수분
critical oxygen level 임계 산소 농도
critical path method 임계 경로법
critical point 임계점
critical state 임계 상태
critical temperature 임계 온도, 임계점
critical velocity 임계 속도
critical volume 임계 부피
cross section 단면(도) 자름면적
cross-sectional area 단면적
crude metal 미정제 금속
crude oil 원유
crusher 조쇄기, 분쇄기 파쇄기, 크랏샤
crushing 조쇄, 분쇄 조쇄
crushing efficiency 조쇄[분쇄] 효율
crushing roll 조쇄[분쇄]롤
crystal analysis 결정 분석
crystal analyzer 결정 분석기
crystal seed 결정 씨앗
crystal structure 결정 구조
crystal system 결정계
crystalline polymer 결정성 고분자
crystallization 결정화
crystallization seed 결정 씨앗
crystallizer 결정화 장치
cube 입방체
cubic field 입방장
cumulative distribution 누적 분포
cumulative screen analysis 누적 체분석
cumulative weight 누적 무게
cure 경화, 숙성 경화(수지의)
curing 경화, 숙성, 가황 경화(수지의)
current 전류
current density 전류 밀도
current distribution 전류 분포
current efficiency 전류 효율
current meter 유속계
cycle 순환(과정), 싸이클
cycle efficiency 순환 효율
cycle time 순환 시간
cyclic batch operation 순환 회분 조작
cycloalkane 사이클로알칸
cycloalkene 사이클로알켄

D

Dalton's law 달튼의 법칙 달톤의 법칙
data sheet 자료판
datum line 기준선
datum point 기준점
DC arc 직류 아크 직류 아크
DC circuit 직류 회로
DC converter 직류 변환기
DC generator 직류 발전기
DC motor 직류 전동기
DC potentiometer 직류 전위차계
DC voltage 직류 전압 직류 전압
DC[direct current] 직류
dead time compensation 지연 시간 보상
dead time compensator 지연 시간 보상기
dead time element 지연 시간 요소
deaeration 공기제거 탈기
deaerator 공기제거장치 탈기기
dealkylation 탈알킬화
decibel 데시벨
decomposition pressure 분해 압력
decomposition technique 분해 기술
decomposition voltage 분해 전압
defect 결함, 결손 부족
deflagration 폭발성연소, 폭연
defoam 거품제거
defoamer 거품제거기 거품방지약, 소포제
defoaming agent 거품제거제
degradabilty 분해성
degradation 분해, 열화 감성
degree 도, 정도
degree of recovery 회수도[회수율]
degree of separation 분리도
degree of vacuum 진공도
dehumidification 습기제거
dehumidifier 제습기
dehydrating agent 탈수제
dehydration 탈수(반응)
dehydrogenation 탈수소(반응)
delivery 송출, 배달
demineralization 탈염, 염제거
demineralized water 탈염수 탈염수
denatured alcohol 변성알콜
dense ash 중소다회
density 밀도
density current 밀도 흐름
derivative control 미분 제어
derivative control action 미분 제어 동작
derivative controller 미분 제어기
desired value 목표값
desorption 탈착
destructive distillation 분해 증류
destructive inspection 파괴 검사
dew point 이슬점, 노점
dewatering 탈수
diagram 선도 도표
dialysis 투석
diameter 지름[직경]
diamond 금강석, 다이아몬드 금강석
diaphragm 격막
diaphragm cell 격막(식) (전해) 용기
diaphragm compressor 격막(식) 압축기
diaphragm gauge 격막(식) 게이지
diaphragm pump 격막(식) 펌프 격막펌프
diaphragm valve 격막(식) 밸브

diesel engine 디젤 엔진, 디젤기관
Diesel index 디젤 지수
diesel oil 디젤유
difference equation 차분식, 차분 방정식
difference point 차이점
difference synthesis 차이 합성 차이합성
differential action 미분 동작
differential ammeter 차동 전류계
differential ana1ysis 시차 분석
differential balance 미분 수지
differential distillation 미분 증류
differential equation 미분 (방정)식
differential equation of continuity
미분 연속 (방정)식
differential manometer
미분 마노미터 시차압력계
differential method 미분법, 시차법, 차동법
differential pressure 차압
differential pressure flowmeter
차압 유량계
differential pressure transducer
차압 변환기
differential reactor 미분 반응기
differential test 미분 시험
differential thermal analysis 시차 열분석
digit 자리수
digital recorder 디지탈 기록계
digital signal 디지탈 신호
dilution 희석[묽힘] 희석
dilution method 희석법
dimension 차원, 치수
dimension analysis 차원 해석
dimensional constant 차원 상수
dimensional equation 차원식
dimensionless equation 무차원식
dimensionless group 무차원군
dimensionless number 무차원수
disc 원판, 디스크 원판
discharge current 방전 전류
discharge curve 배출 곡선
discharge diagram 유량 선도
discharge electrode 방전극
discharge header 배출 헤더
discharge pipe 배출관
discharge valve 배출[토출] 밸브
discharger 방전기
disk → disc 원판
dispersing agent 분산제
dispersing reagent 분산 시약
dispersion 분산
display panel 표시판
distillate 증류액, 유출액
distillation 증류
distillation column 증류탑
distillation column bottom 증류탑저
distillator 증류기
distilled water 증류수
distiller 증류기
distributing pipe 분배관, 배수관
distributing valve 분배 밸브
distribution 분배, 분포 분배, 분포
distribution board 배전판
distribution curve 분포 곡선
distribution system 분배계
double bond 이중 결합 이중 결합
double filtration 이중 여과

double layer 이중층, 겹켜 이중층
double pipe 이중관
double pipe condenser 이중관 응축기
double pipe crystallizer 이중관 결정화기
double pipe heat exchanger
이중관열교환기
drain 배수(구)
drain pipe 배수관
drain tube 배수관
drain valve 배수 밸브
drainage 배수구, 배수, 배수 시설
drainage area 배수 지역, 유역 면적
drive 구동
driving force 구동력
drum 원통, 드럼 원통, 드람
dry mixer 건식 혼합기
dry process 건식 공정
dryer 건조기
drying 건조
drying agent 건조제
drying characteristics 건조 특성
drying furnace 건조로
drying kiln 건조 킬른[소성로]
drying oil 건성유
drying oven 건조 오븐
drying rate 건조 속도
drying room 건조실
drying shrinkage 건조 수축
drying tube 건조관
duct 도관, 덕트
dummy run 가상 운전
dummy variable 무의미 변수
dust 먼지, 분진
dusty gas 먼지 가스
dye 물감, 염료
dynamic pressure 동압
dyne 다인

E

effect 효과, 효용 효과
effect of alternative source of energy
에너지 대체 효과
effective area 유효 넓이[면적]
effective diameter 유효 지름[직경]
effective diffusion 유효 확산
effective horsepower 유효 마력
effective humidity 유효 습도
effective pressure 유효 압력
effective resistance 유효 저항
effective sectional area 유효 단면적
effective value 유효값[유효치]
efficiency 효율, 능률
efficiency test 효율 시험
efflux time 유출 시간
ejector 이젝터 분사기
ejector condenser 이젝터 응축기
elastic collision 탄성 충돌
elastic curve 탄성 곡선
elastic deformation 탄성 변형
elastic energy 탄성 에너지
elastic failure 탄성 파괴[파손]
elastic material 탄성 물질
elastic modulus 탄성률, 탄성 계수
elbow 엘보우 엘보, 곡관
elbow meter 엘보우(형) 유량계

electric capacitance 전기 정전용량
electric cell 전지
electric charge 전하
electric conductivity 전기 전도도
electric fan 환풍기, 선풍기
electric flowmeter 전기식 유량계
electric furnace 전기로
electric fusion 전기 용융
electric generator 발전기
electric heater 전열기, 전기 난방기
electric heating 전기 가열, 전기 난방
electric ignition 전기 점화
electric instrument 전기 기기
electric insulator 전기 절연체
electric motor 전동기
electric potential 전위
electric power 전력
electric precipitation 전기 집진
electric precipitator 전기 집진기
electric resistance 전기저항
electric source 전원
electric welding 전기 용접
electric wire 전선
electricity cost 전력비, 전력 비용
electron micrograph 전자 현미경사진
electron microprobe analysis 전자미세탐침 분석
electron microscope 전자 현미경
electronic circuit 전자 회로
electronic conduction 전자전도
electroplating 전기도금
electrostatic capacity 정전(기) 용량
electrostatic charge 정전하
electrostatic effect 정전(기) 효과
electrostatic precipitation 전기 집진
element 원소, 요소
elevation head 위치 높이압
emergency apparatus 비상 장치
emergency operation 비상 운전
emergency shutdown 긴급 운전정지
emergency valve 비상 밸브
emergency vent 비상 배기(구)
emission standard 배출 기준
emissivity 복사능, 복사율
emittance 복사율
empirical equation 실험식, 경험식
emulsifying mixer 유화 혼합기
emusifying 유화
engine 기관, 엔진 발동기, 기관
engine extractor 엔진 추출기
engine oil 엔진유 [엔진 오일] 기계기름
engineer 공학자, 기술자 기사
engineering 공학, 공작, 기술 공학
engineering cost 기술비
enriching column 농축탑
enrichment 농축
entrance loss 입구 손실
entropy 엔트로피
entropy balance 엔트로피 수지
equation of continuity 연속 방정식
equilibrium moisture 평형 수분
equilibrium process 평형 공정, 평형 과정
equilibrium ratio 평형비
equilibrium temperature 평형 온도
equilibrium valve 평형 밸브
equipartition 균등분배 균분

equipment 장치, 설비, 장비 장치
equipment cost 장치비, 설비비
equipment design 장치 설계
equivalence point 당량점, 등가점
erosion 침식, 부식
error 오차
error criterion 오차 판별기준
evaluation 평가
evaporability 증발성
evaporated milk 농축 우유
evaporating dish 증발접시
evaporation 증발
evaporation residue 증발 잔류물
evaporative capacity 증발 용량
evaporative condenser 증발 응축기
evaporative cooling 증발 냉각
evaporative crystallization 증발 결정화
evaporative power 증발력
evaporator 증발기
exchanger 교환기
exhaust 배출, 배기 배출하다, 내보내다
exhaust air 배출 공기, 배기
exhaust blower 배출 송풍기
exhaust fan 배출햰
exhaust gas 배출 가스, 배기 폐가스
exhaust gas turbine 배출 가스 터빈
exhaust nozzle 배출 노즐
exhaust pipe 배출관
exhaust port 배출구, 배기구
exhaust steam turbine 배출 수증기 터빈
exhaust stroke 배출 행정
exhaust valve 배출 밸브
exhaust ventilation system 배출환기 시스템
exhauster 배출 장치
eximer 들뜬[여기] 이합체, 엑시머
exiplex 들뜬[여기] 복합체
exit gauge 출구 게이지
exit loss 출구 손실
exit temperature 출구 온도
expansivity 팽창률
experiment 실험
experimental factor 실험 인자
experimental tank 실험 탱크
explosion 폭발 폭발
explosion hazard 폭발 재해
explosion limit 폭발 한계
explosion point 폭발점
explosion pressure 폭발 압력
explosion temperature 폭발 온도
explosive 화약, 폭발물
explosive limit 폭발 한계
explosive range 폭발 범위
external furnace 외부 가열로
external standard 외부 표준
external surface area 바깥 표면적
extract 추출물
extract reflux 추출 환류
extractability 추출률
extractant 추출제
extraction 추출
extraction constant 추출 상수
extraction ratio 추출 비
extraction turbine 추기 터빈
extractive distillation 추출증류
extractive erystallization 추출 결정화

extractor 추출기
extrudate 압출물
extruder 압출기
extrusion 압출 압출

F

facility 시설, 설비
factor 인자, 인수
factory test 공장 시험
Fahrenheit scale 화씨(온도) 눈금
failure 파괴, 고장
fan 휀, 송풍기, 불개 선풍기
fan mill 풍구[휀 밀]
Fanning equation 패닝 식
Fanning friction factor 패닝 마찰 인자
faraday [F] 패러데이(전기량의 단위)
Faraday's law 패러데이법칙
fat 지방
fat and oil 유지
fatigue failure 피로 파괴
fatty acid 지방산
fatty alcohol 지방 알코올
fatty oil 지방유
faunistic region 동물 지리구
feasibility study 타당성 연구
feasibility survey 타당성 조사
feed 공급(물) 지방성물질
feed box 공급 상자
feed check valve 공급 체크밸브
feed pipe 공급관
feed pump 공급 펌프
feed screw 공급 스크류
feed stage 공급단
feed tray location 공급단 위치
feed water 급수
feed water filter 급수 여과기
feed water heater 급수 가열기
feed water pump 급수 펌프
feed water tank 급수 탱크
feedback 되먹임
feedback control 되먹임 제어
feedback control system 되먹임 제어계
feeder 공급기
feeding 공급
feedstock 공급원료
fertilizer 비료
fiber 섬유
fiber glass 유리섬유
Fick's law 피크의 법칙
field 분야, 마당, 장, 현장
field assembly 현장 조립
field cost 현장 비용
field experiment 현장 실험, 야외 실험
field flow fractionation 마당 흐름 분류
field test 현장 시험
filled system thermometer 봉입식 온도계
filler 충전재, 충전물
filler metal 충전금속
film coefficient 경막계수
film condensation 막상 응축
film viscosity 경막 점도
filter 여과기
filter bed 거름 여과층
filter cake 여과케이크
filter cloth 여과천

filter paper 거름 종이
filtrate 여액
filtration 여과
filtration process 여과 공정
filtration velocity 여과 속도
fin 휜, 지느러미
fine grinding 미분쇄
fine powder 미분, 미세분말, 비분
fine screen 가는 체
fine splitting 미세 분할
fine structure 미세 구조
fineness 분말도, 섬도, 미세도 분말도
fines 고운 분말
finned tube 지느러미 붙은관
fire alarm 화재 경보
fire box 연실 화실
fire brick 내화벽돌
fire clay 내화점토
fire engine 소방차
fire extinguisher 소화기
fire grate combustion 화격자 연소
fire hazard 화재 위험
fire hose 소방 호스
fire polishing 불연마
fire refining 건식 정련
fire resistance 내화성, 내화
fire retardancy 난연성
fire retardant 난연재
fire retardant coating 난연 피복
fire tube 연관
fire tube boiler 연관 보일러
fire-proof 내화(성)
fired heater 관식 가열기
fired process equipment 가열 공정 장치
fitting 관이음쇠, 맞추기
fixation of nitrogen 질소고정
fixed bed 고정층
fixed bed catalyst 고정층 촉매
fixed bed combustion 고정층 연소
fixed bed gasification 고정층 가스화
fixed bed reactor 고정층 반응기
fixed capital 고정 자본
fixed capital cost estimation 고정 자본 비용 추산
fixed carbon 고정탄소
fixed cost 고정 비용
flame adjustment 불꽃 조절
flame atomizer 화염 분무기
flame photometer 불꽃 광도측정계
flame photometric detector 불꽃 광도 검출기
flame photometry 불꽃 광도측정법
flame retardant 방염제, 난연제, 내화재료
flammability 인화성
flammability limit 인화 한계
flange 플랜지, 관이음깃
flange tap 플랜지탭, 관이음깃 꼭지
flap valve 나비(형) 여닫개[밸브]
flare 훌레어, 나팔꽃모양 불꽃
flare stack 훌레어 굴뚝
flash 훌래쉬, 섬광, 속성, 순간, 인화
flash calculation 훌래쉬 계산
flash desorption 순간탈착
flash distillation 순간증류
flash drum 훌래쉬 드럼
flash dryer 훌래쉬 건조기

flash evaporator 훌래쉬 증발기 순간증착기
flash expansion 인화 팽창
flash point 인화점
flash vaporization 훌래쉬 기화
flash-back 역인화
flashing point tester 인화점 측정기
flashing pulverization 훌래쉬 미분쇄
flask 플라스크
flat-bottom flask 평바닥 플라스크
flexibility 유연성, 융통성 가요성
flexibility factor 유연성 인자
flexible shaft 휨축
flexural rigidity 굽힘 강성
flexural strength 굽힘 강도
float glass 훌로트 유리
float valve 뜨개 여닫개[밸브]
float water level indicator 부표 수위계
floating 부유, 부동, 변동
floating circuit 부유 회로
floating component 부유 성분
floating control 변동 제어
floating point processor
변동 소수점처리장치
floating rate 부유 속도, 변동 속도
floc 엉김물, 응집침전물
flocculant 엉김제, 엉김개 응집제
flocculation 엉김(형성) 응결
flood water runoff 홍수(량)
flooding 범람 일류현상(분류탑의)
flooding velocity 범람 속도
florence flask 평바닥 훌라스크
flotation 부유선별, 부유선광, 부상분리
flotation agent 부유제, 부상제
flotation concentrate 부유 농축물
flotation equipment 부상분리 장치
flotation process 부유선별 공정
flotation separator 부상 분리기
flow 흐름, 유량, 유동 흐름
flow behavior index 흐름 거동 지수
flow chart 흐름도, 공정도 공정계통도
flow coefficient 흐름 계수, 유량 계수
flow configuration 흐름 형태
flow control
흐름 조절, 유량 조절, 유량 제어
flow diagram
흐름 선도, 공정 선도 공정계통도
flow distribution 흐름 분포, 유량 분포
flow electrolysis 흐름 전기분해
flow equation 흐름식, 흐름 방정식
flow figure 흐름 모양
flow film 흐름 경막
flow lag 흐름 지연
flow layer 흐름층
flow line 흐름선
flow method 흐름법
flow mixer 흐름 혼합기
flow model 흐름 모형[모델]
flow process 흐름 공정
flow rate 유량
flow sensor 흐름 센서[감지기]
flow sheet 흐름도, 공정도 공정계통도
flow test 흐름 시험
flow tube 흐름관
flow velocity 유속
flowability 유동성
flowmeter 유량계

flowsheeting 공정도모사
flue 굴뚝, 연도 연도
flue dust 굴뚝 먼지, 연진
flue gas 굴뚝 (배출)가스, 배연
flue gas dedusting 배연 제진
flue gas desulfurization 배연 탈황
flue tube 연통
fluid 유체
fluid connector 유체 연결기
fluid distribution 유체 분포
fluid dynamics 유체 동력학
fluid flow 유체 흐름
fluid friction 유체 마찰
fluid power 유체 동력
fluid pressure 유체 압력
fluid statics 유체 정력학
fluid vortex 유체 와류
fluid-fluid reactor 유체-유체 반응기
fluid-solid reactor 유체-고체 반응기
fluid-tight tube 유체밀봉관
fluidity 유동성
fluidization 유동화
fluidized adsorption 유동화 흡착
fluidized bed 유동층 류동층
fluidized cracking 유동화 분해
fluidized reactor 유동화 반응기
fluidized-bed dryer 유동층 건조기
fluidized-bed furnace 유동층로
fluidized-bed gasification 유동층 가스화
fluidized-bed heat exchanger 유동층열교환기
fluidized-bed reactor 유동층 반응기
fluor 형광제 형석
fluorescence 형광
fluorescence decay 형광붕괴
fluorescence indicator 형광지시약
fluorescence lamp 형광등
fluorescence material 형광물질
fluorination 훌루오르화(반응) 불소화
fluorite lattice 형석격자
fluornating agent 훌루오르화제
fluorometry 형광(분석)측정법 형광측정법
fluorophotometer 형광광도측정계
flush tank 훌러쉬 탱크
flush valve 훌러쉬 밸브
flute 훌루트, 홈
flutter 훌러터
flux 훌럭스, 선속, 융제 융제
flux density 훌럭스 밀도
fluxional molecule 유연성 분자
fluxional structure 유동성 구조
flying-wedge formula 쐐기 구조식
flywheel effect 관성바퀴[훌라이휠] 효과
flywheel fan 관성바퀴, 홴[송풍기]
foam 기포, 거품, 발포체
foam brick 다공질 벽돌
foam fractionation 거품 분별(분리)(법)
foam mat drying 거품 매트 건조
foam rubber 발포 고무 거품고무
foam separation 거품 분리
foaming 거품발생
foaming agent 발포제 기포제
focus 초점
fog 안개
fog formation 안개 생성
foil 박, 호일

fold test 접힘 시험
folding endurance test 접힘 내구성 시험
follower ring 뒷막이 고리
force 힘
force balance meter 힘평형계
force constant 힘상수 힘상수
force field 힘마당, 역장
force moment 힘모멘트
force of inertia 관성력
forced circulation 강제 순환
forced circulation evaporator 강제순환증발기
forced convection 강제대류
forced draft 강제 통풍
forced-draft air-cooled exchanger 강제통풍 공기냉각 교환기
forced-draft cooling 강제통풍 냉각
forced-draft cooling tower 강제통풍 냉각탑
forceps 쪽집게, 핀셋 집게
formal concentration 화학식량 농도, 포르말농도
formal potential 겉보기[형식] 전위
formality 화학식량 농도 포르말농도
formation 생성, 형성, 층
formation constant 형성 상수
formation reaction 생성 반응
formular 화학식, 공식 (공)식
formular weight 화학식량
forward feed 순류 공급
forward path function 정방향 경로 함수
forward reaction 정반응
fossil energy 화석 에너지
fossil fuel 화석 연료
fouling 오염, 오손
fouling factor 오염 인자
Fourier's law 후리에 법칙
fraction 분율, 분급물, 부분, 분획(물) 분류
fraction collector 분획 분취기
fractional conversion 전환율
fractional expansion 팽창률
fractional extraction 분별추출
fractional precipitation 분별침전
fractional yield 수율, 수득률
fractionating column 분별증류탑, 분류탑
fractionation 분별증류, 분류, 분획 분류
fractionation column 분별증류탑, 분류탑
fractionation index 분별 지수 분(별중)류
fracture 파괴, 파쇄
fracture energy 파쇄 에너지
fragility 여리기, 깨지기쉬움
frame 틀, 골격
free convection 자연 대류
free electron 자유 전자
free energy 자유 에너지
free energy change 자유 에너지 변화
free enthalpy 자유 엔탈피 자유 엔탈피
free expansion 자유 팽창
free fall 자유 낙하
free fall reactor 자유 낙하 반응기
free lime 유리석회
free moisture 자유(유리)수분
free particle 자유 입자
free vortex motion 자유 와류 운동
free water 유리수, 유리 수분 자유수분
free-falling velocity 자유낙하 속도

freeze concentration 동결[냉동] 농도
freeze drying 동결[냉동] 건조 동결 건조
freeze protection method 동결 방지 대책
freezing 동결, 냉동, 응고 동결
freezing point 어는점, 빙점, 동결점, 응고점
freezing point depression 어는점 내림, 빙점 강하
freezing test 동결 시험, 냉동 시험
freight cost 수송비
frequency 빈도, 주파수, 진동수 주파수
frequency domain 주파수 영역
fresh feed 새공급물
friction 마찰
friction angle 마찰각
friction chemistry 마찰 화학
friction coefficient 마찰계수
friction factor 마찰 인자
friction force 마찰력
friction head 마찰손실 높이압
friction loss 마찰손실
friction resistance 마찰저항
friction tube viscometer 마찰관 점도계
front 앞, 전면, 전선
front view 앞모양새, 정면도
frontal analysis 전단 분석
frontal area 앞넓이[전면 면적]
froth 포말, 거품
froth flotation 포말부유선별, 거품 분리(법)
froth regime 거품 영역
frother 거품발생제, 기포제
frothing agent 거품발생제, 기포제
fuel 연료
fuel alcohol 연료용 알코올
fuel cell 연료전지
fuel charge 연료 비용
fuel consumption 연료 소비(량)
fuel cost 연료비
fuel economizer 연료 절약기
fuel feed pump 연료 공급 펌프
fuel gas 연료가스
fuel injection 연료 분사기
fuel injection pipe 연료 분사관
fuel injection pump 연료 분사 펌프
fuel injection valve 연료 분사 밸브
fuel lean flame 연료 부족 불꽃
fuel oil 연료유 연료기름
fuel pipe 연료관
fuel pump 연료 펌프
fuel rich flame 연료 과잉 불꽃
fuel tank 연료 탱크
fuel valve 연료 밸브
fuel-air ratio control 공연비 조절
fugacity coefficient 휴개시티 계수
full capacity 전용량, 전체 용량
full line 전체 공정
full load efficiency 전체 하중 효율
full power 전체 출력, 전체 동력
full scale 실제 규모, 온눈금
full size 실제 크기
fully developed flow 완전 발달 흐름
fully developed head 완전 발달 높이압
fume 연무
functional group 작용기, 기능기
fundamental particle 기본 입자
fundamental quantity 기본량
fundamental reaction 기본 반응

funnel 깔대기
funnel draft 굴뚝 통풍
furnace 노 로
furnace control 노제어
furnace flue 노연도
furnace tube 연관, 노관
furnace wall 노벽
fuse 휴즈, 도화선 도화선
fused cement
용융 시멘트 용융(알루미나)세멘트
fusion point 용융점, 녹는점
fuze → fuse

G

gain 입출력비, 이득
gain margin 입출력비 여유, 이득 여유
gain scheduling
입출력비 조정계획, 이득 계획
gain-only element
입출력비[이득] 단독 요소
galvanic cell 갈바니 전지
galvanic difference 갈바니 전위차
galvanic electricity 갈바니 전기
galvanization 아연도금
galvanized iron wire 아연도금 철선
galvanizing 아연도금
galvanoluminescence 전류발광
galvanometer 검류계
gamma radiation 감마선 복사
gamma ray 감마선,, 감마선량자
gap voltage 간격전압
gas 기체, 가스
gas absorption 기체 흡수
gas analysis 기체 분석
gas burner 가스 버너
gas carbon 가스 탄소
gas cheaning 기체 정화
gas chromatograph 기체크로마토그래프
gas chromatography
가스크로마토그라프법
gas film 기체 경막
gas film coefficient 기체 경막 계수
gas film control 기체 경막 율속
gas filtration 기체 여과
gas flow counter 기체 흐름 계수기
gas heater 가스 가열기
gas holder 가스 홀더, 가스통 기체저장기
gas holdup 기체 보유량
gas kiln 가스 킬른[소성로, 가마]
gas lamp 가스등
gas liquor 가스액
gas meter 기체 유량계
gas multiplication factor 기체 증배 인자
gas oil 가스유, 경유
gas oil hydrogenation
가스유 수소첨가(반응)
gas oven 가스 오븐
gas permeablility 기체 투과성
gas permeation 기체 투과
gas phase 기(체)상
gas phase reaction 기상 반응
gas pipe 가스관
gas plant 가스 공장
gas power plant 가스 발전소
gas producer 기체발생기, 가스발생로

gas purification 기체 정제
gas rate 기체 유량, 기체 유속
gas reaction 기체 반응
gas recirculation 기체 재순환
gas resistance 기체 저항
gas storage system 가스 저장 시설
gas thermal expansion coefficient
  기체 열팽창 계수
gas thermometer 기체 온도계
gas tight 기밀 기체가 새지 않는
gas valve 기체 밸브
gas velocity 기체 유속
gas washer 기체 세척기
gas welding 가스 용접
gas well 가스 우물
gas-filled detector 기체봉입검출기
gas-filled electron tube 기체충전 전자관
gas-lift column 기체부양탑
gas-liquid chemical reaction
  기-액 화학 반응
gas-liquid separation 기-액 분리
gas-solid chromatography
  기-고 크로마토 그래프법
gas-solid noncatalytic reaction
  기-고 비촉매 반응
gas-solid separation 기-고 분리
gaseous diffusion 기체 확산
gaseous fuel 기체 연료
gaseous phase 기(체)상
gaseous pollutant 기상 오염물
gasification 가스화
gasification agent 기화제
gasification mechanism 가스화 메카니즘
  [기작, 기구]
gasification power generation plant
  가스화 발전소
gasket 개스킷, 밀폐판
gasoline 가솔린, 휘발유 휘발유
gasoline engine 가솔린 엔진
gasoline yield 가솔린 수율[수득율]
gasometric analysis
  기체부피 분석 기체정량분석
gassifier 가스화 장치
gate impeller 게이트 임펠러
gate valve 게이트 밸브
gauche conformation 어긋난 형태
gauge 계기, 게이지
gauge factor 계기 인자
gauge glass 수면유리관
gauge panel 계기판
gauge pressure 계기 압력
gauss 가우스
Gaussian distribution 가우스 분포
gear pump, geared pump 기어 펌프
gegen ion → counter ion
gemoetric similarity 기하학적 유사성
gemoetric structure 기하(학적) 구조
giant molecule 거대 분자
Gibbs free energy 깁스 자유 에너지
giled tube radiator 빗살관 방열기
gilled cooler 빗살 냉각기
gilled radiator 빗살 방열기
gilled superheater tube 빗살 과열관
gland 누름뚜껑, 글랜드
glass bead 유리 구슬
glass block 유리 블럭

glass electrode 유리 전극
glass fiber 유리 섬유
glass filter 유리 휠터[여과기]
glass lining 유리 속입힘
glass membrane 유리막
glass paper 유리 종이
glass rod 유리 막대
glass transition temperature 유리 전이 온도
glass wool 유리솜
glass-lined steel 유리 속입힌 강철
global valve 구형 밸브
globular protein 구형 단백질
gloss 광택
gloss oil 광택유, 광택기름
glossmeter 광택계
glove box 글로브 박스
glow 백열(광)
goggles 보안경
golden section 황금 분할
goniometer 각측정기 각도측정기
goniometry 각측정법
gradient 기울기
gradient eluent 기울기 용출액
gradient elution 기울기 용리
gradient method 기울기법, 경사법
gradient solvent chromatography
기울기 용매 크로마토그래프법
graduated cylinder
눈금 실린더, 매스실린더
graduated pipet 눈금 피펫, 메스피펫
grain growth 입자 성장
grain size 입자 크기, 입도
graindability 분쇄성

grainding 미분쇄
grainer 입자제조기
graining 입자형성
gram atomic weight 그램 원자량
gram molecular weight 그램 분자량
granular bed 입자층
granular bed filter 입자층 여과기
granular pearlite 입(자)상 펄라이트
granular residue 입(자)상 잔류물
granular structure 입(자)상 구조 립자 구조
granularity 입도
granulate fertilizer 입(자)상 비료
granulation 입자제조
granulation machine 입자제조 장치
granulator 입자제조기
granule 과립 알, 미립
graph 그래프, 그림표, 도표
graphic meter
그래프 측정계 그라프 법, 도해법
graphic method 그래프법
graphic panel 그래프판
graphic terminal 그래프 단말기
graphite 흑연
graphite crucible 흑연 도가니
graphite electrode 흑연 전극
graphite fiber 흑연 섬유
graphite flake 흑연편
gravimeter 중력계
gravimetric analysis
중량[무게] 분석 중량분석
gravimetric determination
중량법[무게법] 정량
gravimetric unit 중력 단위

gravitational acceleration 중력 가속도
gravitational constant 중력 상수
gravitational conversion factor
중력 환산 인자
gravitational settling 중력 침강
gravitational unit system 중력 단위계
gravity 중력
gravity feed 중력 공급
gravity field 중력마당, 중력장
gravity filter 중력 여과기
gravity filtration 중력 여과
gravity force 중력
gravity sedimentation 중력 침강(분리)
gravity separation 중력 분리
gravity settling 중력 침강
gravity ventilation 자연 환기, 자연 통풍
grid 격자 살창, 격자, 그리드
grid-type packing 격자형 충전(물)
grind stone 연마석
grinder 미분쇄기 분쇄기, 연마반
grinding aid 분쇄 조제
grinding machine 미분쇄기
grinding media 분쇄 매체
grinding rate function 분쇄 속도 함수
gross calorific value 총(발)열량
gross cross-sectional area 총단면적
gross energy 총에너지
gross heating value 총발열량
ground joint 다듬은 이음쇠
ground level 기준 준위, 지반면, 지표면
ground state 기준 상태, 바닥 상태
ground upheaval 지반 융기
groundwater 지하수
group (작용)기, 원자단, 족, 군 기, 족, 단
group constant 작용기 상수 기상수
group transfer reaction 작용기 전달 반응
growth 증식, 성장
guarantee 보증
guaranteed efficiency 보증 효율
guard column 보호 컬럼, 보호탑
guard rail 보호 난간
guard ring 보호 고리
guide 지침, 안내
guide apparatus 안내 장치
guide vane 안내 날개
guideline 지침(값)
gun cotton 면화약
gun powder 흑색 화약
gutta percha 구타 페르카 {고무의 일종}
gypsum 석고
gypsum mold 석고틀
gypsum plaster 석고 반죽
gyration 선회(운동) 회전
gyratory crusher 선회 조쇄기 회전 압쇄기
gyromagnetic ratio → magnetogyric ratio
gyroscope 자이로스코프

H

hairhydrometer 모발습도계
half life 반감기
half life method 반감기법
half size 절반 크기
half thickness 절반 두께
half time 반감 시간
half wave potential 반파 전위

half width 절반폭
halide 할로겐화물
hall effect 홀효과, 정공 효과
halo pattern 달무리 무늬 빛무리 모양
haloalkylation
할로알킬화(반응) 할로알킬화
haloform reaction 할로훰 반응
halogen 할로겐
halogenation 할로겐화(반응)
halogenoid 유사할로겐
halogenolysis 할로겐첨가분해
halophilicity 친할로겐성 호염성
hammer 망치, 해머 망치
hammer crusher 망치 조쇄기
hammer mill 해머밀
hammer screen 해머체
hand regulation 수동 조절
hard acid 강산
hard glass 경질 유리
hard lead 경납, 단단한 납
hard sphere 강체구
hard water 센물, 경수
hardened oil 경화유
hardener 경화제
hardening 경화
hardening alloy 경화 합금
hardneability 경화능
hardness 경도
hardness number 경도수
hardness test 경도 시험 경도 시험
hardness tester 경도 시험기 경도 시험기
hardware 굳은모, 하드웨어 금속 제품
harmonic fuction 조화 함수
harmonic mean 조화평균
harmonic oscillation 조화 진동
harmonic oscillator 조화진동자
harmonic wave 조화파
hatch 해취
head 높이압
head loss 높이압 손실
head tank 높이압 탱크, 급수 탱크
head-tail polymer 머리－꼬리 중합체
header 모관, 헤더
headmeter 높이압 유량계
health hazard 보건 위험
health index 건강 지수
heart cut 중심부 절단
hearth 노바닥, 노저
heat 열
heat accumulator 축열기
heat balance 열수지 열발란스
heat capacity 열용량
heat capacity at constant pressure
정압열용량
heat capacity at constant volume
정용열용량
heat carrier 열매체
heat characteristics 열특성
heat cleaning 가열 정화[세정]
heat collection temperature 집열 온도
heat conduction 열전도
heat conduction calorimeter 열전도 열량계
heat conductivity 열전도도
heat consumption 열소비(량) 열소비량
heat content
열함(유)량 열함량, 열함수, 엔탈피

heat convection 열대류
heat cycle 열순환(과정), 열사이클
heat decomposition 열분해
heat deflection temperature 열변형 온도
heat drop 열강하
heat effect 열효과
heat energy 열에너지
heat engine 열기관
heat equivalent 열당량
heat exchanger 열교환기
heat extraction 열추출
heat extraction coefficient
열추출 계수, 냉각 계수
heat flow 열흐름
heat flow unit 열흐름 단위
heat generation 발열, 열발생
heat insulator 단열재 열전연체
heat insulating material
단열재료, 보온재료
heat load 열부하
heat loss 열손실
heat mark 열자국
heat medium 열매체
heat of absorption 흡수열
heat of activation 활성화열
heat of adsorption 흡착열
heat of atomization 원자화열
heat of combustion 연소열
heat of condensation 응축열
heat of crystallization 결정화열
heat of dilution 희석열
heat of dissociation 해리열
heat of formation 생성열
heat of fusion 용융열, 융해열
heat of hydration 수화열
heat of immersion 담금열, 습윤열
heat of mixing 섞음열, 혼합열
heat of neutralization 중화열
heat of polymerization 중합열
heat of reaction 반응열
heat of solution 녹임열, 용해열
heat of solution at infinite dilution
무한 묽힘[희석] 녹임[용해]열
heat of sublimation 승화열
heat of transition 전이열
heat of vaporization 증발열, 기화열
heat of wetting 젖음열
heat pipe 열관, 열파이프
heat power plant 열발전소
heat proof 열막음, 내열
heat pump 열펌프
heat radiation 열복사 열방사
heat reclaim 열재생
heat recovery 열회수
heat regenerator 축열식 열교환기
heat regulator 열조절기
heat release 열방출, 방열
heat reservoir 축열기, 열저장기, 열원 열원
heat resisting material 내열 재료
heat resisting steel 내열강
heat resisting test 내열 시험
heat run 내열 시험, 온도 시험
heat sink 열소멸자
heat source 열발생자, 열원
heat sterilization 가열 멸균
heat storage 축열(기)

heat storage by sensible heat 현열 저장
heat stress index 열응력 지수
heat test 내열 시험, 온도시험
heat theorem 열정리
heat transfer 열전달
heat transfer coefficient 열전달 계수
heat transfer fluid 열전달 유체
heat transfer mechanism 열전달 메카니즘
heat transfer medium 열전달 매체
heat transfer rate 열전달 속도
heat transmission 열전달
heat treatment 열처리
heat unit 열량 단위
heater 가열기, 난방기
heater current 가열기 전류
heater voltage 가열기 전압
heating 가열, 난방 가열기
heating apparatus 가열 장치, 난방 장치
heating area 가열 면적, 난방 면적
heating curve 가열 곡선 가열곡선
heating effectiveness 가열 효율, 난방 효율
heating flame 가열 불꽃
heating load 가열 부하, 난방 부하
heating mantle 가열맨틀
heating medium 가열 매체
heating rate curve 가열속도곡선
heating surface 전열면
heating value 발열량
heatless absorption 무열 흡수
heatronic molding 고주파가열 성형
heavy atom 중원자
heavy distillate 중질유, 중질 유분
heavy ion 중이온
heavy metal 중금속
heavy oil 중질유, 중유
heavy oil derived from coal 석탄계 중질유
heavy oil derived from petroleum
석유계 중질유
heavy oil engine 중(질)유 기관
heavy water 중수
height equivalent to theoretical plate [HETP]
이론단 상당 높이
height of transfer unit [HTU]
전달단위 높이
helical-shaped molecule
나선꼴[나선형] 분자
helicity 나선도, 나선성
heliograph 햇빛사진기, 일조계
helix 나선, 헬릭스
hemicellulose 헤미셀룰로오스
hemp cloth 마포
Henry's law 헨리(의) 법칙
heterogeneity 불균질성, 불균질도
heterogeneous azeotrope 불균질 공비물
heterogeneous catalysis
불균질 촉매작용
[촉매반응] 불균일계 촉매작용
heterogeneous catalyst 불균일계 촉매
heterogeneous equilibrium 불균일계 평형
heterogeneous kinetics 불균질 반응속도론,
heterogeneous polymerization
불균질(계) 중합
heterogeneous reaction 불균일계 반응
heterogeneous reactor 불균질 반응기
heterogeneous system 불균질계
heterologous protein 이종(성) 단백질

heterolysis 이질분해(반응)
heterolytic cleavage 이질 분할
heteronuclear bond 이종핵간 결합
hexagonal crystal 육방 결정
high Btu gas 고열량 가스
high calorie gas 고열량 가스
high calorie gasification 고열량 가스화
high carbon steel 고탄소강
high density polyethylene [HDPE] 고밀도 폴리에틸렌
high frequency dryer 고주파 건조기
high frequency heating 고주파 가열
high frequency induction furnace 고주파 유도로
high frequency method 고주파법 고주파방법
high grade cast iron 고급 주철
high grade coal 고급탄, 고열량탄
high impact plastics 내충격 플라스틱
high performance 고성능
high polymer → polymer 고중합체
high pressure 고압
high pressure front 고기압 전선
high pressure stage 고압단
high purity 고순도
high resolution 고해상
high resolution spectrum 고해상 스펙트럼
high selector switch 높은 값 선택기
high vacuum 고진공
high velocity fluidized bed 고속 유동층
high voltage test 고전압 시험
high water level 고수위, 만수위
high-low control 상하한 제어
high-low limit 상하 한계, 고저 한계
higher calorific power 고발열량
highest attainable temperature 최고 도달 온도
hindered rotation 부자유 회전 속박회전
hindered rotor 부자유 회전자 속박회전자
histogram 막대그림
hoist 감아올리게, 기중기, 호이스트
hoisting chain 감아올리는 사슬
holding time 유지 시간, 보유 시간
holdup 보유량
homogenate 균질화액, 파쇄액, 유화액
homogeneity 균질성, 균질도, 동질성
homogeneous catalysis 균일계 촉매작용
homogeneous catalyst 균질 촉매
homogeneous equilibrium 균질계 평형
homogeneous flow reactor 균질 흐름 반응기
homopolymer 단(일)중합체, 동종중합체 호모 중합체
homopolymerization 단(일)중합, 동종중합
hood 후드 덮개
hook 갈고리
Hook's law 후크(의) 법칙
hopper 호퍼, 깔때기꼴투입기
hopper bottom car 호퍼차, 깔때기꼴바닥차
horizontal axis 수평축
horizontal boiler 수평 보일러
horizontal crusher 수평 조쇄기
horsepower 마력
hose 호스
hot air engine 열기 기관
hot air heating 온풍 가열[난방]

hot air type heater 온풍형 가열[난방]기
hot atom chemistry 열원자 화학
hot blast 열풍
hot blast heater 열풍 가열기
hot blast heating 열풍 가열
hot plate 가열판, 열판
hot process 고온 공정
hot spot 열점, 국소 고온점
hot water tank 온수 탱크
human factors engineering 인간 공학
humid air 습한 공기
humid heat 습열, 습윤 비열
humid volume 습윤 부피
humidification 가습
humidifier 가습기
humidifying radiator 가습 방열기
humidity 습도, 습기
humidity chart 습도표
humidity control 습도 조절
humidostat 습도조절기
humus 휴머스, 부식질,
hunting 탐색
hybrid 혼성(체), 튀기, 하이브리드 잡종
hydrant 급수전, 소화전
hydratase 수화효소 물첨가효소
hydrate 수화물
hydration 수화(작용)
hydraulic controller 유량 조절기
hydraulic coupling 유압 커플링
hydraulic diameter 유체역학 지름
hydraulic efficiency 수력 효율
hydraulic gradient 수력 기울기
hydraulic press 유압기
hydraulic pressure 수압, 유압
hydraulic profile 수력 프로화일[종단면]
hydraulic pump 유압 펌프
hydrgoenation 수소첨가(반응)
hydride 수소화물
hydrocarbon 탄화수소
hydrocarbonylation
하이드로카복시화(반응)
hydrochlorination 염화수소첨가(반응)
hydrocracking 수소첨가분해(반응)
hydroextraction 탈수
hydroextractor 탈수기
hydrogasification 수소첨가가스화(반응)
hydrogen bond 수소결합
hydrogen energy 수소 에너지
hydrogen fuel 수소 연료
hydrogen ion exponent 수소 이온 지수
hydrogen overvoltage 수소 과전압
hydrogenolysis 수소첨가분해(반응)
hydrolytic reaction 가수분해 반응
hydromagnetics 자기유체역학
hydrometer 액체비중계
hydrometry 유량 측정법
hydronium ion 하이드로늄 이온
hydrophilic colloid 친수(성)콜로이드
hydrophobic colloid 소수(성)콜로이드
hydrophobic effect 소수성 효과
hydrostatic head 정력학 높이압
hydrostatics 유체정력학
hydrothermal crystal growth
수열 결정 성장
hydroxyalkylation 하이드록시알킬화(반응)
hydroxylation 하이드록시화(반응)

hygrometer 습도계
hygroscopic material 흡습성 재료
hygroscopic water 흡습 수분, 부착수
hygrostat 항습기, 습도조절기

hysteresis
이력(현상), 겪음(현상) 히스테레시스
hysteresis loss 히스테레시스 손실

CONVERSION CHART

• 체적

cm^2	m^3	ft^3	yd^3	영국 Gal.	미국 Gal.	석
1	0.001	0.035315	0.0013080	0.21995	0.26419	0.0055435
1000	1	35.315	1.3080	219.95	264.19	5.5435
28.317	0.028317	1	0.037037	6.2278	7.4805	0.15696
764.55	0.76455	27	1	168.15	201.97	4.2381
4.5465	0.0045465	0.16057	0.0059470	1	1.2011	0.025204
3.7852	0.0037852	0.13368	0.0049511	0.83254	1	0.020984
180.39	0.18039	6.3707	0.23595	39.676	47.656	1

• 중량

g	kg	(미터 법) t	lb	oz	근	관
1	0.001	$0.0_5 1$	0.0022046	0.035274	0.0016667	$0.0_3 26667$
1000	1	0.001	2.2046	35.274	1.6667	0.26667
$10 \times 10_5$	1000	1	2204.6	35274	1666.7	266.67
453.59	0.45359	$0.0_3 45359$	1	16	0.75599	0.12096
28.350	0.028350	$0.0_4 28350$	0.0625	1	0.04725	0.0075600
600	0.6	$0.0_3 6$	1.3228	211.65	1	0.16
3750	3.75	0.00375	8.2672	132.28	6.26	1

• 발열량

	W/m·K	kW/m·K	BTU/in·h·R	BTU/ft·h·R	kcal/m·h·K	BTU/yd·h·R
1W/m·K	1	10^{-3}	$48.14911 \cdot 10^{-3}$	$577.7893 \cdot 10^{-3}$	$859.8452 \cdot 10^{-3}$	1.733368
1kW/m·K	1000	1	48.14911	577.7893	859.8452	1733.368
1BTU/in·h·R	20.76882	$20.76882 \cdot 10^{-3}$	1	12	17.85797	36
1BTU/in·h·R	1.730735	$1.730735 \cdot 10^{-3}$	$83.33333 \cdot 10^{-3}$	1	1.488164	3
1kcal/ft·h·K	1.163	$1.163 \cdot 10^{-3}$	$55.99741 \cdot 10^{-3}$	$671.9690 \cdot 10^{-3}$	1	2.015907
1BTU/yd·h·R	$576.9116 \cdot 10^{-3}$	$576.9116 \cdot 10^{-6}$	$27.77778 \cdot 10^{-3}$	$333.3333 \cdot 10^{-3}$	$496.0546 \cdot 10^{-3}$	1

• 열전도율

	J/kg	MJ/kg	kcal/kg	BTU/lb	KJ/kg	kp·m/kg
1l/kg	1	10^{-6}	$238.8459 \cdot 10^{-6}$	$429.9226 \cdot 10^{-6}$	10^{-3}	$101.9716 \cdot 10^{-3}$
1MJ/kg	10^6	1	238.8459	429.9226	10^3	$101.9716 \cdot 10^3$
1kcal/kg	4186.8	$4.1868 \cdot 10^{-3}$	1	1.8	4.1868	426.9348
1BTU/ib	2326	$4.326 \cdot 10^{-3}$	$555.5556 \cdot 10^{-3}$	1	2.326	237.1860
1kJ/kg	1000	$\cdot 10^{-3}$	$238.8459 \cdot 10^{-3}$	$429.9226 \cdot 10$	1	101.9716
1kP·m/kg	9.80665	$9.80665 \cdot 10^{-6}$	$2.342278 \cdot 10^{-3}$	$4.216101 \cdot 10^{-3}$	$9.80665 \cdot 10^{-3}$	1

• 비열, 가스상수 단위

	$W/m^2 \cdot K$	$BTU/sqin \cdot h \cdot R$	$BTU/sqft \cdot h \cdot R$	$kcal/m^2 \cdot h \cdot R$	$BTU/sqyd \cdot h \cdot R$
$1W/m^2 \cdot K$	1	$1.222987 \cdot 10^{-3}$	$176.1102 \cdot 10^{-3}$	$859.8452 \cdot 10^{-3}$	1.584992
$1BTU/sqin \cdot h \cdot R$	817.6699	1	144	703.0696	1296
$1BTU/sqft \cdot h \cdot R$	5.6782633	$6.944444 \cdot 10^{-3}$	1	4.882428	9
$1kcal/m^2 \cdot h \cdot R$	1.163	$1.422334 \cdot 10^{-3}$	$204.8161 \cdot 10^{-3}$	1	1.843345
$1BTU/sqyd \cdot h \cdot R$	$630.9181.10^{-3}$	$771.6049 \cdot 10^{-3}$	$111.1111 \cdot 10^{-3}$	$542.4920 \cdot 10^{-3}$	1

• 전열계수

	$J/kg \cdot K$	$kcal/kg \cdot K$	$BTU/lb \cdot R$	$KJ/kg \cdot K$	$kpm/kg \cdot K$
$1J/kg \cdot K$	1	$238.8459 \cdot 10^{-6}$	$238.8459 \cdot 10^{-6}$	10^{-3}	$101.9716 \cdot 10^{-3}$
$1kcal/kg \cdot K$	4186.8	1	1	4.1868	426.9348
$1BTU/lb \cdot R$	4186.8	1	1	4.1868	426.9348
$1KJ/kg \cdot K$	1000	$238.8459 \cdot 10^{-3}$	$238.8459 \cdot 10^{-3}$	1	101.9716
$1kpm/kg \cdot K$	9.80665	$2.342278 \cdot 10^{-3}$	$2.342278 \cdot 10^{-3}$	$9.80665 \cdot 10^{-3}$	1

• 유량

m^3/sec	m^3/min	m^3/hr	ft^3/min	ft^3/hr	gal/min 영국	gal/min 미국
1	60	3600	2119	127150	13198	15851
0.016666	1	60	35.316	2119	219.95	264.10
$0.0_{3}27777$	0.016666	1	0.58861	35.316	3.6658	4.4032
$0.0_{3}47188$	0.028315	1.6989	1	60	6.2279	7.4806
$0.0_{5}78647$	$0.0_{3}47188$	0.028315	0.016666	1	0.10379	0.12467
$0.0_{4}75775$	0.0045465	0.27279	0.16057	9.6342	1	1.2011
$0.0_{4}63086$	0.0037852	0.22711	0.13368	8.0208	0.83254	1

• 동력

미터법 PS	JIS HP	영국 HP	KW	kg-m/sec	ft-lb/sec	kcal/sec
1	0.9859	0.9858	0.7355	75	542.5	0.1757
1.0143	1	0.9999	0.7460	76.07	550.2	0.1782
1.0144	1.0001	1	0.7461	76.13	550.7	0.1782
1.3596	1.3405	1.3403	1	101.97	737.6	0.2389
0.01333	0.01315	0.1315	0.009807	1	7.233	0.002343
0.01843	0.001817	0.001817	0.001356	0.1383	1	0.033239
5.691	5.611	5.611	4.186	426.9	3087	1

• 사사(仕事), 일의 에너지와 열량

Joule	kg–m	ft–lb	kW–hr	미터法 HP–hr	JIS HP–hr	kcal	BTU
1	0.10197	0.7376	0.062778	0.063777	0.063724	0.032389	0.039480
9.807	1	7.233	0.052724	0.053704	0.053652	0.002343	0.009297
1.356	0.1383	1	0.063766	0.065121	0.065049	0.033239	0.001285
3.6×10^6	3.671×10^5	2.655×10^6	1	1.3596	1.3405	860.0	3413
2.648×10^6	2.700×10^5	1.953×10^6	0.7355	1	0.9859	632.5	2510
2.686×10^6	2.739×10^5	1.981×10^6	0.746	1.0143	1	641.6	2546
4186	426.9	3087	0.001163	0.001581	0.001559	1	3.968
1055	107.6	778.0	0.032930	0.033984	0.033928	0.2520	1

· 길이

mm	m	in	ft	yd	척	문
1	0.001	0.039370	0.0032808	0.0010936	0.0033	0.00055
1000	1	39.370	3.2808	1.0936	3.3	0.55
25.400	0.025400	1	0.083333	0.027778	0.083820	0.013970
304.80	0.30480	12	1	0.33333	1.0058	0.16763
914.40	0.91440	36	3	1	3.0175	0.50292
303.03	0.30303	11.930	0.99419	0.33140	1	0.16667
1818.2	1.8182	71.582	5.9651	1.9884	6	1

· 면적

cm^2	m^2	10^2	ft^2	yd^2	평방척	호
1	0.0001	0.15500	0.0010764	0.0311960	0.0010890	0.0430250
10000	1	1550.0	10.746	1.1960	10.890	0.30250
6.4516	0.0364516	1	0.0069444	0.0377167	0.0070258	0.0319511
929.03	0.092903	144	1	0.11111	1.0117	0.028103
8361.3	0.83613	1296	9	1	9.1053	0.25293
918.27	0.091827	142.33	0.98842	0.10982	1	0.027778
33058	3.3058	5123.9	35.583	3.9537	36	1

주 : 0.0364516 = 0.00064516 이하 동의

참고문헌

1. Maintenance engineering handbook, L.C. Morrow, McGRAW-HILL BOOK COMPANY.
2. 화학공학 술어집, 한국화학공학회, 청문각. 1998.
3. 단위조작, 유일증 외 4인, 보문당, 2008.
4. Chemical Process Control. CPC Ⅲ, Manfred Morari, Thomas J. McAvoy. 1986.
5. Distillation. Volume 2, IChemE. Symposium Series. 2002.
6. 재료과학, 원동연, 김홍, 집문당, 1988.
7. 생물학적 폐수처리, 이학성, 유익근, 박진도, 울산대학교 출판부, 2003.
8. 제조화학, 공종권 외 3, 대한교과서주식회사, 2008.
9. 화공계측제어, 연세대학교, 교육인적자원부, 2005.
10. 화학공정실습, 홍익대학교, 교육부, 2000.
11. 단위조작, 서울중등화공교과교육위원회, 교육인적자원부, 2005.
12. 화학설계제도, 고완석 외 2인, 보문당, 1993.
13. 정밀화학공업의 개요, 박진도, 도서출판 손가락, 2006.
14. 자동제어, 심해원 외 3인, 청문각, 1998.

화학공정 실무자를 위한
전공실무용어 정가 16,000원

발　행　2023년 3월 10일 초판 3쇄
저　자　박진도·박정환
발행인　정우용
발행처　도서출판 동화기술
경기도 파주시 광인사길 201(문발동, 파주출판도시)
Tel (031)955-4211~6　donghwapub@nate.com
Fax (031)955-4217　www.donghwapub.co.kr
(등록) 1977년 12월 19일/9-16호

Printed in Korea
ISBN 978-89-425-1958-3